JN040284

Web3.0の教科書

次世代インターネットの基礎知識

のぶめい 著

インプレス

■本書の内容と商標について

- 本書の内容は、2022年12月までの情報をもとに執筆されています。紹介したWebサイトやアプリケーション、サービスなどは変更される可能性があります。
- 本書の内容によって生じる、直接または間接的被害について、著者ならびに弊社では、一切の責任を負いかねます。
- 本書中の会社名、製品名、サービス名などは、一般に各社の登録商標、または商標です。なお、本書では©・®・™は明記していません。

はじめに

本書は、ブロックチェーン技術から始まり、Web3.0、NFT、DeFiといった最近話題になっているバズワード群について、新たに勉強を始めようとするすべての方に向けた総合的な教材です。

ブロックチェーン＝暗号資産＝怪しいもの、自分に関係ないものと一蹴することは簡単ですが、これらの技術が我々の生活をどのように変革しようとしているのかを大まかにでも把握しておくことは重要です。重要なのですが、この領域は技術革新の速度が著しいゆえに、情報をキャッチアップし、全体像を把握することが非常に難しいと感じています。そのため本書では、Web3.0の基盤技術となっているブロックチェーン技術から発生したさまざまな領域の大枠を捉え、それぞれの領域ごとの最新トレンドについて、ざっくりと解説することを目指しました。

日本はとてもよい国であり、先進国の一国として数えられていますが、この領域においては出遅れています。米国などではインターネット以来、一世一代のムーブメントとして、新卒の若者が続々とWeb3.0業界に参入しています。しかし、日本ではまだまだ、この領域に参入しようという人材も、企業も、お金も何もかもが足りていません。実際に、最近のバズワード経由でWeb3.0業界に興味を持った方と、業界の最先端を走っている方とのリテラシーには雲泥の差があります。私が企業の上層部にブロックチェーンやWeb3.0についての解説をしたあとに言われる一言として最も多いのが、「お勧めの本はありませんか？」でした。

Web3.0の進化の速度は速すぎるため、自分で情報を獲得しようとしない方にはWeb3.0の速度に着いていくことは難しいでしょう。ブロックチェーンの生みの親であるSatoshi Nakamoto氏が残した、“信じない、伝わらないなら、説得する時間はない、すまんな（意訳）”という言葉もあるほどです。「最新情報を書籍化してもその瞬間から陳腐化するのですが……」と言いたくなる気持ちをぐっとこらえ、この質問に対する答え、ある種のアンチテーゼとして本を執筆するに至りました。

私は2017年、「CryptoKitties」というデジタル上の猫が1,300万円で売れたニュースに触れて以来、なぜデジタル上の猫がそれほどの高値で売れるのかが不思議で、ブロックチェーンの技術的な仕組みや思想などを知り、この業界にどっぷりとはまっていきました。それ以降、ブロックチェーン業界の動向を追いかけています。事業開発に携わりながら感じることでは、2021年はNFTが大いに盛り上がり、DeFiだDAOだと、過去最高の盛り上がりを見せています。最近では「ブロックチェーン」が「Web3.0」に名前を変え、リブランディングされたことで、さらに印象が変わって頻繁に取り沙汰されるようになりました。

このWeb3.0の概要と可能性を正しく伝えることで、日本のイノベーター層と意思決定を下す上層部の方々の間にある溝が埋まり、日本におけるWeb3.0のトレンドが強く大きく成長することを期待しています。

最後に、本書がブロックチェーン、NFT、Web3.0に関わるすべての方にとってよき教材となり、将来におけるブロックチェーン活用の一助になれば幸いです。本書をきっかけにブロックチェーンの可能性に気づき、この業界に貢献する人材が1人でも増えることを願っています。

2022年12月 のぶめい

本書は2022年12月までの情報をもとに、できるだけ最新の情報を盛り込んでいますが、進化の速い業界であり、執筆した瞬間から情報が古くなっていきますので、常にデジタル上で情報を更新したバージョンを公開しています。
右記の二次元バーコードをスマートフォンなどで読み込むと、インプレスのWebサイトが表示されます。そのWebサイト内の【特典を利用する】から進み、インプレスブックスに会員登録をすると、本書の最新情報（内容更新の閲覧など）にアクセスできます。

CONTENTS

はじめに ―― 3

序章
Web3.0とは何か ―― 9

第1章
ブロックチェーンと
それを取り巻く世界情勢 ―― 17

1 ブロックチェーンは所有を証明する技術 ―― 18
2 ブロックチェーン市場の市場規模と成長速度 ―― 23
3 ブロックチェーン市場を牽引するBitcoin ―― 28
4 インフレのリスクヘッジ商品として注目されるBTC ―― 38

第2章
Web3.0業界の構造と基礎知識 ―― 49

1 Web3.0が世界で求められる必然性 ―― 50
2 株式の上位互換であるトークンの概念 ―― 61
3 透明な自動販売機と呼ばれるスマートコントラクト ―― 68
4 Fat Protocolがもたらすコンポーザビリティの革命 ―― 75

第3章
ブロックチェーンの相互運用性と
マルチチェーン開発競争 83

1 ブロックチェーンの相互運用性に存在する課題 84
2 世界中で激化するBridge開発競争とそのリスク 90

第4章
BaaS市場 97

1 次世代インターネットの基盤になるEthereum 98
2 進化を続けるEthereumのLayer2の技術 107

第5章
DeFi市場 113

1 DeFi市場の市場規模とDeFiの種類 114
2 DeFiの革新性と課題 124

第6章
Stablecoin 市場 ―― 133

1 価値変動のリスクを抑えた暗号資産 Stablecoin ―― 134
2 国が発行するデジタル通貨 CBDC ―― 143

第7章
NFT 市場 ―― 153

1 アートやスポーツなどに活用される NFT の主な事例 ―― 154
2 巨大化する NFT 市場と NFT の仕組み ―― 162
3 Flex な気分にさせる NFT の価値と用途 ―― 171
4 台頭する NFT ブランドである BAYC と Loot ―― 181
5 NFT の価値を高める要素 ―― 192

第8章
dApps 市場 ―― 199

1 dApps の代表といえる dApps ゲームの発展 ―― 200
2 Play to Earn を実現するトークン経済圏 ―― 210
3 Web3.0 から見たメタバース ―― 222

第9章
Web3.0が目指す組織DAO ―― 233

1 組織の新しい形態であるDAO ―― 234
2 DAOとしての完成度が高いNounsDAO ―― 248
3 日本発のプロトコルであるAstar Network ―― 253

第10章
Web2.0とWeb3.0のギャップ（課題や規制） ―― 259

1 Web3.0への移行を阻む課題 ―― 260
2 イノベーションを阻害する日本の課題 ―― 274
3 Web3.0で生き抜くための考え方と持つべき精神性 ―― 290

おわりに ―― 298

INDEX ―― 300

序章

Web3.0 とは何か

序章

Web3.0とは何か

ここでは、具体的な内容に入る前の導入として、Web3.0が生まれた背景と、本書の構成について解説します。

「Web3.0とは何か？」。本書を手に取った方が共通に抱くと思われる疑問について、本書で解き明かしていく前に、まずは導入として「Web3.0を取り巻く環境」と「本書の構成」について概観します。

1 Web3.0というコトバ

世界中のトレンドとなる「Web3.0」

「**Web3.0**」という言葉をよく聞くようになりました。Web3.0はブロックチェーン技術を応用したサービス群を指す言葉です。もともと「**ブロックチェーン業界**」と呼ばれていたこの業界は、2021年後半から「**Web3.0業界**」と呼ばれ始め、「ブロックチェーン」の少し怪しさのあるイメージがリブランディングされて、スマートな印象のある言葉に様変わりしています。

これは日本国内だけではなく、**世界中のIT分野でトレンドのキーワード**となっています。具体的には、Tesla（テスラ）とSpaceX（スペースエックス）のCEOであるElon Musk（イーロン マスク）氏や、Twitterの元CEOであるJack Dorsey（ジャック ドーシー）氏が、Web3.0に対して批判を述べたことで話題になりました。Web3.0はバズワードとして瞬間的に注目されただけではなく、2021年前半には172億ドル（1.89兆円）のベンチャーキャピタルの投資ももたらしました。**この業界に世界中のお金と人材が流れ込み、大きなムーブメントとなっているの**が現状です。

ワードとして登場したのは2006年

Web3.0という言葉は2006年、Web考案者であるTim Berners-Lee（ティム バーナーズリー）氏へのインタビューのなかで、「**Web2.0の次**」というニュアンスで登場しました。2014年には、暗号資産である「Ethereum（イーサリアム）」の開発プロジェクトでCTO（最高技術責任者）を務

▶Web3.0業界へのベンチャーキャピタルの投資額

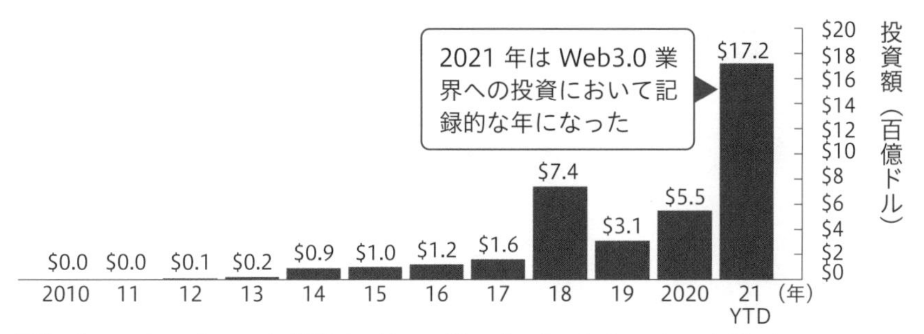

出典:Brownstone Research「021 Is a Record Year for Crypto Investment -Venture Capital Investments in Crypto Industry」をもとに作成

めていたGavin(ギャビン) Wood(ウッド)氏が、プライバシーと分散を重視し、**「Less Trust, More Truth(信頼ではなく真実)」を追求するWeb**として、Web3.0の概念を提唱しています。

現状では、まだ世の中的に定まった定義はありませんので、本書では**「ブロックチェーン業界」=「Web3.0業界」**として扱い、「web3」や「Web3」などは「Web3.0」と統一して表記します。

2 Web3.0への進化の変遷

Web1.0は静的なWebページが中心の時代

Web3.0は**現在のインターネットの「次のステージ」**を示す言葉であるとともに、「現在のインターネットを根本的につくり直し、もっと便利にしよう」という**世界的なムーブメント**も表しています。このムーブメントを説明するため、まずはインターネットの過去と現在について、少しおさらいをしましょう。

まずはインターネットの登場です。初期のインターネットは、物理的な配線を介して、コンピュータが互いに通信を行うものでした。このインターネットが構築され始めたのが1960年代〜1970年代です。1990年代に商用が解禁になってから、インターネット産業は右肩上がりに成長し続けています。

初期のインターネットは主に学術的および軍事的な用途でしたが、商用化により一般ユーザーもインターネットを使えるようになります。当初はメールやネットニュース(電子掲示板の一種)などの用途に使われました。やがてWWW(World Wide Web)の注目度が高まり、**1995年に爆発的なWebブーム**が起こります。

▶ Web1.0、Web2.0、Web3.0のイメージ

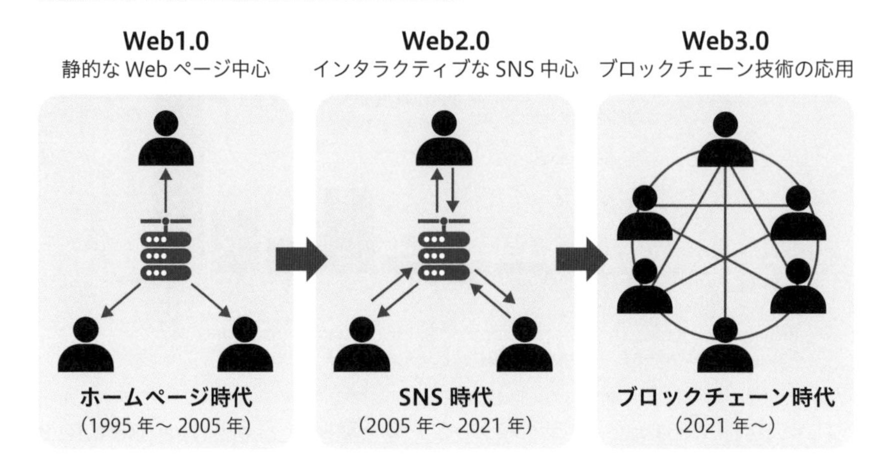

このWebブームは1994年12月、Webブラウザである「Netscape Navigator（ネットスケープ ナビゲーター）」の登場に端を発します。そして、1995年にはMicrosoft Windows 95が登場し、バージョンアップにより、Webブラウザである Internet Explorer（インターネット エクスプローラー）が標準で実装されるようになって、爆発的なブームにつながるのです。これから10年ほどの時代が**Web1.0**と呼ばれます。誰もがインターネットで情報にアクセスできるようになり、**情報が民主化**されました。Web1.0のWebサービスは「オフラインコンテンツをオンライン化」したようなものでした。たとえば、新聞や雑誌のようなコンテンツをオンライン化した、**Read（閲覧）がメインの静的なWebページが中心**でした。ただし、当時のインフラは貧弱で、パソコンも高額であったため、一部の人たちに利用されるだけにとどまり、一般家庭にまでは浸透しませんでした。

その後の2005年、Tim O'Reilly（ティム オライリー）氏が**Web2.0**という言葉を提唱します。Web2.0は、Web上のコンテンツがインタラクティブ（対話型）に変化していく技術のトレンドを表した言葉でした。Web2.0時代で最も成功したサービスには、TwitterやGmail、Facebookなどがあります。

Web2.0はインタラクティブなSNSが中心になった時代

Read OnlyであったWeb1.0から、誰もが情報を書き込めるようになったのが、Web2.0である現在のインターネットです。パソコンやスマートフォンを持っていればSNSなどに書き込めるようになり、**動的で対話型のコンテンツが登場**しました。

書き込めるようになったことで、インターネットはより便利になりましたが、誰もが自由に情報を発信すると、どの情報を信用してよいか、わからなくなります。

そこで台頭してきたのが**GAFA（Google、Apple、Facebook、Amazon）**などのテックジャイアントです。たとえば、Googleは膨大な情報から正しいものを見つけられるように、検索機能にページランクの仕組みを取り入れました。その結果、正しい情報に早くたどり着けるようになりましたが、「多くの人の目に触れる記事がよい記事」とされるため、フェイクニュースなどの弊害も発生しています。

また、インターネットで重要な存在は、コンテンツ制作を担うクリエイターです。しかし、クリエイターはGAFAなどの構築したプラットフォーム上のルールに従う必要があります。そのため、クリエイターの制作するコンテンツは、本当につくりたいものではなく、「多くの人が気に入るか」「お金が稼げるか」を意識したものに偏重しやすくなります。これはとても不幸なことです。加えて、**「よいコンテンツ」のルールはGAFA次第**で変わります。Google検索の仕様がたびたび変更されてきたことで、クリエイターがプラットフォームのルール変更に振り回されてきたのがWeb2.0の世界です。

GAFAの存在により、インターネットは便利になりました。普段当たり前に使っているので、不便さを感じる機会は少ないかもしれませんが、企業が巨大化するにつれ、Web2.0の弊害も発生するようになってきています。

例①：Webサービスごとに会員登録が必要になると、個人情報を何度も入力することになり面倒だが、便利なサービスを使うためには仕方がない。
例②：ゲームアプリが突然、サービス終了になり、大切なデータが消えてしまった。理不尽だが、現在のWebサービスでは仕方がない。

これらの問題はごく一部で、それを問題と捉えていない方もいるかもしれません。むしろ、我々はそれが現在のインターネットの「当たり前」として受け入れ、「仕方がないこと」として割り切って利用している側面があります。

Web3.0でインターネットをより便利に

Web2.0で浮き彫りになりつつある課題を解決し、インターネットをもっと便利にしようというムーブメントが**Web3.0**です。このムーブメントは、企業や国が中央集権的に管理し、仕様やルールなどがたびたび変更されるようなWebサービスではなく、**誰もが公平に利用でき、中央集権的な管理者のいない分散型のイン**

ロシアのウクライナ侵攻により、ロシアがSWIFT（スウィフト）※から排除され、国際送金ができなくなりました。戦争をしかけたロシアは悪いかもしれませんが、ロシア国民が欧米の意向によって国際市場から締め出されるのは中央集権的です。これはどちらが良い悪いという話ではなく、社会生活を送るうえで必要なインフラの供給が、誰かの善悪判断によって止められてしまう状況が危ういということです。ですので、「インフラは非中央集権化＝分散させよう」というのがWeb3.0の思想です。

※SWIFT＝国際銀行間通信協会。排除されると国際送金ができなくなる

ターネットインフラをつくろうという動きです。

Web3.0のよくある言説として、「Web3.0はWeb2.0の進化版」や「Web3.0はWebの新技術」といったものがありますが、これらは誤解です。Web3.0を端的に説明すると、ブロックチェーン技術を使って**「もっとインターネットを便利にしよう！」という運動**です。「公平に利用できないサービスは不便 → 公平に利用できるようにしよう！」「特定の人や企業に強い権限があるとリスク → 権限を分散してリスクヘッジしよう！」という考え方であり、Web3.0はある意味、「未来のインターネットってこうあるべき」という思想に近いものなのです。「3.0」とナンバリングすると、上位互換であるかのような印象を与えますが、Web2.0とWeb3.0のインターネットは共存するものです。「インターネットを利用する際の選択肢が増える」と

▶ 世界はWeb2.0からWeb3.0に向かう

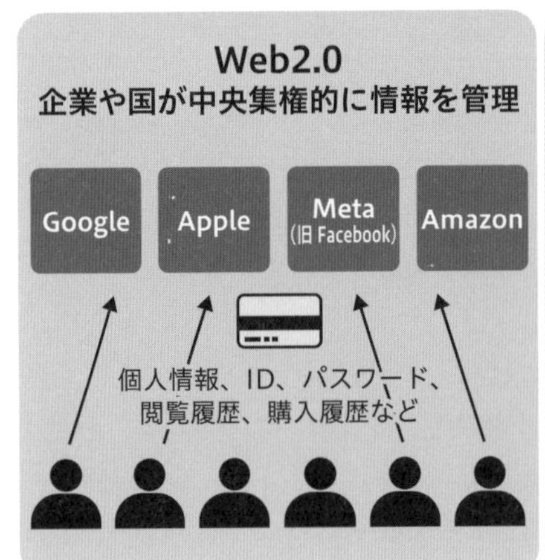

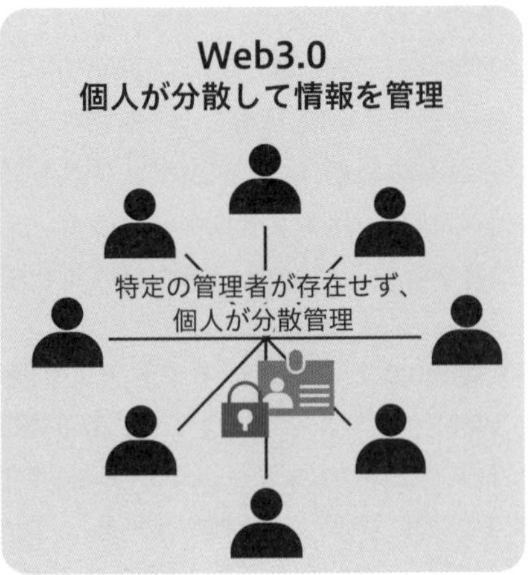

いう程度に考えておくとよいかもしれません。Web3.0の利点は実感しにくいかもしれませんが、“世界全体が**Web2.0からWeb3.0へ移行する過渡期**にあるのが「今」”という理解で大丈夫です。詳細は第2章で説明します。

3 本書の構成

全体を俯瞰してから詳細を確認する

Web3.0には、ブロックチェーンやDeFi（ディーファイ）（Decentralized Finance）、NFT（Non-Fungible Token）、DAO（ダオ）（Decentralized Autonomous Organization）など、難しいキーワードがたくさん登場します。興味のある分野から読み進めてかまいませんが、特定の分野に入り込みすぎると大事な前提が抜け落ちてしまいます。そのため、本書では**全体を俯瞰したあとに詳細を見る**構成としています。

まず全体を把握するために、Web2.0からWeb3.0へ向かう必然性、Web3.0の基盤技術であるブロックチェーンについて、第1章と第2章で説明します。この章を読むことで、「なぜWeb3.0が重要なのか」「ブロックチェーンとは何か」「Bitcoinを介してWeb3.0にお金が流れ込んでいること」がわかります。

また、Web3.0は新しく生まれた技術ではなく、Web2.0（現在のインターネット）の延長線上にあるものです。本書でWeb3.0の構造を説明していきますが、いきなりdApps（ダップス）（decentralized Applications）やDeFiなどを説明すると、自分と関係のない空想の世界へ意識が飛んでしまいがちです。まず**インターネットインフラがあり、その上でアプリケーションが動く構造は同じ**なので、現在のインターネットの構造になぞらえてキーワードを整理していきたいと思います。

Web3.0の階層（レイヤー）構造

次図はインターネットの構造を説明するための「**OSI参照モデル**」と「**TCP/IPの階層モデル**」と呼ばれるものです。図のように階層（レイヤー）に分けることで、レイヤーごとの役割や、そこで働くプロトコルが理解しやすくなります。

この図の場合、ネットワーク同士が通信し合うためのインターフェース層が一番下のレイヤーとなり、そのルールに基づいてインターネットが構成され、その上で情報がトランスポート（やり取り）され、我々が普段使うようなアプリケーション上に表示されることになります。深く理解する必要はありませんが、ここで重要なのは、アプリケーションを動かすためには、その**裏側でさまざまな技術が動いており、このレイヤーは下から順に発展していく**ということです。なぜなら、

▶ OSI参照モデル、TCP/IPの階層モデル、Web3.0のレイヤー構造

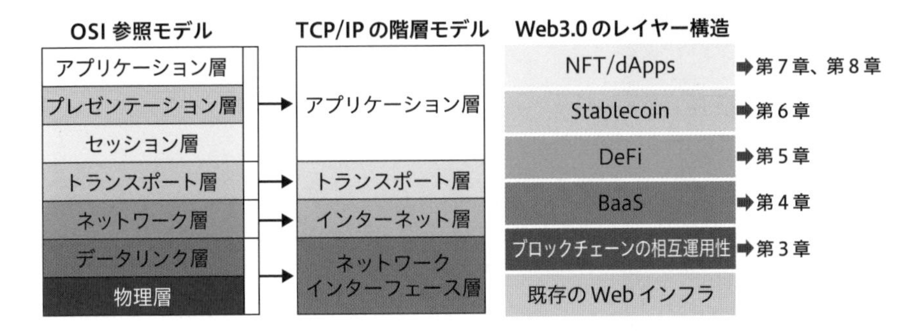

よいインフラがなければ、よいアプリケーションはつくれないからです。

完全に対応しているわけではありませんが、このモデルを参考に、アプリケーションを動かすために必要な、**Web3.0の技術のトレンド**を大まかに振り分けてみたものが、図内の一番右の列です。

あくまで、インターネットの次のステージといわれるWeb3.0を、インフラに近い順にレイヤー構造で分けた場合のモデルであり、階層モデルらと対応関係にあるものではありません。概観をつかんでもらうためのもので、これが絶対というわけではありません。各レイヤーの詳細は各章で説明します。

各レイヤーの解説が終わり、第9章以降では、Web3.0の観点から見たメタバースやDAO、日本の規制やビジネスにおける課題と展望などに触れていきます。

以上が本書の構成です。Web3.0の基盤技術として用いられているのがブロックチェーンですので、第1章ではブロックチェーンとこの技術を生み出したBitcoinについて学んでいきます。

まとめ

- Web3.0はただのバズワードではなく、172億ドルの投資を引き込んだ
- Web3.0はインターネットをもっとよくしようというムーブメント
- 現在はWeb2.0からWeb3.0に移行しようとしている過度期
- 本書前半でWeb3.0の全体像を把握してから、各レイヤーの詳細に迫る
- Web3.0はWeb2.0の進化版ではなく、ブロックチェーン技術を応用したサービス群を指す言葉

第1章

ブロックチェーンとそれを取り巻く世界情勢

1 ブロックチェーンは所有を証明する技術 ―― 18
2 ブロックチェーン市場の市場規模と成長速度 ―― 23
3 ブロックチェーン市場を牽引する Bitcoin ―― 28
4 インフレのリスクヘッジ商品として注目される BTC ―― 38

1-1 ブロックチェーンは所有を証明する技術

POINT 最初にWeb3.0の基盤技術であるブロックチェーンについて学びます。

「Web3.0」を調べ始めると、必ず「ブロックチェーン」という言葉に遭遇します。なぜなら、「Web3.0業界」はもともと「ブロックチェーン業界」と呼ばれており、2021年後半頃から「Web3.0」という言葉にリブランディングされたからです。定義の違いは多少ありますが、「Web3.0業界=ブロックチェーン業界」と考えて差し支えありません。本書では、これらを同一のものとして扱いつつ、第1章ではWeb3.0の基盤技術であるブロックチェーンと、それを生み出したBitcoinについて見ていきます。

1 ブロックチェーンとは

本質が見えづらいブロックチェーン

「ブロックチェーン」の言葉の意味や技術などを知りたいとき、まずGoogle検索をすると思います。実際に検索すると、次のような意味が表示されます。

> ブロックチェーンは、分散型ネットワークに暗号技術を組み合わせ、複数のコンピューターで取引情報などのデータを同期して記録する手法。
> 出典：CoinDesk Japan「ブロックチェーン（blockchain）の基礎知識」

おそらくこの説明だけで「ブロックチェーンで何ができるのか」を理解できる人は少ないでしょう。さらに検索すると、ブロックチェーンに関連する暗号資産、P2P（ピアツーピア）、DeFi（ディーファイ）、NFT、DAO（ダオ）、スマートコントラクトなど、聞き慣れない言葉が矢継ぎ早に出てくるので、**ブロックチェーンの本質が見えづらくなっている**と思います。

また人によっては、ブロックチェーン＝暗号資産≒「怪しい」「危ない」「ギャンブル」、という認識を持っていることもあります。確かに、暗号資産はブロックチェーンの技術で実現可能な実例の1つではありますが、暗号資産バブルが話題になったときのイメージのまま更新されていない人も多いようです。
以降ではブロックチェーンについて簡単に説明していきます。

ブロックチェーンは所有を証明する技術

「ブロックチェーンで何ができるの？」という質問に一言で答えるとすると、「**ブロックチェーンは所有を証明する技術**」となります。「所有を証明」といわれてもピンとこないと思いますので、順に説明していきましょう。

▶ブロックチェーンとは

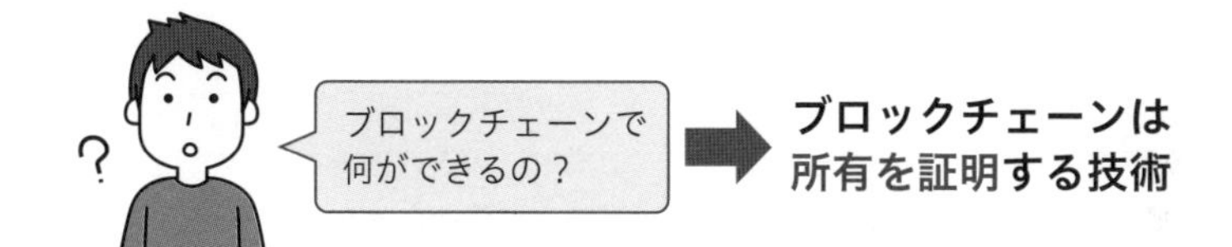

「所有」とは、「**自分のものとして持っていること**」を指します。これは当たり前のことですが、実はデジタル上では実現できていませんでした。

パソコンやスマートフォンなどで扱うデジタルデータの多くは、自分のものと思っていても、企業が管理するデータベースなどに保存されています。この場合、**データの実質的な所有者は企業**です。そのため、企業が提供するサービスに変更や停止などがあると、意図しない変更がデータに加えられたり、データが失われたりすることがありました。Web3.0では、ブロックチェーン技術により、ユーザーは自分のデータを**「真」に所有できる**ようになります。これは従来のインターネットにはなかった変化です。ブロックチェーン技術で所有を証明できるようになったことで、データに「**希少性**」という新しい概念が生まれたのです。

たとえば、デジタルデータで絵を描いた場合、これまでは誰かがあなたのデータを**勝手に複製して配布**することができました。これが、データを所有できるようになると、あなたの描いたデータはあなたの所有物となります。そして、複製データが配布されても**元の所有者を証明**できるので、それが偽物とわかります。また、所有物は誰かに渡すと、手元からなくなってしまいます。同様の物理的な制約が、所有するデータにも発生します。つまり、データを誰かに渡すと手元からなくなってしまうので、「渡してもいいですけど1万円をいただけますか？」などと、**データの対価を要求**するようになるのです。これはデータを「真」に所有できるようになったことの大きな変化です。

▶所有を証明する技術によって生まれた「希少性」

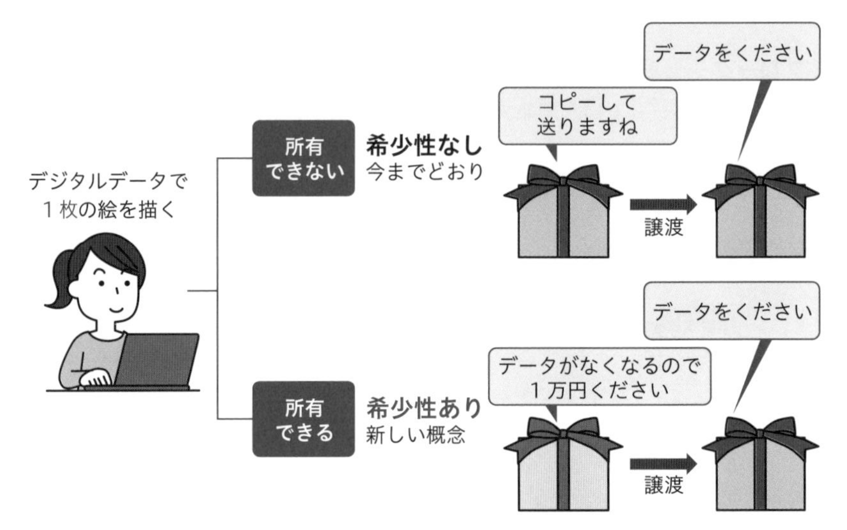

つまり、ブロックチェーン技術により、**データに「希少性」という新しい概念**が生まれました。所有を証明する技術が誕生し、データに希少性が生まれたことで、**希少なデータが「資産」として認められる**ようになったのです。その希少なデータの代表的なものが、**BTC（ビットコイン）と呼ばれる暗号資産**です。

2 デジタル資産として認められ始めたBTC

BTCは発行枚数が決まっている

BTCはデジタルデータでありながら、**ブロックチェーン技術により発行枚数が決まっており**、合計2,100万枚です。誰が何枚所有しているかが証明されているので、勝手に増やしたり減らしたりすることもできません。また、「人に渡すと自分のものがなくなる」という物理的な制約を持ち、模造品をつくることが難しく、投資商品としての金（ゴールド）に近い性質を持っていることから、BTCは「**デジタルゴールド**」と呼ばれています。

「データ＝資産」という新しい概念

「資産」の意味を辞書で引くと、「**個人・法人が所有できる土地・家屋・金銭などの資本に変えることができる財産**」とあります。これまで所有ができなかったデジタル上のデータはここには含まれません。「**データが資産になる**」ということは、それだけ新しい概念であるということです。また、「資産＝所有できるもの」という部分もポイントで、日本の法律上はデータのような無体物に所有権は認められていません。ブロックチェーン技術により「データ＝所有できるもの」となってから日が浅いので、まだ法律が追いついていないのが現状です。

▶BTCの特徴

- 発行枚数は合計**2,100万枚**（増やせない）
- コピーしたり勝手に増やしたりすると**ばれる**
- 他人に譲渡すると**自分のものがなくなる**

大企業や国のBTC購入事例

データの資産化はさまざまなところで進んでいます。たとえば、米国のTeslaやMicroStrategyなどの企業を中心に、デジタルゴールドであるBTCを、企業の資産で買い集める動きがあります。海外企業は、BTCが供給量の限られた希少な資産であることを知っており、**金（ゴールド）より有用なインフラのリスクヘッジ商品として購入**しています。これは世界的なトレンドになっています。

BTCを購入しているのは企業だけではありません。2021年6月には、エルサルバドルが自国の法定通貨をBTCにすると発表しています。通貨の価値は、**通貨を発行する国の「信用」に基づいて決まります**。そのため、小さな国の通貨より大きな国の通貨が好まれる傾向があります。大きな国であれば、倒壊してなくなるリスクが低いためです。小さな国の経済基盤が内戦や経済危機などにより危うくなると、その国が発行する通貨は信用を担保できず、価値が暴落する事例は枚挙に暇がありません。通貨の価値が下落して紙切れ同然になってしまったジンバブエのような事例もあります。こういった背景があるため、経済的に弱い立場にある国ほど、自国通貨を発行して維持コストを負担するより、**供給量が固定されていて、世界中の人々が平等に使えるBTCを導入するインセンティブが高くなります**。この傾向は実際、BTCの普及率を示す統計データにも現れており、ナイジェリアや南アフリカ、アルゼンチンなど、自国通貨の信用が高くない国がBTC普及率の上位を占めていることからもわかります。

▶暗号資産の普及率（2020年）

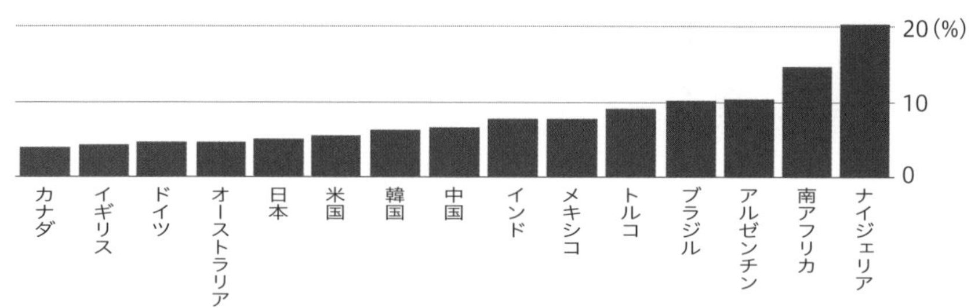

出典：CurrencyWave（Mike Co）「Bitcoin Trend Compilation - Respondents with crypto investments by country」をもとに作成

ブロックチェーン技術でできるようになることは多岐にわたり、この節では説明を簡単にするために「所有を証明する技術」と意訳しましたが、ブロックチェーン技術の**本質は技術ではなく思想**にあります。Bitcoinが生み出した「分散」を重視する思想は、**権力や既得権益から遠い人たちから広がっていくボトムアップの革命**と捉えることもでき、その思想が本書を読み進めることで理解できるはずです。

所有を証明する技術をさまざまな分野に応用

所有を証明する技術を「通貨」に応用したものがBTCですが、用途はそれだけではありません。所有を証明する技術はデジタルアートにも応用でき、CryptoArtやNFTといった分野では1つのデジタルアートが75億円の超高値で取引される事例も出ています。これらの事例は、デジタルデータを資産として「所有」できるようになったことによる変化です。ブロックチェーンはまだまだ新しい技術ですが、水面下では日々、新しい事例や活用方法が誕生しています。

☑ まとめ

- □ ブロックチェーンは所有を証明する技術
- □ 所有を証明する技術によってデジタルデータに希少価値が生まれた
- □ デジタルデータに希少価値が生まれたことで、デジタルデータが資産として認められ始めた
- □ 資産価値のあるデジタルデータとして最も有名なものがBTC
- □ BTCは金（ゴールド）と特性が似ていることからデジタルゴールドと呼ばれ、大企業や国が買い集め始めた

1-2 ブロックチェーン市場の市場規模と成長速度

POINT ここではブロックチェーン市場の市場規模と成長速度について解説します。

前節では、ブロックチェーンを「所有を証明」する技術と説明しました。ここではブロックチェーン市場がどれくらいの大きさで、どれくらいの速度で成長しているかを、定量的なデータから見ていきます。

1 ブロックチェーン市場の市場規模

ブロックチェーン市場と暗号資産の時価総額は近似

まずブロックチェーン技術の普及のきっかけとなった、暗号資産の時価総額を見ていきましょう。暗号資産にはBTCやETHなどさまざまな種類がありますが、ブロックチェーン技術を使ったDeFiやNFTなどのサービスの大半がプロジェクト固有の暗号資産を発行しており、これらの**暗号資産を合算した総額がブロックチェーン市場の時価総額、つまり現在の市場規模**と見ることができます。時価総額の算出方法は株式と同じで、発行された暗号資産の単価と発行枚数を掛け合わせたものが時価総額となります。

時価総額＝単価×発行枚数

BTCの場合は、（現在価格）×（発行枚数：2,100万枚）＝時価総額

ブロックチェーンにはBitcoinやEthereumなど、さまざまな種類がありますが、調べたいブロックチェーンの時価総額を見ることで、そのブロックチェーン上にどれくらいの「価値」が乗っているかを可視化できます。

ブロックチェーン市場の時価総額（2021年時点）

最初の暗号資産であるBTCが2009年に誕生して以来、2020年末頃からBTCを

筆頭に暗号資産の価格が急上昇します。著名な投資家や米国の上場企業（TeslaやMicroStrategy、Square、PayPal）の参入が上昇トレンドをつくり出したことで、２兆ドルの市場に成長し、ピーク時には３兆ドルに迫る勢いでした。

暗号資産バブルといわれた2018年初頭のBTC価格が200万円、2021年末で600万円に到達しているので、当時と比較しても約３倍の規模に成長し、BTC単体での時価総額は1兆ドルほどになっています。

▶上位30銘柄の時価総額の推移（2021年）

出典：CoinGecko「Yearly Report 2021 - 2021 年 現物マーケット概観」をもとに作成

2 BTCの時価総額を企業と比較

Facebookの時価総額を抜く市場規模

「ブロックチェーン市場全体が２兆ドル、BTCが1兆ドル」と聞いても、桁が大きすぎて実感できないと思いますので、企業と比較してみます。

BTCの時価総額を1兆ドルと考えたとき、時価総額が近い企業はAmazonやTeslaが該当します。GAFAと呼ばれるビッグテックのうち、BTCはすでに**Facebook（現Meta）を抜く規模に成長**しています。BTCがバブルであるとすると、GAFAの時価総額もバブルということでしょうか。しかしBTCの時価総額は、もはや虚像ではなく、「価値」を持った新しい資産と認識すべき段階に来ているのです。

BTCと金（ゴールド）の比較

Bitcoinの仕組みについては次節で解説しますが、BTCは金（ゴールド）と性質が似ているとされています。金は地球上に存在する量が決まっており、毎年採掘される量にも物理的な限界がある**「限りある資産」**です。そのため、**インフレのリスクヘッジ資産**として世界中で取引されています。BTCも金と似た性質があり、地球上にある量は2,100万枚に固定され、毎年市場に供給される枚数も決まっています。このBTCの性質を指してデジタルゴールドと呼ばれているのです。

▶BTCの時価総額と世界の資産との比較

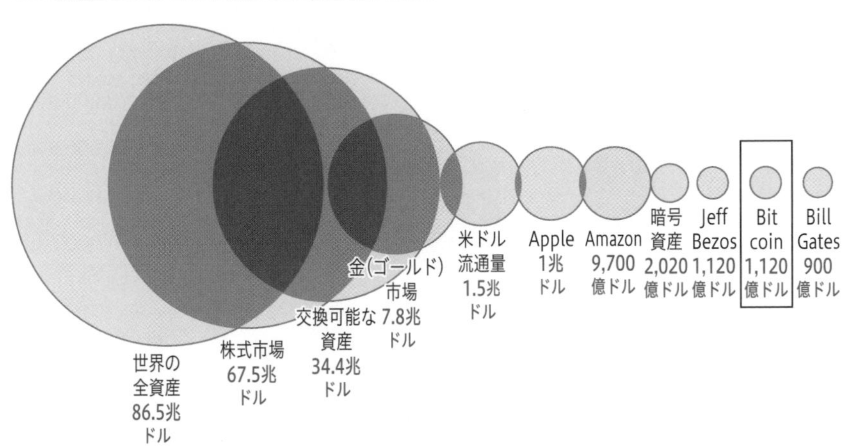

出典：HowMuch.net「Comparing Cryptocurrency Against the Entire World's Wealth in One Graph - Putting the World' s Money into Perspective」をもとに作成

性質は似ていますが、考え方によって**BTCは金より優れた点が多々あり**、金の上位互換と捉えることもできます。「金は有限」と説明しましたが、金の埋蔵量はあくまで推定です。地球上のすべての土地を掘り返すことは現実的に不可能なので確認できません。時折、金鉱脈が見つかったことがニュースになりますが、Bitcoinにそういうことはありません。急に供給量が増える可能性のある金とBTC、どちらがインフレのリスクヘッジとして機能するかは自明でしょう。

BTCが金に負けている点といえば、**商品としての「信用」と「認知」**と思われますが、これらは金が長い歴史のなかで積み上げてきたものです。Bitcoinは誕生して10年余りしか経っていないので、この部分で負けるのは仕方ありません。ただし、Bitcoinも金と同じ時の流れのなかにあるものなので、**BTCに信用が積み上がらないと考えることは不自然**です。

BTCの価格は2030年に100万ドルになる見込み

ARK Investのレポートによると、1BTCの価格は2030年に100万ドルになると予測されています。また、**市場規模で換算すると28兆ドル**と予測されています。

▶ 1BTCの価格の変動予測

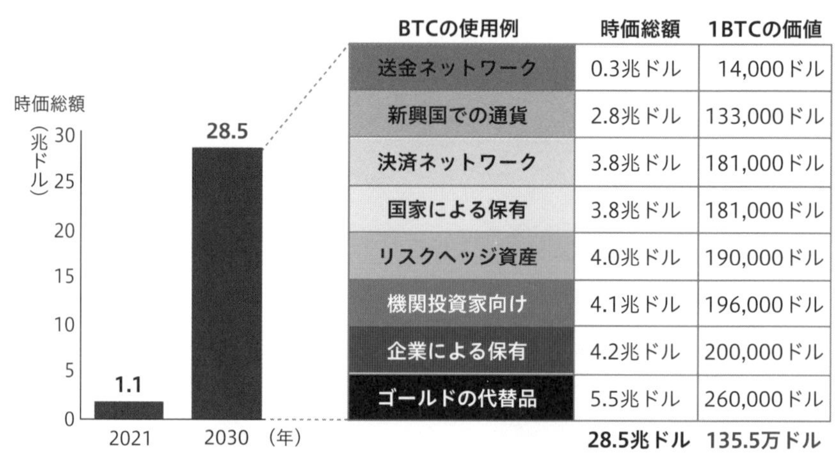

BTCの使用例	時価総額	1BTCの価値
送金ネットワーク	0.3兆ドル	14,000ドル
新興国での通貨	2.8兆ドル	133,000ドル
決済ネットワーク	3.8兆ドル	181,000ドル
国家による保有	3.8兆ドル	181,000ドル
リスクヘッジ資産	4.0兆ドル	190,000ドル
機関投資家向け	4.1兆ドル	196,000ドル
企業による保有	4.2兆ドル	200,000ドル
ゴールドの代替品	5.5兆ドル	260,000ドル
	28.5兆ドル	**135.5万ドル**

出典：ARK Investment Management LLC「ARK Big Ideas 2022（P.55）- The Price Of One Bitcoin Could Exceed $1 Million by 2030」をもとに作成

上図のレポートは「BTCが金（ゴールド）の市場を50％奪ったら市場規模は5兆ドル（黒色の部分）」といったように、BTCが活用できる市場で**既存プレイヤーからどの程度の割合を奪えば、いくらの市場規模になるか**を計算しています。そのため、BTCの用途とその市場で期待される成長性を見ることができます。

3 ブロックチェーン市場の成長速度

市場の成長速度を知るために、状況が似ていたと思われる**インターネットバブルと比較**してみます。世の中に「インターネット」という言葉が普及したとき、暗号資産と同様、バブルのような状況になりました。当時は、インターネットが何かわからなくても、決算書に「インターネット」と書けば株価が上がるほどの状況になっていたようです。もちろん、中身のない価格の高騰はいずれはじけるので、適正な価値に戻ったことがグラフ（次図）からも読み取れます。そして、インターネット市場が堅実に成長し、**バブル時の時価総額と同じ水準に戻るまでに15年**の年月がかかっています。そして2015年頃には、GoogleやFacebook（現

Meta）のような、GAFAと呼ばれる**現在のインターネットの勝ち組がプレイヤーとして存在**していたことは記憶に新しいと思います。

▶NDX指数チャート

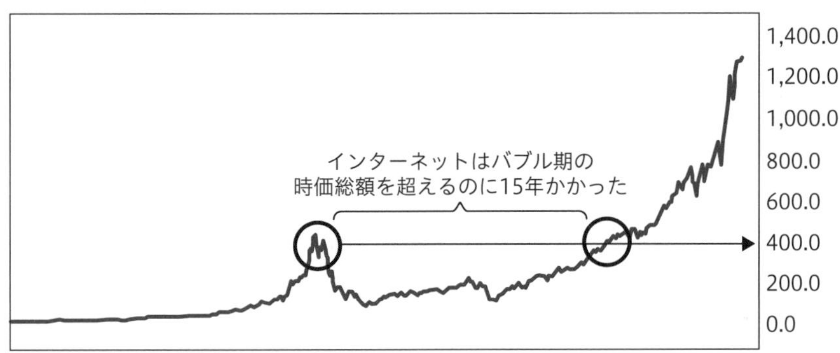

出典：NDX指数チャートをもとに作成

インターネット市場での「**バブルが発生し、GAFAが台頭し、バブル期の時価総額を超えるまでに15年**」という事実に対して、ブロックチェーン市場を見てみましょう。バブルといわれた2018年初頭から**バブル期の価格を超えるまでの年月はたった3年**です。単純比較はできませんが、価格推移だけを見ると、ブロックチェーン市場の成長速度はインターネット市場の5倍速いともいえます。この数字により何となく肌感で技術進化の速さを感じられるでしょう。少なくともブロックチェーン市場でも、2030年にはGAFAにあたる勝者が現れているスピード感と推察します。企業の新規事業開発やスタートアップがこの市場への参入を考えているのであれば、まさに「今」が正念場の時期と思います。

☑ まとめ

- □ 暗号資産にはさまざまな種類があり、暗号資産の総額が市場規模となる
- □ ブロックチェーン市場全体で時価総額は2兆ドル、BTC単体で1兆ドル
- □ 金とBTCは似ているが、BTCに優れた点が多く、上位互換ともいえる
- □ 1BTCの価格は2030年に100万ドルを超えるとするレポートもある
- □ ブロックチェーン市場の成長速度はインターネット市場より5倍速い

1-3 ブロックチェーン市場を牽引するBitcoin

ここではブロックチェーン市場を２兆ドルの市場規模へと牽引したBitcoinの仕組みについて解説します。

前節では、ブロックチェーン市場の市場規模が２兆ドルを突破し、インターネット市場に比べて５倍速く成長していることを説明しました。ここでは、その成長を牽引するBitcoinについて解説していきます。

1 ブロックチェーン市場の成長

ブロックチェーン市場における時価総額トップ30銘柄の市場シェア率（2021年末）を見ると、**BTCがトップ**になっています。BTCのシェアは2021年初頭で７割、年末にかけて徐々に減少しましたが、それでも５割を占めています。

▶トップ30銘柄の時価総額のうちのBTCのシェア率の推移（2021年末時点）

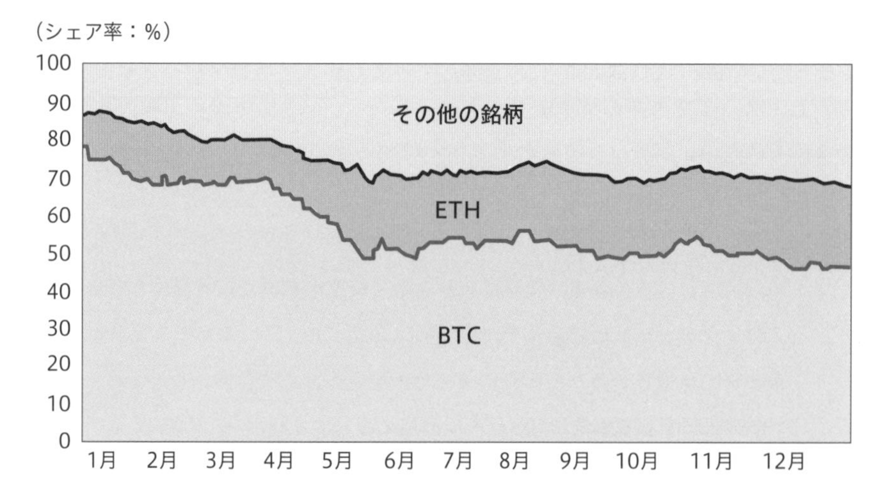

出典：CoinGecko「Yearly Report 2021 - 2021年 トップ30銘柄シェア」をもとに作成

市場全体におけるBTCの影響力は大きく、２兆ドルの巨大な市場は、**BTCが牽引して成長したといえる**でしょう。そして、BTCのシェア率は徐々に落ちつつあり、Bitcoinを入り口として入ってきた資産が、次点でのシェア率を誇るEthereumなど、**ほかのブロックチェーンに流出している**というのが現在のトレンドです。

Bitcoinが成長し、市場規模が拡大するにつれ、関わる人が増え、ほかのブロックチェーンも成長した、という経緯です。そこで、Bitcoinがここまで成長した要因を探るために、**Bitcoinのプロトコル（共通のルール）**を見ていきましょう。

2 Bitcoinの基本プロトコル

プロトコルと「BTC」「Bitcoin」の使い分け

「プロトコル」とは共通のルールのことです。インターネットはTCP/IPやWWWといった世界共通のルールがあるからこそ、世界中の人々が利用できます。ここでは、プロトコルを「世界共通で不変のルール」という意味で使います。また本書では、「BTC」と「Bitcoin」の表記を意識して使い分けています。一般的に**BTCは通貨そのものを指し**、**BitcoinはBTCを形成するネットワークや仕組み**などのことを指します。ここからBitcoinのプロトコルについて説明していきます。

Bitcoinが生み出したブロックチェーン技術

1-1では「ブロックチェーン技術により、デジタルデータに希少性が生まれ、希少性の高いデータに資産価値が認められ始めた。その代表例がBTC」と説明しました。BTCの発行枚数は2,100万枚と決められており、１枚ずつの所有者が明らかなので、勝手に模造品をつくることが難しく、改ざんできません。所有を証明するだけではなく、**証明した結果を改ざんできない仕組み**にしている点がブロックチェーンの特徴です。このような特徴をプログラムとして書き込み、改ざんできない状態で、世界共通で不変のプロトコルとしたことが革新的なのです。それでは、どうやって改ざんできない仕組みを実現しているのかを、次に見ていきます。

3 改ざんできない仕組みを実現する技術

ブロックチェーン技術は、複数の既存の技術の組み合わせでできています。代表的なものが次のものです。順を追って説明していきます。

1．**暗号化技術**
メールや大事な情報などを送る際に、データを保護し、安全に通信するための技術
2．**P2P通信**
データを送り合うユーザー同士が直接やり取りする通信方法
3．**分散型台帳技術**
データを分散して管理する技術。DLT（Distributed Ledger Technology）ともいう
4．**コンセンサス・アルゴリズム**
コンセンサス（合意）形成を行うための仕組みやルール

1. 暗号化技術

Bitcoinは、**楕円曲線暗号方式**により、個人の持つ秘密鍵から公開鍵を生成し、匿名者間での通信を行っています。難しい仕組みはおいておき、ここで行っているやり取りをシンプルに描いたものが下図です。

▶ブロックチェーンの仕組み

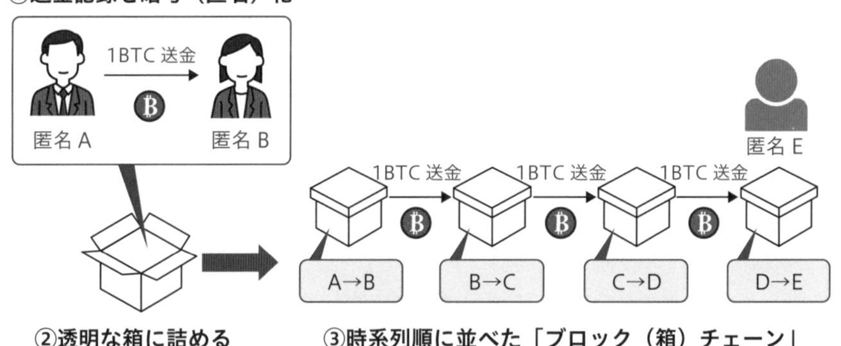

Aさんから Bさんへの「1BTC送金」の記録をブロックに詰め、Bさんから Cさんへの「1BTC送金」の記録を次のブロックに詰め、それらを繰り返して**時系列順に並べることで**、**「Aさんが持っていたBTCを今、誰が持っているのか」**を確認できます。Bitcoin上の送金を可視化する「chainFlyer」などのツールでは、今、誰

かがBTCを送金してブロックを生成している様子を見られます。

このとき、誰かが途中で送金記録を改ざんすると、どこかで帳尻が合わなくなります。この「**時系列順に**」という点がポイントで、帳尻が合わなくなった際、「どこで改ざんされたのか」をさかのぼって検証できるようになっています。

この「ブロックを順番に並べる」様子から「ブロックチェーン」と呼ばれるようになりました。Bitcoinの生みの親であるSatoshi Nakamoto氏が書いたホワイトペーパーには、「ブロックチェーン」という言葉はなく、「ブロックをつないでいるからブロックチェーン」というように、あとから共通認識になりました。

2. P2P通信

「P2P」は「Peer to Peer」の略で、「Peer」とは個人やコンピューターを指しており、P2P通信は**対等の人や端末同士が直接通信をする方式**のことです。

▶当事者間で直接取引を行うP2P通信

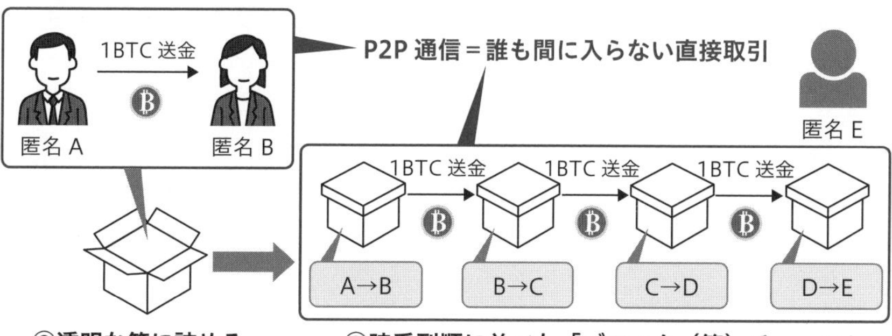

先ほどの図を再掲すると、色付きの部分がP2P通信です。クレジットカードや銀行などのような従来の送金システムとは異なり、**当事者間に仲介業者が入ることなく、直接通信を行う**ことがP2P通信の特徴です。Peer間は仲介されることがなく、すべて対等で、上下関係などがないので、気を遣わずに取引ができます。第三者に手数料を取られることもありません。P2P通信のサービスとしてはファイル共有ソフトの「Winny」などが有名です。

3. 分散型台帳技術（DLT）

分散型台帳技術は、データ（記録）を分散して管理する技術です。いきなり「分散」や「台帳」といわれてもピンとこないと思いますが、図にすると簡単です。

P.30の図の、ブロックをつないだ**取引の部分を書き出したものが「台帳」**で、その台帳をみんなで持つので「分散」です。つまり、「取引の記録をみんなで持ち、改ざんされていないかを互いにチェックしよう」という仕組みなのです。

分散型の台帳を持つみんなで取引の正しさを検証でき、誰かが自分の台帳を改ざんしても、ほかの誰かがその改ざんを検知できます。Bitcoinの場合、この**分散台帳を持っている人を「ノード」**と呼び、このノードが多いほど「分散」していて**ネットワークの安全性が高い**と評価されます。

Bitcoinのノード数は「BITNODES」で確認でき、2022年3月時点で1.5万台ほどあります。つまり、仮にBitcoinをつぶしたい国や組織があっても、その国や組織は世界中に分散する1.5万台のノードを同時に破壊する必要があるということです。そんなことは現実的とはいえません。

また2021年6月までは、ノードの半数が中国に固まっており、地政学的なリスクがありましたが、中国が暗号資産の規制を強化し、事業者を国外に追放したことで、**Bitcoinの地理的分散性は高まりました**。国の経済が破綻すると価値がなくなってしまう法定通貨と、世界中に分散する1.5万台のノードに守られたBTCと、どちらが信用に足るかは今後の歴史で証明されることでしょう。

4. コンセンサス・アルゴリズム

コンセンサス・アルゴリズムとは、**コンセンサス（合意）形成を行うための仕組みやルール**のことです。ここでの合意とは、「AさんからBさんへの送金記録を

▶マイニングの仕組み

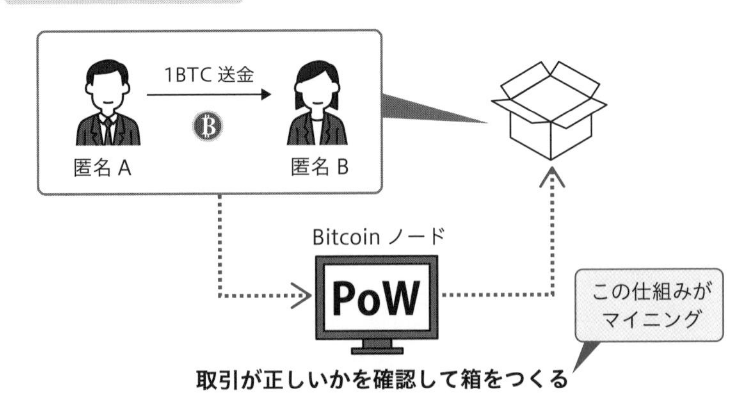

ブロックに詰め、チェーンでつないでよいか」ということを指します。

Bitcoinの場合、この合意をとるための仕組みはPoW（Proof of Work）と呼ばれます。ざっくりと説明すると、「稼働中のBitcoinのノード群に難しい計算問題を出し、解けたらブロックチェーンに追加する」という仕組みです。このとき、**一番早く問題を解いたノードに対し、報酬としてBTCが支払われます。この仕組みを「マイニング」**といいます（マイニングの説明は後述します）。

難しく考える必要はなく、コンセンサス・アルゴリズムは「ブロックのつくり方」と考えておけば十分です。コンセンサス・アルゴリズムにはPoS（Proof of Stake）などもありますが、次のように覚えておけば問題ありません。

PoW
　マイニングするコンピューターをたくさん持っているやつがえらい
PoS
　マイニングする通貨をたくさん持っているやつがえらい

それでは次に、Bitcoinはブロックチェーン技術で「どんなルールを改ざんできないようにしているのか」を見ていきましょう。

4 Bitcoinのマイニングと半減期

ルールとして設定されたもの

Bitcoinにおいて「**改ざんできないルール**」として設定された重要なものは、次の3点です。

1. BTCの発行枚数は2,100万枚
2. BTCはマイニングによって発掘される
3. マイニング量は4年に1度半減する（半減期がある）

このルールを書き込んだプログラムを、ブロックチェーン技術で改ざん不能にした「世界共通で不変のプロトコル」が機能することで、Bitcoinを実現しています。1. については、そういうものと覚えてください。BTCは2,100万枚あるのです。

BTC発掘のルールによる需要と供給の変化

BTCの発行枚数は2,100万枚で、一気に発行されたわけではなく、**マイニングによって徐々に発行される**仕組みになっています。最初はすべて埋まっており、マイニングで（つるはしで）掘り出す必要がある点は、金（ゴールド）と性質が似ています。

金が年間どれくらい発掘できるかは、そのときの世情などによって変わります。しかし、Bitcoinはプロトコルによって年間の発掘量が正確に決まっており、**最初の4年間で半分の1,050万枚、次の4年間でさらに半分の525万枚**が発掘できるというルールです。この4年に1回、**BTCの発掘量が半分になるタイミングを「半減期」**と呼びます。このマイニングと半減期の仕組みにより、BTCの市場供給量は、次のような図で表現できます。

▶BTCの市場供給量

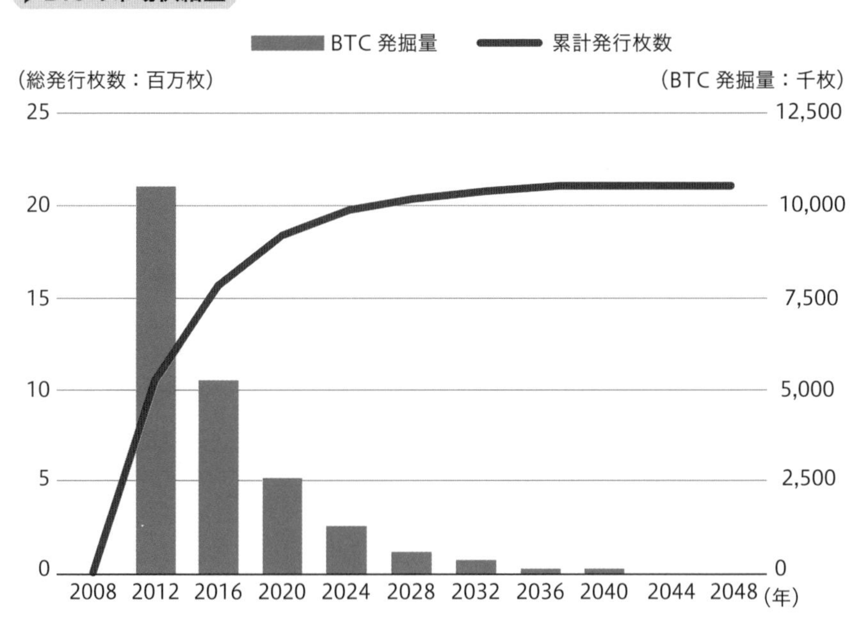

累計発行数（折れ線）は2,100万枚に限りなく近づきつつも、年間に供給されるBTCの発掘量（棒）は減少していく構造になっていることがわかると思います。BTCは2100年頃に掘り尽くされる計算ですが、すでに総供給量の90%が発掘され、残り10%を100年ほどかけて市場に供給していく計画になっています。

これはどういうことかというと、BTCの価値に気づく人はこれから多く出てくるので、**BTCの「需要」は増加**しますが、**「供給」は残り10%**しかなく、**増えた需要が限られた供給を奪い合う**という構図になります。希少で需要の高いものの価値が高まることは自明です。

半減期が来るとBTCの価格が上昇

このように、Bitcoinの半減期が、BTCの価格を高騰させる要因になっています。

Bitcoinの**マイニングをする人のことを「マイナー」**と呼びます。マイナーは、PoW（P.33参照）でブロックを生成したときに支払われる、マイニング報酬のBTCを法定通貨に換金し、収益としています。マイナーの収益モデルを数式化すると、次のようになります。

収益＝｛(BTC発掘の確率) －（電気代）－（マシンコスト）｝×BTC価格

マイニングしたBTCを換金し、そこから電気代とマイニング用のマシンコストを差し引いた金額が収益です。これにより、一定量のBTCが売りに出されることになるので、BTC価格の高騰を妨げる「**売り圧**」となるのです。

マイナーがマイニングしたBTCは、常に売り圧として市場に供給されるので、**BTC価格に蓋をする構造**になっています。「売り圧に蓋」という表現がわかりにくいかもしれませんが、株式投資や暗号資産の取引における板取引をイメージしてください（次図左を参照）。板取引とは、「買い板」に買いたい人、「売り板」に売りたい人の希望価格を並べ、ちょうど真ん中の価格で取引をする形態のことです。

マイナーはマイニングしたBTCを売ることで収益を得ています。そのため、通常はマイナーが価格を上げようとしても、**複数のマイナーが大量のBTCを売り板に並べるので、価格が上がりにくい**構造になっています。しかし、Bitcoinの半減期が来ると、**マイナーの収益が半分、売られるBTCの量が半分になるので、価格に蓋をしていた売り圧も半減し、価格が上がりやすく**なります。

2020年は、新型コロナウイルスの蔓延が投資市場に大きな影響を及ぼしましたが、ブロックチェーン市場で最も大きな影響となったのはBitcoinの半減期でした。BTC価格が半減期により高騰することは予想されていたことです。これが４年に1度やってくることが、Bitcoinのプロトコルに刻まれた不変のルールです。オリンピックのある年がBitcoinの半減期にあたり、Bitcoinが大好きなビットコイナーは４年に1度のこのイベントをオリンピック以上に楽しみにしています。

▶板取引のイメージ

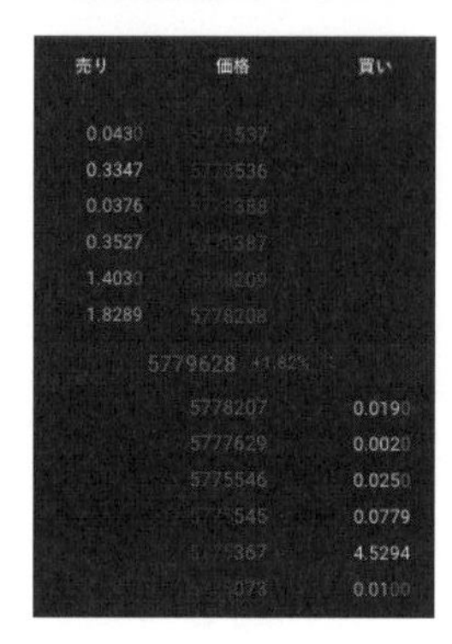

出典：ビットバンク

▶売り圧は半減期で半分になる構造

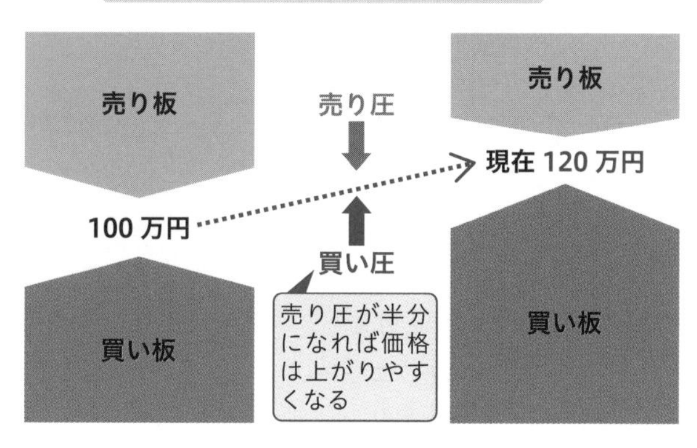

5 BTCの理論価格を導くS2Fモデル

S2F（Stock to Flow）モデルは、**現在の備蓄量（Stock）と新規供給量（Flow）をもとに価格を予測するモデル**であり、金や銀などの希少性の高い天然資源などの理論価格を導くためによく使われる指標です。このS2Fモデルは、金と性質の似ているBitcoinにも適用できるとされており、BTCの理論価格の参考にされることが非常に多い指標です。次図がBTCのS2Fモデルです。

▶BTCのS2Fモデルの例

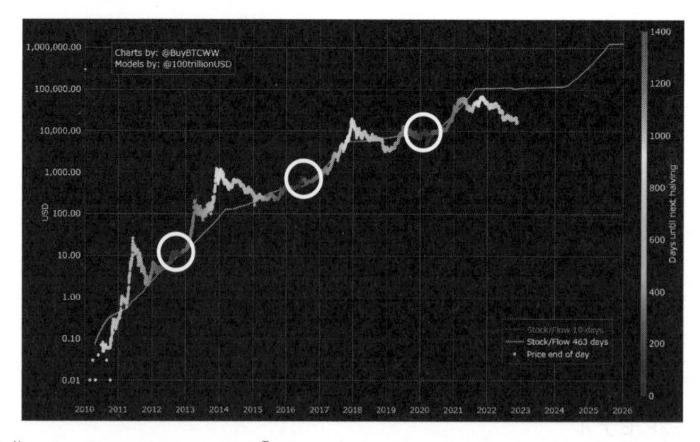

出典：Buy Bitcoin Worldwide「Bitcoin stock to flow model live chart」のWebページより

細い折れ線が理論価格、太い折れ線が実際のBTC価格、グラデーションで半減期のタイミングを示しています。チャートを見ると、周期的に価格が上昇していることがわかります。太い折れ線の丸を付けた箇所が半減期の開始時期なので、そこに注目すると、**半減期のあとに価格が上昇する**構造になっています。また現時点において、BTC価格は理論価格より安いことがわかります。

6 Web3.0プロトコルの成長サイクル

Bitcoinの半減期により４年に1度、BTC価格が上昇することを説明しました。BTC価格が高騰すると、ニュースでは「暗号資産バブル」などと紹介されますが、そのニュースをきっかけにBTC購入者が増える正のサイクルが回り始め、需要が増える構造になっています。価格が上昇するとBTCに興味を持つ人が増え、そのなかから「なぜ？」と思う人が現れ、自ら調べてこれまで説明したような事実に気づき、Bitcoinのファンが増えるサイクルになっています。もちろん、この気づきが早いほどBTCを安価で購入でき、投資のメリットも大きくなります。

▶Web3.0プロトコルの成長サイクル

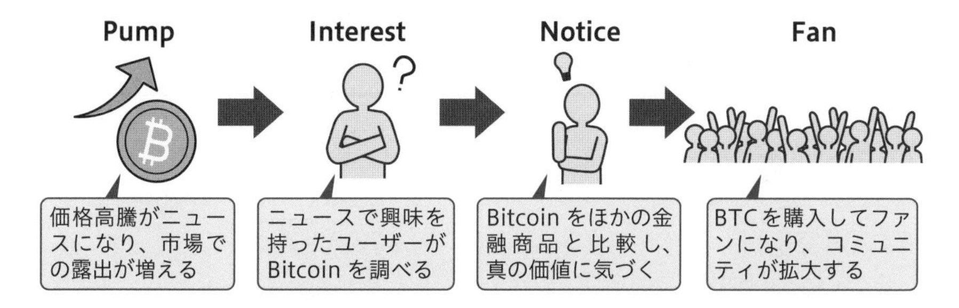

まとめ

- ブロックチェーン市場の２兆ドルの市場規模はBTCが牽引して成長
- BTCの発行枚数は2,100万枚で、ブロックチェーン技術により供給量は固定
- BTCはマイニングで発掘され、発掘量はプログラムにより決まっている
- プログラムには半減期が設定されており、市場供給量は減少していく
- BTC価格はS2Fモデルに準拠し、半減期ごとに価値が上昇する見込み

1-4 インフレのリスクヘッジ商品として注目されるBTC

ここではBTCが注目される理由となっている世界的なインフレ情勢について解説します。

前節では、Bitcoinのマイニングと半減期というプロトコルにより、BTC価格が上がりやすい仕組みになっていることを解説しました。ここでは一度、Web3.0業界の外に目を向け、BTC価格の上昇を加速させる要因となるインフレ情勢について解説していきます。

1 2兆ドルの巨大な市場はどこから現れたのか

「BTCを筆頭にブロックチェーン市場が急激に成長している」ことを解説してきましたが、**全く新しい資産が2兆ドル分、突然増えたわけではありません。**

世界の資産総額が数か月単位で突然増えることはありません。国家の成長指標とされるGDPの成長率は、毎年2～3％を目標に設定されています。1年で2～3％の成長を目指していることを考えれば、Web3.0の年間数十％を超える成長速度は明らかにその流れを逸脱しています。つまり、新しい市場が突然現れたと考えるより、**既存市場の資産がデジタル市場に流れ込んでいる**と考えるほうが自然です。図で考えると、次のようなトレンドになっています。

ここではその理由について見ていきます。

▶既存市場からデジタル市場に資産が流出

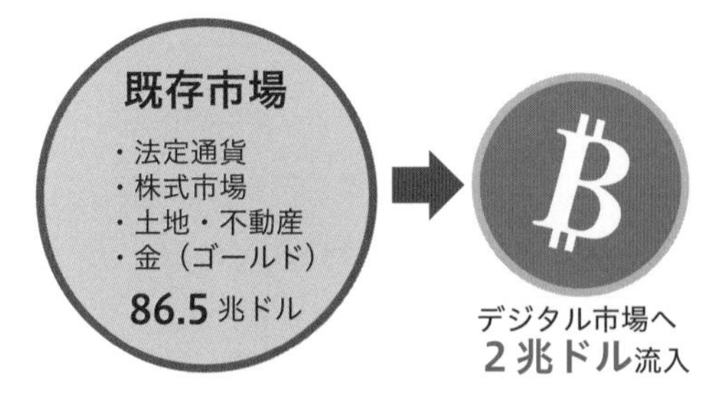

2 コロナ対策の量的緩和による法定通貨のインフレ

法定通貨の増加による価値の希薄化

直近のトレンドとして、**法定通貨が増え続け、価値が希薄化している**ことがあります。コロナ禍により各国が法定通貨を増刷した結果、実態として大規模なインフレが発生しており、個人投資家を中心に**旧来型の資産を見限って暗号資産へ資産を移動させる傾向**があります。たとえば、米国でドルの預貯金が2,100兆円あるところに、直近1年の金融政策で618兆円のドルを増やしています。つまり、今持っているドルの価値が単純計算で4分の3に下がっていることになります。

米国中央銀行のバランスシート

一般的に、中央銀行のバランスシートを見ると、その**中央銀行が管理する通貨がどの程度市場に供給されているか**を確認できます。中央銀行が金融政策を行い、国債などの資産を買ったり法定通貨を増やしたりすると、その分の通貨が市場に供給されることになります。そのため、バランスシートは「インフレがどの程度進行しているか」を測る指標となります。

米国のバランスシートはリーマンショック以降、金融政策の意思決定機関であるFRB（米連邦準備制度理事会）が量的緩和を行ってきましたが、近年の株価の上昇と景気回復により、徐々にバランスシートを縮小していました。そこでコロナ禍となり、追加で大規模な量的緩和が行われたことで、リーマンショックを上回るペースで**国債を中心とした資産の買入が発生**し、バランスシートが大幅に拡大しています。下図はFRBのバランスシートの推移のグラフです。2020年以降、コロナ禍によって拡大し始めた様子がわかります。

▶FRBのバランスシートの推移

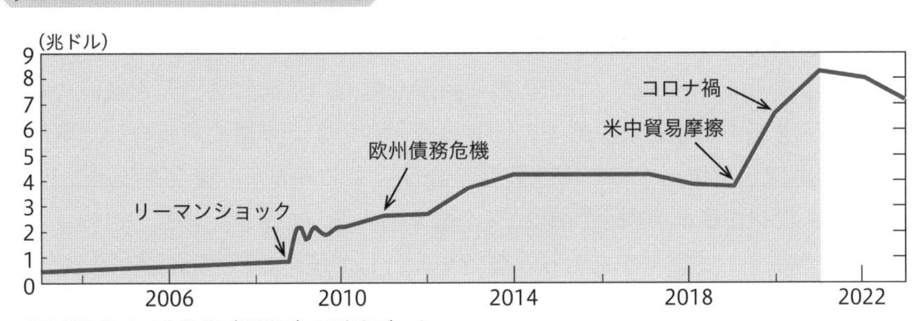

※2021年までの数値（網掛け）は確定データ
出典：日本貿易振興機構（JETRO）「ビジネス短信 c4478375a52ca1a4（添付資料）」を参考に作成

まず事実として、コロナ対策として行われた米国の財政刺激策により、**米国政府の純支出は2020年のGDPの31%**を占めました。米国は国民1人あたり20万円を給付していましたが、あのお金は米国政府のお金で、中央銀行で刷られたものです。規模を比較するなら、米国政府が行った金融政策は、**米国単独で日本のGDPを超えるお金**を投入しました。

▶2020年の名目GDPの比較

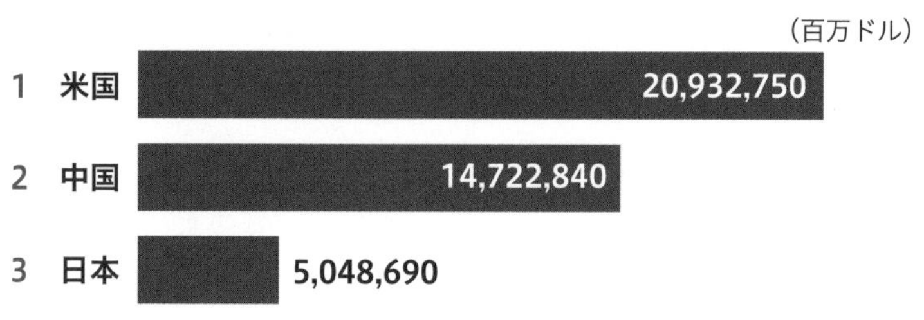

出典：IMF「世界の名目 GDP 国別ランキング・推移」をもとに作成

3 国家のバランスシート拡大による影響

政治的・経済的に成長し続けることが必須

世界の経済活動は、1年でどれだけ成長したかを示すGDPを経済成長の指標としていますが、これは市場が無限に成長していくことを前提にしたものです。コロナという未曾有の危機に瀕している状態ではありますが、政治的・経済的な課題は常に「**破壊的な危機があっても成長し続ける**」ことであり、この目標の達成が求められます。以降では、国家のバランスシートが拡大したとき、国民の生活にどんな影響が出るかを歴史から学んでいきましょう。

状況が似ている第二次世界大戦

やや唐突ではありますが、コロナ禍と状況が似ている第二次世界大戦時のバランスシートを見ていきます。戦争にはお金が必要です。米国政府は当時、第二次世界大戦の費用を捻出するため、国債を発行して各方面から資金を集めました。そして、FRBは国債の長期金利が2.5%を超えないように固定します。

国家の危機として国民をあおり、国債を発行して現金を調達し、その見返りとして渡す金利報酬が低いので、強気にお金を借りることができます。その結果、FRBのバランスシートは1939年から1946年にかけて11倍に拡大し、過度なインフレが発生しました。コロナ禍の状況に似ています。

▶FRBが保有する国債残高の推移（対GDP比）

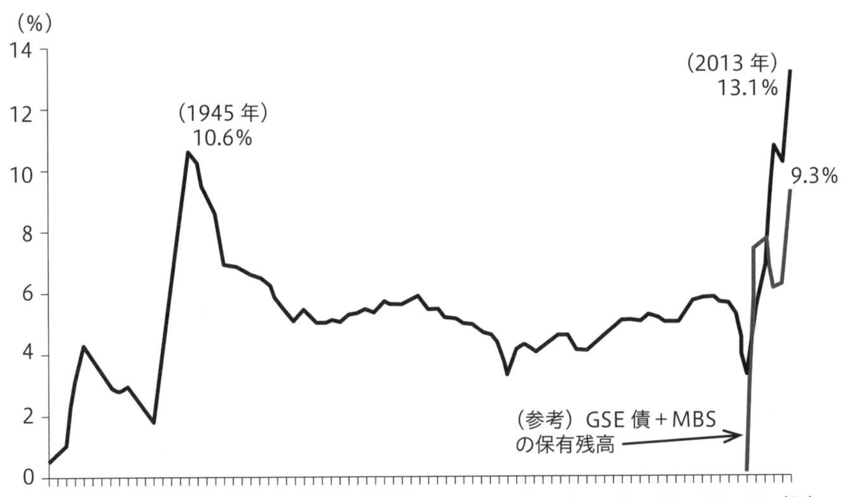

出典：参議院『経済のプリズム No.139 2015.4「FRBの非伝統的金融政策とその評価」』をもとに作成

このような過度なインフレが起こるのは、**税金を上げるより簡単に資金を用意できる**からです。国家の有事に多額の資金が必要になると、政府は資金の入手方法を考えます。国家の収入といえば税金ですが、資金確保のために増税を行うと異議を唱える人が出てくるので、政府は**インフレという形で国民の目に見えないように資金を捻出しよう**とします。たとえば、消費税が20%になると聞いたら、国民総出で反対すると思います。そのため、労力がかかる増税ではなく、造幣局のボタン1つで簡単に資金を捻出する方法に流れていきました。

当然ですが、通貨を増やすと市場供給量が上がり、通貨の希少価値が下がります。たとえば、1万円が9,000円になるイメージですが、1万円の紙幣は現物のまま残っているので、国民は価値が下がったことに気づきません。

賢い人や有識者などはこのインフレに気づき、そのリスクヘッジのため、価値が変わりにくい金（ゴールド）などの資産に通貨を交換しようとします。しかし、当時の米国では**個人での金の保有が禁止**されていました。これではリスクヘッジのしようがなく、国民のとれる手段は限られていました。誰にも保有を侵害されないデジタル資産があるこの時代は、本当に幸せなことなのです。

米国でインフレ施策が成立した背景には、強固な「国内製造業の基盤」があります。実用品の生産ラインを国内に持ち、自給自足が可能だったのです。通貨の価値が下がっても自給自足で賄えれば、インフレの影響は受けにくくなります。輸入に頼っている国では、輸入品の価格が高騰し、経済的に困窮してしまいます。このインフレは、米国だからできた金融政策なのです。

第二次世界大戦の事例から学べる教訓は、次のとおりです。

・国家の有事に資金が必要になったとき、政府は増税で直接的に資金を調達するより、**インフレを通じて間接的に資金を調達したい。**
・中央銀行の独立性は担保されない。**世論が求めれば為政者は従う。**
・GDPが成長しているように見せつつ、拡大したバランスシートを縮小させるためには、**国債の金利を低く設定**する必要がある。
「国債金利＜GDP成長＝バランスシート縮小」という関係性。
・金利の低い国債を買うメリットはなく、**売れ残った国債を吸収するのは中央銀行となり、バランスシートは拡大**する。
・資金を調達したい政府の一存により、**国民が貯めた資産は一方的に毀損**される。

コロナ禍で起こったこと

公式統計によると、新型コロナウイルスへの感染を原因として、約60万人の米国人が2019年度～2020年度で亡くなっています。第二次世界大戦では約40万人が亡くなったので、コロナ禍の死者数は戦争と同等の規模であり、米国では過去最高水準の財政出動が行われています。そして、米国政府は第二次世界大戦時と同様に、コロナ対策資金を国債の発行で賄っています。FRBは、明示的な国債の価格変動に関与しなかったものの、2020年に発行された国債の55％を購入し、FRBのバランスシートは76％増加しています。これにより、**米国の債務残高（対GDP比）は2020年末までに130％という史上最高水準**に達しました。諸外国が購入している米国国債の割合は、2002年から2019年までに発行された国債の42％

だったのに対して、2020年の割合はたった8％です。これは、ほとんどの国債が、FRBの通貨発行による積極的な財政支出で賄われたことを示しています。

▶諸外国とFRBの米国国債購入の割合

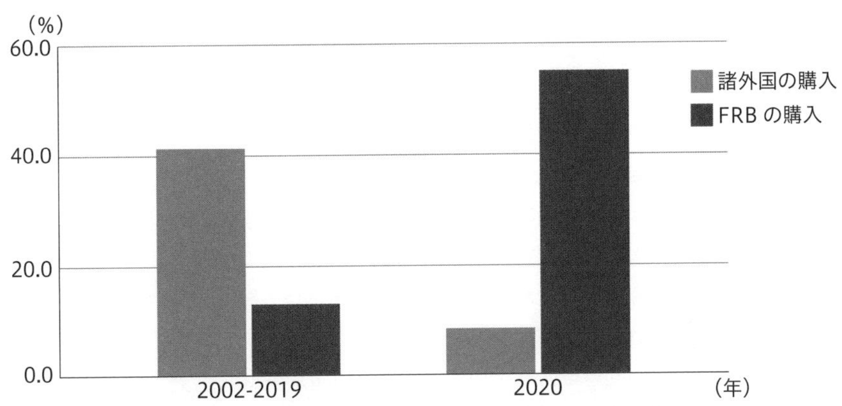

出典：Arthur Hayes「FARB<L>AST OFF <GO>（2021.5.28)」をもとに作成

米国は現在、**税収を上回る支出（財政赤字）**と、**輸出を上回る輸入（資本収支のマイナス）**という二重の赤字国になっています。米国の両党の政治家は「政府が財政支出を拡大して過去の過ちを正し、コロナ後に労働者が保護されるようにしなければならない」と声高に主張しており、量的緩和をやめる話などがたびたび議題に上がっています。ほとんどの国では、米国のように財政支出を拡大できません。財政支出を増やすと通貨が暴落し、商品価格が上昇して社会不安に陥る可能性があるからです。

4 法定通貨の欠陥

前述のとおり、国家は自らの都合で法定通貨の供給量を増やしてきた歴史があります。つまり、法定通貨は**国家によって価値が毀損されるリスク**を内包しています。これは法定通貨の明らかな欠陥といえます。日本のような通貨（日本円）が安定した国に住んでいると、このリスクに気づくことはあまりありません。しかし、国によっては通貨の信用が失墜し、紙切れになってしまう国もあります。日本円は大丈夫と根拠と確信を持っていえるでしょうか。

法定通貨は刷られ続けることで、供給量が無限に増えていきます。しかし、

BTCは2,100万枚しか存在しない、供給量の限られた通貨です。この特徴から、**法定通貨を「インフレ通貨」、BTCを「デフレ通貨」**と呼ぶことがあります。

また、BTCのような暗号資産は、パスワードや鍵を紛失したり、BTCが保存されたパソコンを捨てたりすると、復元できなくなるものもあります。そのため、実際に市場に流通しているBTCは2,100万枚より少ないでしょう。BTCの鍵を紛失した状態を「GOX（ゴックス）」といいますが、GOXしたBTCの枚数を加味すると、BTCは絶対にインフレしない「ディスインフレ通貨」ともいえます。これを踏まえると、メディアでよく見られる「BTCが高騰」という表現は、正しくは「**法定通貨の価値が下がっている**」と理解することが本質的であるとわかります。

下図のように日本は貯金大国であり、インフレの影響を受けやすい国民性といえます。コロナ前の1万円とコロナ後の1万円では、すでに価値が異なります。価格はそのままで商品の内容量が減る「ステルス値上げ」や、コロナ前は外国人観光客であふれていた「インバウンド需要」などを見て、円の価値が落ちていることに感覚的に気づいている人も多いでしょう。法定通貨建ての資産だけを持っている人は、インフレのリスクヘッジの手段を学ぶ必要があります。

▶家計の金融資産の構成

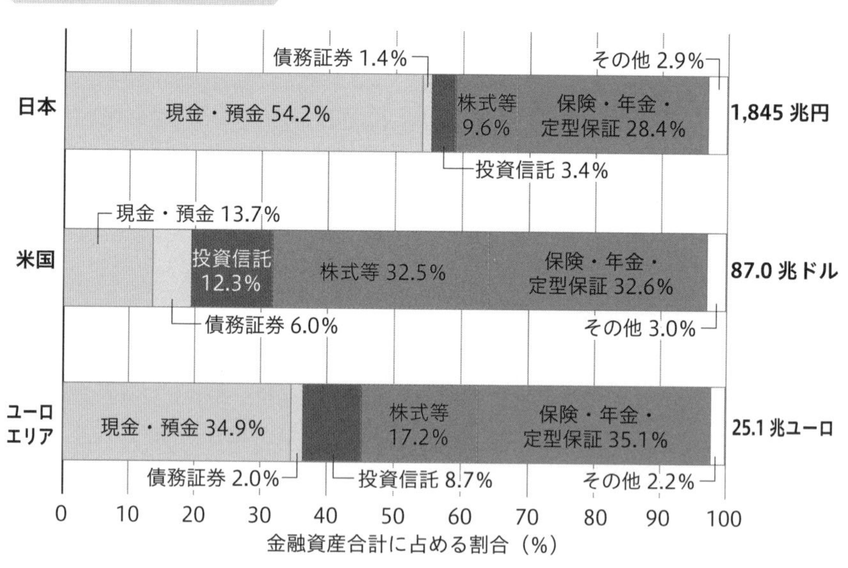

出典：日本銀行調査統計局「資金循環の日米欧比較（2022年8月31日）」をもとに作成

法定通貨のもう1つの欠陥は、マネーロンダリングに使用されるリスクが高いことです。暗号資産はデジタル上に履歴が残って検証可能ですが、法定通貨の紙幣や硬貨は足跡をたどることができません。そんな背景もあり、「1万円」のような高額紙幣は、デジタル化が進む経済では廃止の方向に進んでいるのが世界的なトレンドです。

暗号資産がマネーロンダリングに使われていたのは過去の話で、FATF（金融活動作業部会）のような国際組織が暗号資産取引所の本人確認（KYC）を厳重にすることで改善されてきています（P.261参照）。

5 インフレのリスクヘッジ商品としてのBTC

インフレ対策としての守りのBTC投資

インフレのリスクヘッジ商品として最も有力な候補がBTCです。TeslaやMicroStrategyなどによるBTCへの投資もそのトレンドに沿った行動であり、インフレのリスクヘッジ商品としてBTCが大量に購入されている現状があります。BTCを購入している投資家の認識は、「BTC＝デジタル通貨」ではなく、**「BTC＝デジタルゴールド」**となっています。BTCへの投資は、値上がりを狙った「攻め」の投資ではなく、**インフレ対策の「守り」の投資**なのです。

第二次世界大戦の頃とは異なり、現代には暗号資産市場があり、我々は国家や中央銀行の規制のかからない資産を持つことができます。FRBが創出した数十兆ドルすべてが暗号資産に流れ込むわけではありませんが、**国家が暗号資産への投資を阻むことはできません**。見えないインフレが進行し、法定通貨の価値が減損していくとき、**暗号資産の価格が既存金融衰退の検知器**となります。

BTCの保有者数は1,600万人を超え、さらに増加傾向にあり、多くの人や法人がBTCを購入しています。今回のTeslaのBTC購入をきっかけに、BTCはインフレのリスクヘッジ商品として、製品やサービスなどが普及し始める際に壁（溝）となる「キャズム」（次図）を超え始めており、**一般層に普及するタイミングになった**と筆者は考えています。

日本では暗号資産を保有している人が5％ほどしかいません。この現状をどう見るかを考える必要があります。

▶デジタルゴールドとしてキャズムを超えつつあるBTC

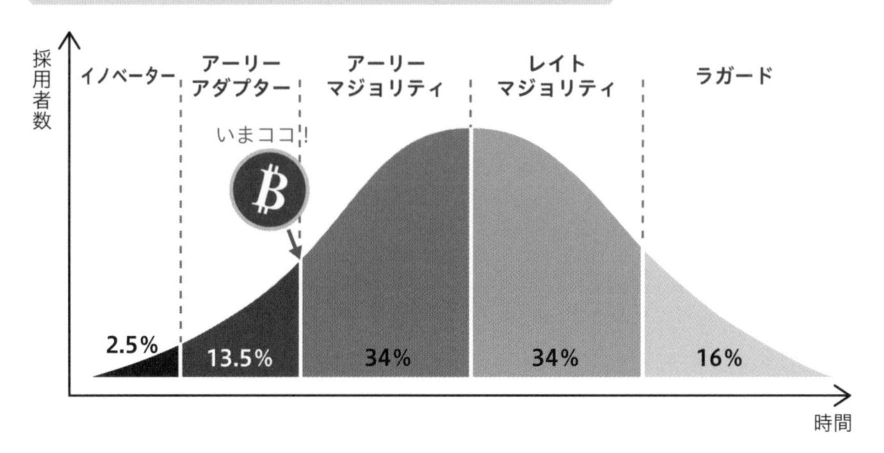

BTCの資産としての優位性

株式や不動産などの投資をしている人もいると思いますが、実際に2020年のBTCは、株式や金（ゴールド）、米ドル指数、原油など、さまざまな資産クラスのパフォーマンスを大きく上回る結果となっています。2020年はコロナ禍により、金融資産が軒並み大きく下がる時期がありましたが、そこからの回復力もBTCが最も高いパフォーマンスを出していました。

▶BTCと主要な金融資産の価格の比較（2020年）

	リターン	1日の最大下落幅	底値からの回帰
BTC価格	303%	−35%	473%
ナスダック総合指数	43%	−9%	87%
金（ゴールド）	22%	−5%	28%
S&P 500	16%	−10%	63%
TLT	15%	−7%	15%
米ドル指数	−7%	−2%	0%
原油価格	−23%	−45%	385%

BTCは高いパフォーマンスを見せる資産となった

出典：CoinGecko「Yearly Report 2020 - 価格リターン比較 ビットコイン vs. 主要な金融資産」をもとに作成

「BTCを10年前に100万円購入していたら、今40億円近くになっていたはず」というツイートもあります。この10年間でさまざまなことがあったので、その間、BTCを保持し続けられたかわかりませんが、**BTCは投資のパフォーマンスで見ても投資資産として優秀**なことがわかります。BTC以上のキャピタルゲインを、この短期間で上げられる企業は存在しなかったでしょう。

Bitcoinは国家と通貨を分離した最も平和な革命

この節では、インフレに対するリスクヘッジ商品としてのBTCの価値について触れてきましたが、重要なことは**Bitcoinにより国家と通貨が分離**され、中央集権的に管理していない（操作できない）**分散型の通貨が構築**されたことです。

国家と通貨の関係は、歴史的に原則1対1になっていました。そして、その通貨が役割を終えたり、ほかの通貨に取って代わられたりする際には、戦争や革命が起こってきたのが世の常です。今、法定通貨建てのあらゆる資産からBTCへと資産価値が変化し、価値が膨らむことで、国家の影響力が少しずつ削り取られています。国家はこれを嫌がり、Bitcoinを排除しようとしますが、Bitcoinは戦争を起こす相手のいない分散型の技術です。

このムーブメントは「Web3.0」に名前を変え、徐々に世の中に浸透していきます。なかにはエルサルバドルのように自国の基軸通貨をBTCにする国家も現れ始めました。この流れは止まることはありません。

Bitcoinは誰も管理していない通貨を生み出したことにより、国家と通貨を分離することに成功した、人類史上最も平和な革命なのです。

まとめ

- □ 巨大な市場は突然現れたものではなく、既存市場から流入してきたもの
- □ コロナ禍の金融施策により世界的なインフレが発生し、法定通貨の価値が下がった
- □ 「BTCが高騰」と表現されるが、「法定通貨の価値が下落」が正しい
- □ インフレのリスクヘッジ商品としてのBTCが注目され、BTCの役割は「デジタル通貨」から「デジタルゴールド」に変化しつつある
- □ Bitcoinは国家と通貨を分離することに成功した人類史上最も平和な革命

BTCは「決済に使えない」のは聞き飽きた

「仮想通貨」という名称により、「決済に使えない」という批判をよく受けますが、その議論はすでに過去の話となっています。

まず前提として、BTCは法定通貨のように日常的な決済に使われることは考えにくいといえます。理由として、次の3点が挙げられます。

1. BTC価格の変動差が大きすぎる
2. BTCの性能では日常的な決済をさばききれない
3. 人間による秘密鍵の管理が難しすぎる

1. に関しては、「昨日1BTCで買えたものが、BTCの下落により、今日2BTC必要になる」ということでは通貨として成り立ちません。生活に必要な物資がすべてBTCで買えるならまだしも、そうなっていない以上、立ち上がったばかりの新しい通貨と法定通貨の交換レートが固定されていたほうが利用しやすく、通貨経済圏を育てやすくなります。地域のポイントやQR決済もそのようにして発展してきています。決済に使うのであれば当然、レートは固定であるべきです。

2. に関しては、BTCの性能の問題です。BTCの決済の性能を高める「ライトニングネットワーク」などの仕組みも成熟しつつありますが、Bitcoinは1秒間に数件しか処理できません。それに対して、法定通貨決済は1秒間に平均4,000件から最大50,000件も処理できるほどのシステムで設計されています。処理できる量に圧倒的な差があるのが事実です。BTCは中央集権的な管理者がおらず、世界共通の通貨になるといわれることもありますが、処理性能を見れば不可能であることは明白です。

3. に関しては、人間のリテラシーとUXの問題です。秘密鍵は自分の財布の鍵のようなもので、秘密鍵をなくすと、BTCがあっても使えなくなってしまいます。日常生活でもスマートフォンや財布をなくすことがあるので、秘密鍵の管理は難しすぎると考えます。

以上の理由から、BTCを決済に利用することは現実的ではありません。BTCは通貨ですが、「決済」ではなく、インフレのリスクヘッジ商品としての可能性を検証する段階に入っています。また、決済だけであれば、ライトニングネットワークを利用したライトニング決済の発展も目覚ましいものがあります。現在のBitcoinは、決済などの日常利用を想定しておらず、デジタルゴールドという新しい可能性が検証されています。自戒の意味もありますが、流れの速いWeb3.0のトレンドにおいて、「まだそんな批判しているんですか？」と言われないよう、常に自分の持っている情報をアップデートする習慣を身につけておくべきかもしれません。

第2章

Web3.0 業界の構造と基礎知識

1 Web3.0 が世界で求められる必然性 ——— 50
2 株式の上位互換であるトークンの概念 ——— 61
3 透明な自動販売機と呼ばれるスマートコントラクト ——— 68
4 Fat Protocol がもたらすコンポーザビリティの革命 ——— 75

2-1 Web3.0が世界で求められる必然性

ここではWeb3.0業界の構造について解説します。

前章では、Web3.0業界の基盤技術であるブロックチェーン技術と、業界を取り巻く情勢、デジタルゴールドとして世界的に認められつつあるBitcoinについて解説しました。ブロックチェーン市場の市場規模は2兆ドルを超え、大きなムーブメントになっており、それを牽引してきたのがBitcoinです。Bitcoinが既存市場から奪い取った2兆ドルの半分がブロックチェーン技術を組み込んだ新しいサービスに再投資される流れになっています。そして、その流れは「Web3.0」という名称でリブランディングされ、大きなうねりとなり、莫大な資産と人材がこのWeb3.0業界に流れ込んでいるのが現在の潮流です。ここでは下図をもとに解説しているので、念頭に置いておいてください。各レイヤー（領域）の詳細については次章以降で説明しますが、ここではWeb3.0が世界で求められる理由について解説していきます。

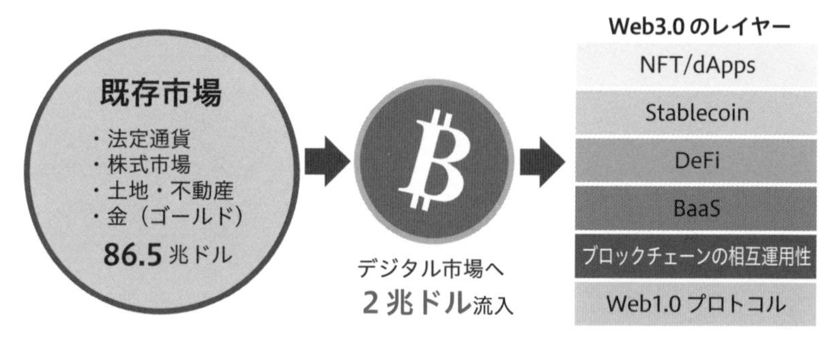

1 Web3.0の現在地

インターネット利用者数と暗号資産保有者数の比較

まずは数字で見てみましょう。現在のWeb3.0人口は、暗号資産の保有者などから推測すると**1.2億人程度**です。この人口をインターネット利用者数と比較すると、ちょうど**1998～2000年頃のインターネット利用者数に相当**します。下図はインターネット利用者数と暗号資産保有者数の人口の比較です。1998年でいうと、おおよそAppleが最初のiMacを完成させたタイミングであり、Web3.0がまだ一般層から遠い存在であることがわかります。

▶インターネット利用者数と暗号資産保有者数の推移

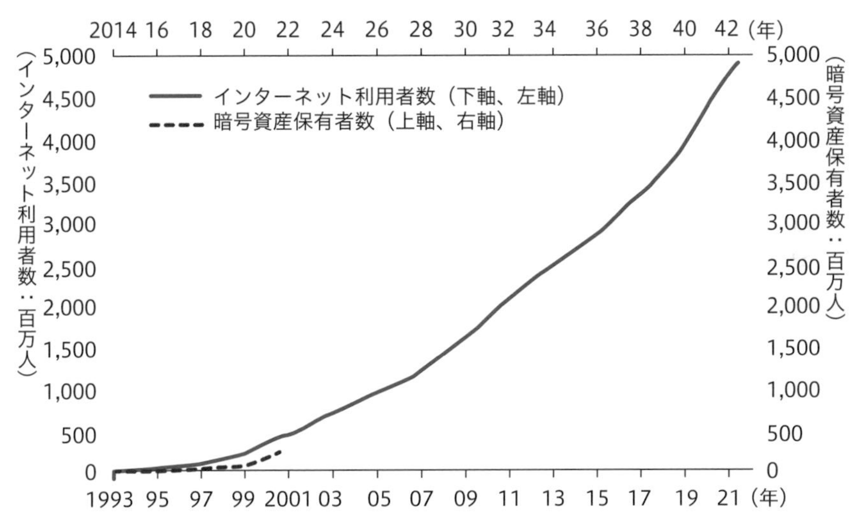

出典：International Telecommunication Union, Our World in Data, Crypto.com, Statista, Bloomberg, and Wells Fargo Investment Institute.

インターネットからWeb3.0へのリソースの流入

インターネットとスマートフォンの２つのテクノロジーが一般層へ広まったスピードを考えると、テクノロジーが一般層に実感値を伴って浸透するのは、ユーザー数が10億人を突破してからという分析があります。現在のインターネット利用者数と比較すると、**Web3.0業界の規模感は10分の1**程度ですが、逆に見れば「**これから10倍に伸びる可能性がある**」と捉えることもできます。

米国のThe New York Timesでは、米国の優秀な人材が「Web3.0は人生に一度のチャンス」と見定め、Google、Amazon、Metaなどの巨大企業からWeb3.0業界に流れていると報じています。なぜWeb3.0業界にこれほどのリソースが集まっているのでしょうか。この理由について、これまでインターネットに関わってきた人々がWeb2.0をWeb3.0に進化させようとする**IT業界の「内側」からの圧力**と、

IT業界の外側の誰もが賛成するような**社会正義を求める「外側」からの圧力**、という2つの観点で、Web3.0が推し進められる状況を見ていきます。

2 【内圧的側面】Web3.0への進化が必要なインターネット

広告モデルにおけるWeb2.0の限界

本書の冒頭で、Web3.0は「現在のインターネットを根本的につくり直し、もっと便利にしようという世界的なムーブメント」と説明しました。そして現在は、インターネットがWeb2.0からWeb3.0に変化する過度期にあたります。

なぜ現段階でも十分便利なWeb2.0のインターネットを根本的につくり直さなければならないのでしょうか。その理由は、**Web2.0のビジネスモデルが広告モデルを採用していること**にあります。これがWeb2.0の限界でした。

「広告」は「広く告げる」と書くように、より多くの人に情報を告げることに価値があります。これを採用したWeb2.0では、できるだけ多くの人をWebサービス上のコンテンツに惹きつけ、そこに留めておこうとします。これにより、人を怒らせたり炎上させたりすることを目的とした、質が低いコンテンツやフェイクニュースなどが生産されるようになり、Web2.0ではそれらが評価されるジレンマに陥ってしまいます。

広告モデルでは「人から多くの時間を奪うほど稼げる」ので、Web2.0のサービスは**人から多くの関心をひくように最適化**されていきます。そして、企業はSNSなどのプラットフォームに蓄積されたデータをAIに分析させ、ユーザーが気に入りそうな情報をどんどんレコメンドするようになりました。

Webサービスの成長がユーザーやクリエイターへ及ぼす影響

広告モデルを採用した中央集権型のWebサービスでは、次図のようなライフサイクルをたどります。Webサービスを立ち上げたばかりの頃はユーザー数が少ないので、企業は最初、コンテンツ提供を行うクリエイター、開発者、事業者などの協力者を集めることに全力を尽くします。ユーザー数や協力者(インフルエンサーやPR会社、LINEスタンプ作成者などの)数が増えてくると、Webサービスが**普及のS字カーブ**を描き始め、提供するサービスの質が着実に高くなる**ネットワーク効果**(P.63参照)が生まれます。こうなると、「あの人も使っているから」「使っていないと不便」といった状況になり、ユーザーはそのWebサービスから抜け出すことができなくなります。

▶プラットフォーム成長のライフサイクル

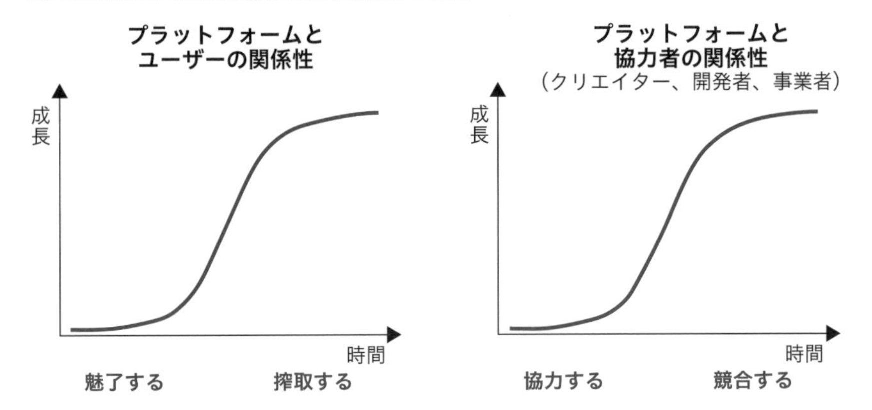

出典：石ころ、平田智基「なぜWeb3が重要なのか」（スタタイ）をもとに作成

しかし、S字カーブが頂点に達すると、ネットワーク参加者との関係が、最初は協力関係であった状態から、市場を奪い合う競合関係に変わります。成長を続けるためには、**ユーザーや協力者と可処分時間を奪い合い、競争する必要**があるのです。有名な例としては、Google対Yelp（イェルプ）、Apple対Epic Games、Facebook（現Meta）対Zynga（ジンガ）などがあります。

これは、どのWebサービスも広告モデルを採用しているために発生する問題であり、これがWeb2.0のインターネットの限界です。たとえるなら、途中までは一緒に手を取り合ってゴールテープを切ろうと走っていた仲間が、急に順位を競い合うライバルになり、スピードを上げて走り始めるといったところでしょうか。

ユーザーの可処分時間を奪って競合に勝つため、プラットフォーマーたちはユーザーのデータを蓄積し、そのビッグデータをAIに分析させることで、ユーザーが好むコンテンツを提供するようにシステムを最適化させていきます。より多くのデータを集めたプラットフォーマーは、より精度の高いコンテンツを提供できるようになり、そのサービスからの離脱を防ぐことができます。

結果、これらのデータは**プラットフォーマーに「独占」**されています。ユーザーがデータを搾取されないままWeb2.0のサービスを利用することは不可能です。また、**コンテンツデータは企業に「所有」**され、コンテンツを開発したクリエイターに支払われるはずだった利益が、データを所有する企業に吸い上げられる構造になったことはWeb2.0の欠陥といえます。

Web3.0で生まれた「データ所有」の概念

Web2.0では、データはユーザーのものではありません。たとえば、個人情報は「個人」の「情報」なので、ユーザーの所有物という印象を受けますが、そのデータが保存されているのはプラットフォーマーの所有するデータベースです。プラットフォーマーは、自社のデータベースに蓄積されているデータをクライアントに切り売りして収益を上げていますが、データの提供元であるユーザーには1円も入りません。これがWeb2.0の「当たり前」でした。

▶Web2.0ではユーザーはデータを所有していない

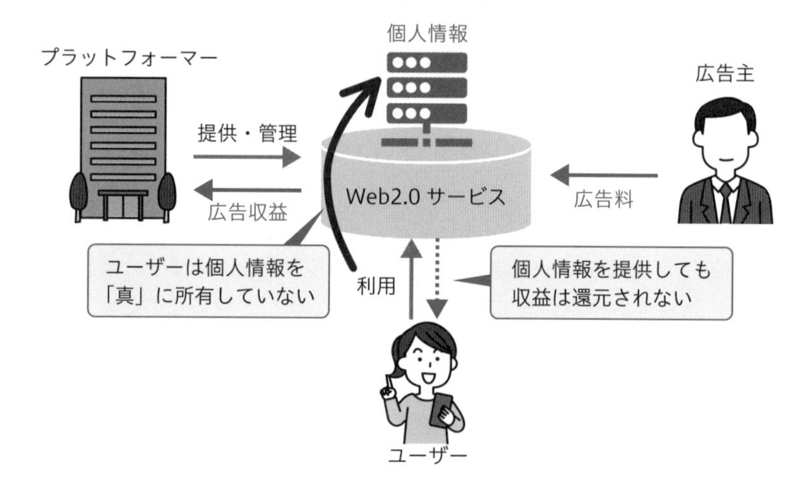

Webサービスでは個人情報の入力が当たり前になっているので、問題と感じない方もいるかもしれません。ですので、ゲームの例を見てみましょう。

「サービス終了」「サ終」という言葉にがっかりしたことのある方は多いのではないでしょうか。たとえば、ソーシャルゲームのガチャを回すと出てくるキャラクターは、自分のものと思われるかもしれませんが、データ自体は企業のデータベースに保存されており、レンタルしているようなものです。実際のデータの持ち主は企業なので、いくらお金を支払っていても時間と手間をかけていても、サービスが終了してしまえば、データや権利が消えてしまいます。しかし、ユーザーが購入したのに、企業の都合で消されてしまうのはおかしなことです。

一方、Web3.0ではブロックチェーン技術により、ユーザーがデータを「真」に所有できます。ゲームデータはNFT（第7章参照）などでブロックチェーン上に所有者が記録され、ゲーム側がユーザーの所有データを参照してゲーム画面を変

▶Web3.0ではデータ参照の方向が変化

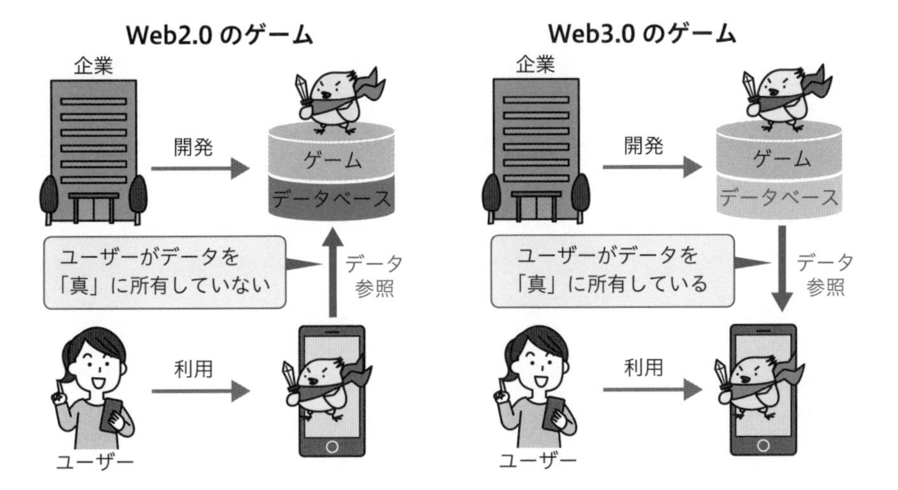

化させます。**Web2.0とデータ参照の方向が異なる**ことに注目してください。

ユーザーが「真」にデータを所有すると、仮にサービスが終了しても、**購入したデータは手元に残る**ようになります。企業がゲーム開発を行わなくなると、データの用途がなくなりますが、ゲームへの熱量の高いユーザーがゲーム開発を引き継ぎ、ゲームを存続させる事例も出てきています。

ブロックチェーンが普及すれば、Web2.0で主流だった中央集権型のビジネスモデルに変革が起こります。GAFAなどのIT企業のプラットフォームや、金融、不動産、物流などを支配する**巨大企業に代わる新しいサービスが登場**していくことでしょう。

Web2.0に抑圧されたカウンターカルチャーとしてのWeb3.0

初期のWeb1.0は、誰もが自由に利用できる、現在のWeb3.0の思想に近いインターネットの構築が期待されていました。詳しい知識を持つ人だけがやり取りをするならそれで十分だったのですが、一般層がインターネットを利用するためには、当時のインフラやWebサービスを個人で管理するという難しさがありました。この難しさは、徐々に企業によりサービス化されて便利になっていくのですが、その過程で中央集権化されていった経緯があります。

Web1.0でユーザーのものであったデータが、Web2.0でいつの間にか企業に独占され、それがWeb3.0で解放されるのです。Web3.0は、Web2.0で**企業に奪われたデータの主権を取り戻す戦い**でもあります。Web2.0で奪われた権利を取り戻そうとする内圧により、Web3.0は推し進められています。

また、この戦いに勝利することは、暗号学の40年来の歴史における悲願です。暗号化技術は1970年代後半に米国政府機関と軍によって開発され、1990年代初頭、「サイファーパンク（CypherPunk）運動」として、正式に立ち上げられました。「サイファーパンク（CypherPunk）」とは、「Cypher（暗号）」と「Punk（パンク）」を組み合わせ、SFのジャンルである「サイバーパンク（CyberPunk）」をもじった造語です。暗号学の普及とプライバシーの保護を行うための技術開発と、暗号学者やエンジニアといった活動家のことを指します。

サイファーパンクは最初、メーリングリストから始まりました。そして、このメーリングリストの中央集権制を排除するため、「分散型の独立したメーリングリストノードのネットワーク」を構築しています。当時から「**非中央集権**」という哲学がコミュニティにあったと想定されます。有名なものに「サイファーパンク宣言」というものがあります。「デジタル社会におけるプライバシーや個人の権利を守るために戦う」といった内容のものです。プライバシーはデジタル社会に必要不可欠なものですが、いまだ実現されていません。現在のWeb3.0のトレンドは、Satoshi Nakamoto氏がBitcoinを考案し、ブロックチェーンが誕生したことで始まったように思われますが、**Web3.0の源流はこのサイファーパンク**にあります。

この背景を理解していれば、Web3.0のムーブメントは「サイファーパンクがプライバシーという聖杯を取り戻す戦い」に見えてきます。Web3.0はサイファーパンクが脈々と受け継いできた思想によって実現されるのです。ここに、エンジニアなどがWeb3.0に熱狂する理由があります。そして、この戦いは現代が抱える**社会正義とも符合**しています。

3 【外圧的側面】社会正義によって推し進められるWeb3.0

企業に求められる社会正義

インターネットに抑圧されてきた人々がWeb3.0を推進することは当然ですが、Web3.0は**一般的なユーザーの求める社会正義**によっても推し進められています。

ここ数年、持続可能性（サステナビリティ）、SDGs、ウェルビーイングなどの言葉が世の中に溢れ、利益至上主義だった資本主義経済が変わりつつあります。SDGsとは、2015年の国連サミットで採択された、人権、経済、地球環境といった課題を解決し、持続可能でよりよい世界を目指すための17の目標と169のターゲットの総称です。環境（E：Environment）、社会（S：Social）、ガバナンス（G：Governance）の英語の頭文字を取った「ESG」という言葉も登場し、企業の経営や投資活動がESGに沿っているかという社会正義が問われる時代になっています。企業に求められる社会正義とは、「環境を一切破壊してはならない」といった0か1かの極論ではなく、ある人の幸福のためにほかの人の幸福が収奪されることがなく、**人類全体の幸福の総量を増加させる社会システムに貢献**することです。

SDGsをはじめとする社会正義を企業に求める風潮は、Web2.0による不自由なインターネット、格差社会、監視される社会、中央集権からの抑圧、不透明な倫理観などへの反発が根底にあります。それに伴い、**企業が営利活動を行ううえでの価値観も大きく変革**している状況があります。例を挙げてみましょう。

1. 過度な搾取はNG、情報の独占は最小限に
- ユーザーの可処分時間を奪い、過度な消費を促していないか
- 解約率を下げるため、解約までのUI/UXを複雑で難しいものにしていないか
- 売上を上げるため、必要以上の情報を取得しようとしていないか

2. 環境や他人へ十分に配慮する
- 人々が求める利便性を追求する裏で、環境を破壊していないか
- 価格を下げる低価格戦略をとることで、誰かが犠牲になっていないか
- 大量の紙を消費し、印鑑を強要する手続きにより、生産性を下げていないか

3. 男女平等などを徹底し、ホワイト企業であること
- 広告への注意を引くため、露出度の高い女性の写真を使う必要があるか
- 公の場において、性差や性的マイノリティをちゃかす会話をしていないか
- 従業員の心身の健康を重視し、時短勤務や子育て世代にも配慮しているか

企業が売上を上げるため、ユーザーに過度なストレスをかけたり、環境を汚したり、従業員を働かせすぎたりすると、社会正義を盾にした「感情」が集まり、炎上することがあります。**社会正義に沿うことは企業の常識**となりました。

Web2.0においては、SNSの誕生で人はつながりやすくなりましたが、つながりが「可視化」されたことで、逆に孤独も感じるようになりました。フォロワー数やSNSの「映える」投稿と、自分の現実を比較し、自分の存在が小さく思えることがあります。そのようななか、**社会正義に基づいた「感情」はSNSで「共感」を生みやすい**ものです。感情が共感を生み、それが成功体験として蓄積されていく

と、徐々に自分のアイデンティティになっていきます。

このサイクルが行きすぎると、**「謎の正義マン」が誕生**します。誰かの不正を発見して正義を執行することに快楽を感じ、その対象となる人の尊厳や人間性を奪い取ることを考慮しないモンスターです。当然ですが、これは幸福の総量を増やす行為ではありません。社会正義に関わる問題は、特定の企業や人を批判することによってではなく、**構造的に解決される必要**があります。

社会課題を構造的に解決することが重要

SDGsに掲げられている課題は「誰もが解決したほうがよい」と思えるものですが、今まで解決されなかったのはひとえに「儲からない」からです。儲からないために、課題解決の活動を持続できず、NPOが寄付金を募りながら活動するような状況になっていました。構造的な解決のためには、お金を稼ぎ、持続可能性を得る必要があります。この**持続可能性はテクノロジーの発展によって実現**され得るものです。テクノロジーの発展は、10分かかることを1分に短縮したり、大きいものを小型にしたりすることで、より便利かつ効率的にしていきます。効率化されれば、今までできなかったことが実現でき、収益化の可能性も高まります。Web3.0の話題になると、Web2.0は低く評価されがちですが、現在のインターネットにより持続可能な領域は飛躍的に広がりました。実際、YouTubeやSubstackなどのサービスを通して、個人でも多くの人に**「情報」を配信してお金を稼ぐ手段**が増え、価値観や働き方が多様化しています。

Web3.0では、Bitcoinをはじめとする P2P送金の技術が誕生したことで、**直接的な「価値」を送り合う**ことができます。たとえば、「ゴミを拾ったよ」というSNS投稿があった場合、Web2.0では「いいね！」を押すだけでしたが、Web3.0では100円を送金できます。Web2.0で100円を送ろうとすると、手数料のほうが高くなって運営側が赤字になるので、実現が難しいでしょう。低コストで送金できるようになることで、今までコストが見合わずにビジネス化されていなかった領域にも持続可能性がもたらされます。

適切にインセンティブを設計して価値を送り合う経済圏を構築することで、ゲームでお金を稼ぐ「**Play to Earn**」（P.164参照）と呼ばれる事例も出てきています。また、歩くことでお金を稼ぐ「**Move to Earn**」なども登場しており、今までお金を稼げなかった行為に持続可能性をもたらす片鱗が見えてきています。現時点でも、PlayやMoveに代わるさまざまな「**〇〇 to Earn**」の開発が進んできており、SDGsの課題に持続可能性をもって解決する手段の1つとなるかもしれません。

4 国家から迫られる巨大企業の分解

巨大企業による独占の問題

米国の巨大IT企業群であるGAFAは巨大になりすぎました。このような巨大なプラットフォーマーは、さまざまな場面で摩擦を生みます。有名な例では、スマートフォンのアプリストアの決済手数料の問題があります。スマホアプリ市場は**AppleとGoogleに独占されているのが現状**です。スマホアプリを開発してマネタイズするには、iPhoneであればAppleに、Android端末であればGoogleに決済手数料として30%を支払わなければなりません。これが高すぎるとして、Appleと戦っているのが「Fortnite（フォートナイト）」というオンラインゲームを運営するEpic Gamesです。

巨大なプラットフォームサービスは、ユーザーにとって「**便利**」で、かつ「**最適化**」されているので、使わざるを得ないものになっています。出店手数料を上げられたり、検索ロジックを変更されたりしても、そのサービスを利用している事業者は抵抗するすべがなく、泣く泣く応じるしかありません。そのほかにもさまざまな問題が起こっており、米国ではGAFAをターゲットにした独占禁止法の改正案が可決され、巨大になりすぎたテックジャイアントの解体と、脱プラットフォーマーの流れが進んでいます。

国家より大きくなれない企業の限界

以前、Facebook（現Meta）が「**Libra（リブラ）**」というStablecoin（第6章参照）を発行しようとしたとき、世界中の反対にあい、頓挫したことがあります。その後、プロジェクト名を「**Diem（ディエム）**」に変えたものの、計画は完遂しませんでした。企業がStablecoinを発行するということは、「**企業が通貨発行権を持つ**」ということです。

通貨発行権は国家だけが持つ権利でした。国家はこの権利を有するがゆえに、金融政策により自国経済をコントロールできます。米国政府が関与できない通貨の流通を許すわけもなく、Libraの一件は、国家が通貨発行権を持とうとした企業をつぶした構図になります。これは**国家の上にそれ以上の規模の企業が存在し得ない**という、企業が構造上の限界を迎えていることの証左です。国家以上の規模に成長する企業にとって、重要なキーワードは「**分散**」です。データや利益を独占せず、国家に邪魔されない分散型のWeb3.0テクノロジーが必要とされます。

SDGsの流れはボトムから、国家による企業解体の流れはトップから、企業には「分散」が迫られています。企業は今、**分散型のWeb3.0テクノロジーを使って社会正義を全うする必然性を負う**ようになっているのです。

5 ボトムアップの革命としてのWeb3.0

ブロックチェーンが普及すれば、Web2.0時代に主流となった**中央集権型のビジネスモデルが変革**する可能性が高くなります。GAFAのようなプラットフォームに依存する必要がなくなり、さまざまなビジネスモデルが変わることになるでしょう。

Web1.0で期待され、Web2.0で実現できなかった、**真の情報の民主化**がWeb3.0では実現できます。これは、Web3.0がWeb2.0を駆逐するということではありません。Web2.0からWeb3.0までの「2.○」の間を、ユーザーの意向に合わせて選択できるようになるという「**選択の自由化**」に相当するものです。Web2.0の世界が完全になくなるといったものではないのです。

Web3.0を語る際、筆者の好きな対比構造を表す言葉として、「**スーツVSコミュニティ**」というものがあります。スーツがエリート、コミュニティがユーザーを指し、「**権力者と民衆**」の対比として使われる言葉です。Web3.0では「中央集権VS分散」「先行者VS後発の挑戦者」などの対比としても使われます。

スーツに支配された世界では、コミュニティは戦うすべを持ちませんでしたが、コミュニティは**「分散」という武器**を手にしました。スーツに悔しい思いをした経験のある人はたくさんおり、ブロックチェーンが持ち込んだ「分散」は、スーツに抑圧されてきたコミュニティに適合し、圧倒的な熱狂を生み出します。Web3.0は、この熱量を生み出すコミュニティの反撃の物語です。そしてWeb3.0は、**今まで武器を持たなかったコミュニティがボトムアップから成し遂げる静かなる革命**により、ゆっくりと確実に実現されるのです。

まとめ

- □ 現在のWeb3.0人口は1億人ほどで、インターネット人口の約10分の1
- □ Web2.0最大の過ちは、広告モデルをビジネスモデルとして採用したこと
- □ Web3.0はコミュニティによるボトムアップの静かなる革命によって実現される
- □ Web3.0はWeb2.0で企業に奪われたデータの主権を取り戻す戦いである
- □ Web3.0はWeb2.0を進化させようとする内圧と、社会的に抑圧された人々が求める社会正義の外圧によって推し進められる

2-2 株式の上位互換である トークンの概念

ここではWeb3.0業界で頻繁に使われる「トークン」について解説します。

前節では、Web3.0が推進される要因を、「内圧」と「外圧」に分けて解説しました。次章からWeb3.0の各レイヤー（領域）に入っていきますが、前提として押さえておくべき要素について解説します。ここでは「トークン」を扱います。

1 ブロックチェーン上のデジタルデータであるトークン

トークンはブロックチェーン技術を使ったデジタルデータ

Web3.0業界が成長した要因の1つに「トークン」があります。トークンとは一般的に、**ブロックチェーン技術を使ったデジタルデータ**のことです。暗号資産のBTCなどもトークンの一種です。トークンは、ブロックチェーン上に誰の所有物であるかが記録され、改ざんができなくなったデジタルデータと覚えてください。

ブロックチェーン技術×デジタルデータ ＝ トークン

トークンはFTとNFTの２種類に大別される

現在、市場に流通しているトークンは「**FT（Fungible Token）**」と「**NFT（Non-Fungible Token）**」に大別されます（次図）。聞き慣れない言葉ですが、「Fungible（ファンジブル）」とは「代替可能」という意味です。

通常、貨幣を通貨として利用するためには、すべての貨幣が同じ形状と機能を持っている必要があります。つまり、**代替可能**である必要があるのです。たとえば、○や□の形状をした500円玉があったとすると、人によって好みが発生し、形状によって需給に差が生まれ、通貨として機能しなくなってしまいます。これが「ギザ10」と呼ばれる珍しい10円玉が高値で取引される所以です。

▶ FTとNFT

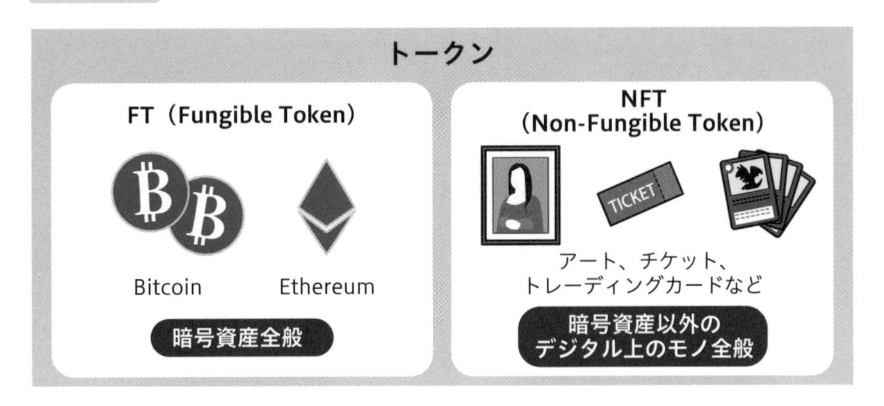

FTは通貨と同様、「**価値のモノサシ**」としての利用が想定されているので、○や□などの違いがあると機能しません。そのため、FTはすべて、同じ形状と機能を持つ「Fungible（代替可能）な通貨」である必要があるのです。

反対に、NFTは「**代替できないモノ**」全般を指し、デジタル上のチケットやキャラクターなどを表現しています。つまり、**デジタルデータで個性を表現できるようになった**点が非常に新しいといえます。

NFTについては第7章で詳しく解説します。

2 トークンは株式の上位互換

ブロックチェーン技術によるダウンサイジングイノベーション

トークンは株式の流動性を高め、発行を簡単にした上位互換の資産

技術が進歩し、性能の高い製品があとから誕生することはよくあることです。スマートフォンのカメラがどんどん小さく高性能になったり、パソコンがコンパクトで高スペックになったりしていく事象を「ダウンサイジングイノベーション」と呼びます。**機能自体は高度になりながら、そのサイズや単位などはどんどんコンパクトになっていくことがダウンサイジングイノベーション**です。そしてWeb3.0では、株式とブロックチェーン技術が掛け合わされたトークンの誕生により、ダウンサイジングイノベーションが起こっていますが、まだ多くの人がその事実に

気づいていない、というのが現在の状態です。

株式の機能と用途

まず株式には、大きく分けて次の3つの機能があります。

資金調達：起業家が株式を発行することで事業開始の資金を集められる
投資利益：投資家が企業に投資することで株式の値上がり益を期待できる
ネットワーク効果：株価が上がると投資家の利益になるので、投資を行っている企業を宣伝する内発的な動機が生まれる

この3点が機能することで、市場にお金が流通し、経済が回っていく構造になっています。①株式発行により**起業家が事業を成長させる**ことで、②1株あたりの価値が高まり、**投資家がその株式に投資する**メリットが生まれ、③投資家がその企業を宣伝して**新たな購入者を得られる**。このループが「ネットワーク効果」で、徐々に効果が大きくなるメカニズムになっています。このループを築くことができれば、株価の上昇によって得られる資金をもとに、起業家はさらに事業を成長させたり、新しい事業を開発したりすることができます。

これらの機能はトークンも有していますが、発行方法が異なります。

▶株式とトークンの違い

	株式	トークン
発行方法	証券会社にて株式会社が発行	誰でも発行可能 （ブロックチェーン上）
資金調達	◎	◎
投資利益	◎	◎
ネットワーク効果	◎	◎

また、株式市場における企業の成長では、次図のように創業から少しずつ資金調達のステージを上げていくことが一般的です。ニュースなどでよく聞く、「スタートアップがベンチャーキャピタルから◯億円を調達」というのがこれです。ただし、スタートアップが成長しても、一般的な個人投資家は、その企業が上場するまで投資できません。ここで重要なのは「機関投資家やベンチャーキャピタルは株式を購入できるが、**我々のような個人投資家は購入できない**」という点です。

▶スタートアップの成長のステージ

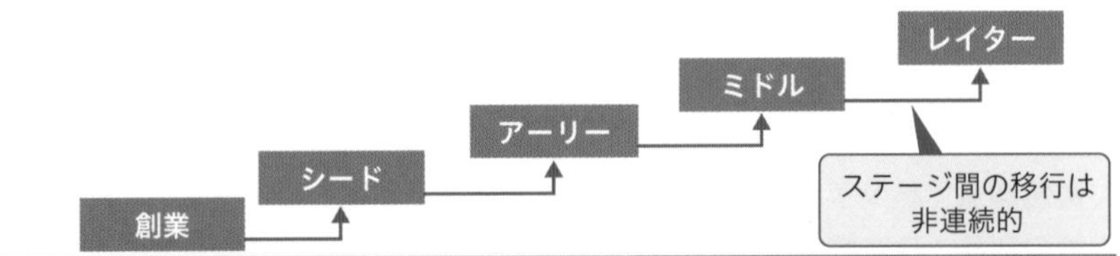

ステージ	創業	シード	アーリー	ミドル	レイター
卒業要件	ニーズ特定／事業コンセプト確立	プロダクト開発・初期セグメントでのPMF	ユニットエコノミクス・スケーラビリティの確立	単月黒字化・規模化や事業拡張へ着手	ガバナンス整備／IPOマーケティング
組織規模	1～2人	3～5人	10～20人	30人～	50人～
必要資金	200～300万円	2,000～3,000万円	1～3億円	3～10億円	10～50億円
投資家	自分・家族	エンジェル投資家・VC	VC	VC・事業会社	VC・事業会社・上場株投資家

出典：野本遼平（Globis Capital Partners）「スタートアップの成長ステージ（2021年1月28日）」を参考に作成

株式と比較したトークンの特徴

一方、トークンは、株式で制限されていた発行を、誰でも簡単に行えるようにしたものです。**トークンであれば株式上場を待たずに誰でも購入できます。**この点が新しく、一般的な個人投資家でもWeb3.0プロジェクトに「シード」や「アーリー」などの早期ステージから投資に参加できるようになりました。

株式の消費者保護の観点

一般の個人投資家が上場前の株式を狙うのは、大きなリターンを得るチャンスですが、損失を被る可能性もあります。知識のない人が有望なベンチャー企業を選定することは非常に困難です。また、なかには詐欺を企てる企業も存在します。現在の証券会社と株式上場の関係は、一般の個人投資家が無用なリスクにさらされないよう、「消費者保護」の観点から生まれたものです。ここで言いたいことは、保護されているのが良いか悪いかという話ではなく、「個人投資家が投資選択の自由を狭められているのはよくないから自由に選択できるようにしよう」というのがWeb3.0の思想です。

3 株式と比較したトークンのメリット

トークンのほうが株式より流動性が高い

トークンは、P2P通信（P.31参照）により取引者間で直接やり取りできるため、中間に証券会社を挟む株式より流動性が高くなります。一般的に取引とは、中間に人や組織を挟むほど手数料が高くなり、流動性が低くなるものです。**トークンの取引手数料は法定通貨や株式の送金に比べれば安く済む**ので優位性があります。

Google検索で日本の個人投資家の人数を調べると、約5,600万人と出ます。これは、日本の人口の約半分です。株式は資金調達ができる便利なものですが、購入できる人は日本に半分しかいないことになります。一方、トークンは、**銀行口座がなくても扱える**ので、購入可能な母数は株式より優位になります。これを考えると、トークンの市場規模が将来的に株式を追い越すこともあるでしょう。

トークンは保有者に強烈な内発的動機付けを与える

トークンの定量的な優位性を挙げましたが、興味深いのが定性的な特徴です。トークンでは、証券会社を介さず、個人間で直接取引ができます。これにより、**「ユーザーの行動への報酬としてトークンを渡す」**ということができ、ユーザーに**コンテンツを応援する内発的動機付けを与える**ことができます。

たとえば、ゲームの開発・販売会社である任天堂は株式を発行していますが、「株式を保有している投資家全員が任天堂を好き」というわけではないでしょう。一方、トークンであれば、任天堂のゲームをしている**ユーザーに報酬（ログインボーナスや購入者特典など）としてトークンを付与**できます。

すでに任天堂のゲームで遊んでいてトークンが配布されるユーザーであれば、そのゲームの熱狂的なファンといえます。配布されたトークンは、そのゲームで遊ぶユーザーが増え、需要が上がるほど価値が高まるので、トークンを保有するユーザーの友人や家族などを誘う内発的動機付けが生まれます。

株式と大きく異なる点は、**ユーザーの熱量**です。お金を出しているだけの投資家と、実際にゲームを遊んでおもしろさがわかっているユーザーとでは、その企業に対する熱量が圧倒的に異なります。その熱量をネットワーク効果として、トークン保有者間にコミュニティが生まれ、それをプロダクトの成長に生かすこともできます。これまでは、ユーザーの行動を促すために、テレビCMやデジタル広告などのマス広告を多用してきましたが、このトークンの優位性により、**熱量の高いユーザーから自発的な口コミを生み出す**という宣伝効果が期待できます。

具体的には、次のようなサイクルでコミュニティが成長します。

1. ユーザーがゲームで遊ぶ
2. 特定の行動をしたユーザーにゲーム会社が報酬としてトークンを付与
3. トークンを付与されたユーザーは報酬をもらうため、さらにゲームで遊ぶ
4. トークンの価値が上がり、ユーザーが経済的に豊かになる
5. 報酬で経済的に豊かになったことで、高い熱量で宣伝するようになる
6. 新規ユーザーが増えてゲームの需要が高まり、トークンの価値が高まる

このサイクルを「**トークンエコノミー**」または「トークンによる経済圏」と呼びます。BTCもデジタルゴールドとして、1つのトークンエコノミーを形成しており、ほかの暗号資産も上記と似た成長過程を経ています。

▶トークンエコノミーのサイクル

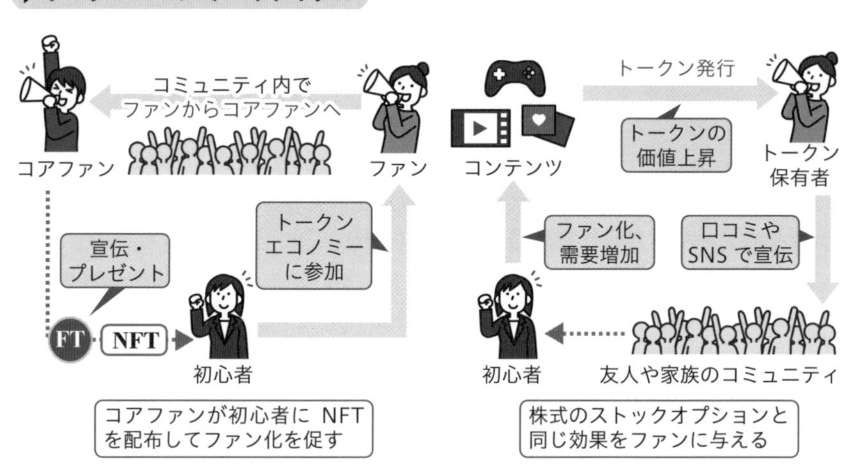

トークンはブロックチェーン上に記録されており、発行枚数が決まっていて変更できません。ユーザーがゲームを熱心に宣伝し、新規ユーザーが増えて需要が増すほど、**供給が限られたトークンの価値は高まり**、トークン保有者は経済的なメリットを得ます。そして、ゲームを広める内発的動機付けも強くなります。

熱狂的なファンのなかには、特殊なスキルを持つユーザーもいます。そういったユーザーは、自分の所属するコミュニティを成長させることに高い熱量をかけ、**無償で仕事を受けるオープンソース的な活動**もします。これが発展していくと

「**DAO**」という分散型組織（第9章参照）になりますが、トークンエコノミーを実装した**Web3.0プロジェクトのゴールはこのDAO化**にあります。

DAOでは、世の中のさまざまなサービスにおいて、ユーザーの貢献度に応じてトークンを報酬として提供することで、サービス運営者側が業務をアウトソースできるようになります。インターネットでいえば、アフィリエイトが似ています。

▶株式とトークンの違い

	株式	トークン
発行方法	証券会社にて株式会社が発行	誰でも発行可能 （ブロックチェーン上）
ネットワーク効果	機関投資家	一般投資家 （数が多く効果が高い）
参加者の属性	上場後、銀行・証券口座を持つ人のみ	誰でも参加可能
上場審査	必要	不要
手数料	高い	低い
流動性	低い	高い
経済圏の有無	なし	トークンエコノミーがある
購入者の動機	投資目的のみ	投資目的＋発行主のファンや好意

ちなみに、誰でも簡単にトークンを発行できるので、2017年の暗号資産バブルの際にICOプロジェクトが乱立し、「トークンを出せば売れる」という状況になりました。ICO（Initial Coin Offering）は、株式でいうIPO（Initial Public Offering）に該当します。「2017年頃のICOプロジェクトは９割が詐欺」といわれるほどで、FATF（金融活動作業部会）や金融庁がICOの規制に動いた経緯があります。

規制については第10章で解説します。

☑ まとめ

- □ ブロックチェーン技術を使ったデジタルデータが「トークン」
- □ トークンはFT（暗号資産）とNFT（デジタル上のモノ）に大別できる
- □ トークンは株式の上位互換
- □ トークンの誕生により誰でも新規プロジェクトに投資可能になった
- □ トークンは保有者に内発的動機を与え、高いネットワーク効果を生む

2-3
透明な自動販売機と呼ばれるスマートコントラクト

ここでは「スマートコントラクト」について解説します。

前節では、ブロックチェーン技術により、株式の上位互換ともいえる「トークン」という媒介が誕生したことを説明しました。ここでは、このトークンを扱うプログラムである「スマートコントラクト」について解説します。

1 スマートコントラクトとは

改ざんされずに確実に実行されるプログラム

ブロックチェーン技術の改ざんできないという特性をプログラムに適用したものが「**スマートコントラクト（スマコン）**」です。最近は日本でもキャッシュレス化が進展し、QR決済やクレジットカード決済などが一般的になりました。そのような電子決済と現金支払いとの大きな違いは、「**プログラミングされたお金か否か**」にあります。「プログラミングされたお金」とは、俗にいう「**プログラマブルマネー**」のことです。このプログラマブルマネーは、ブロックチェーン技術との相性が抜群によいのです。

第1章では「ブロックチェーンが様々な技術の組み合わせで改ざんに強い仕組みになっていること」を説明しました。改ざん耐性を持つブロックチェーン技術を"プログラム"に適用すると、**プログラム自体の改ざんが不可能**になります。フィッシングサイトやハッキングなどで起こる、「料金の支払い先が変更されている」「料金を支払ったのに商品が送られてこない」などといった事態は、プログラムが改ざんできなければ発生しません。プログラムには「料金が支払われたらデータを送る」といったタスクを書き込むことができ、書き込まれたタスクは確実に実行されます。この「**記述した内容が確実に実行されるプログラム**」**がスマコン**です。「料金が支払われたら商品を送る」という取引は「契約」とみなされ、契約をプログラムに記述すれば、あとは自動で執行されるだけという「**スマートな契約**」となります。

リスクなく契約執行が行える

契約が執行されるまでの一般的なフローには、次の４つの段階があります。

▶契約の執行フロー

スマコンは、契約に示されたイベントが発生した瞬間、契約執行と請求、決済の②～④のやり取りを自動で実行してくれるプログラムです。この手続きを人間が行うと、**人的ミスが発生するリスク**があり、プログラムで自動化するだけでは**ハッキングのリスク**もあるので、スマコン化したほうが安全です。

この効果が及ぶ範囲として、まず請求書発行や振込のような業務がなくなり、それら業務の人件費が削減されます。加えて、イベント発生と決済完了が同時に起こるので、キャッシュフローが劇的に改善されます。

これが「smart contract＝スマート契約」と呼ばれる所以です。「Web3.0」と並ぶバズワードに「DX」がありますが、**スマコンこそDX**といえるでしょう。

会社や個人間の取引は「契約事」に溢れています。この契約がスマコンに置き換わったときの業務効率の向上は想像しやすいはずです。

2 スマートコントラクトは透明な自動販売機

「料金が支払われたらAをする」というプログラムがスマコン化されていると、「料金を支払うと商品を受け取れる」ことが、**技術的に担保されている状態**になります。このプログラムはブロックチェーン上に記録され、誰でも閲覧できる透明性があるので、「お金を入れると商品が出てくる」ことが検証できます。

▶ **透明な自動販売機といわれるスマコンのイメージ**

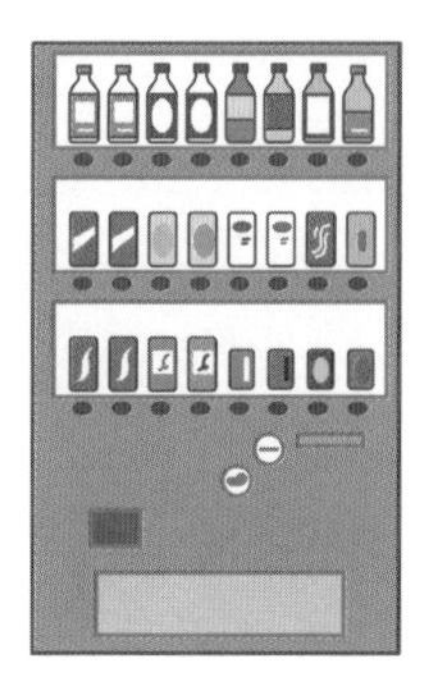

この性質から**スマコンは「透明な自動販売機」**といわれています。スマコンを最初に実装したのが時価総額第2位の「Ethereum（イーサリアム）」です。Ethereumは「ブロックチェーン技術を使ってプログラムを書いたら……」というアイデアを最初に実現した先駆者なので、圧倒的な先行者優位性を持っています。

3 取引の信用コストを0にしたスマコン

信用コストとは

スマコンが実現した本質的な価値を一言で表すと、次のようになります。

スマコンは取引の信用コストを0にする

みなさんは「信用」について考えたことがありますか？　多くの方は「商品を購入してから受け取るまで」のフローを機械的に行っていて、**取引相手や配送業者が信用できるかどうか**を考えることは少ないのではないでしょうか。たとえば、インターネット経由で取引を行う場面を考えてみましょう。あなたが商品を出品し、料金が支払われたら発送手続きをして、相手に商品が届く、というのが通常のフローです。このとき、取引相手は**信用できるかどうかを判断する「信用コスト」**を支払っています。信用コストとは、具体的には次のようなものです。

・取引相手のレビューが★5だから安心して取引できそう
・メルカリが保証してくれるから出品（または販売）してみよう
・ヤマト運輸ならきちんと配送してもらえそう

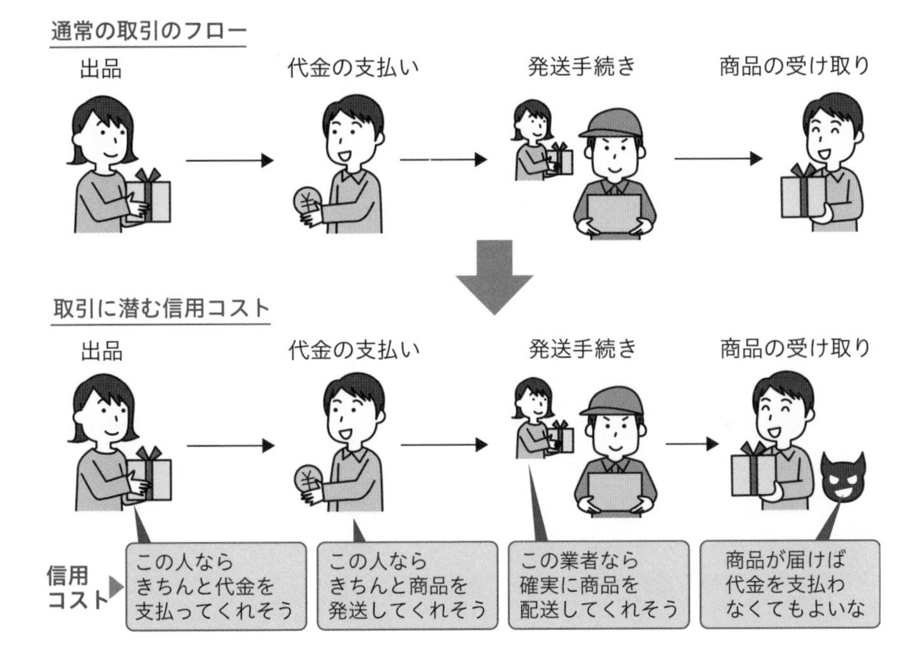

リスクを考えるコスト

信用コストは目に見えず、数字で定量的に示されているわけではないので、なかなか気づきにくいものです。現在のインターネットは、Amazonや楽天、メルカリなど、巨大な**プラットフォーマーに信用コストを担保する構造**で発展してきました。そのため、普通にインターネットを利用するだけでは信用コストについて考える機会はありません。しかし、「プラットフォームを利用する」ことは「**運営する企業や人間を信用する**」ことにつながります。私たちはそのことを漠然と理解しながらWebサービスを利用してきました。

また、企業が提供する取引プログラムは、企業の一存で変更できます。たとえば、その企業が取引手数料を引き上げることもできますし、ハッキングされるリスクも含んでいます。その点、この取引プログラムがスマコン化されていれば、スマコンに記述されたとおりにプログラムが動作するので、プログラム開発者の変更やハッキングのリスクを考える必要がありません。「改ざんのリスクがあるものとないもの」で、どちらが将来的に採用されていくかは自明でしょう。

▶ Web2.0とWeb3.0の信用コストの違い

Web2.0の信用
大企業がつくった
改ざん可能なプログラム

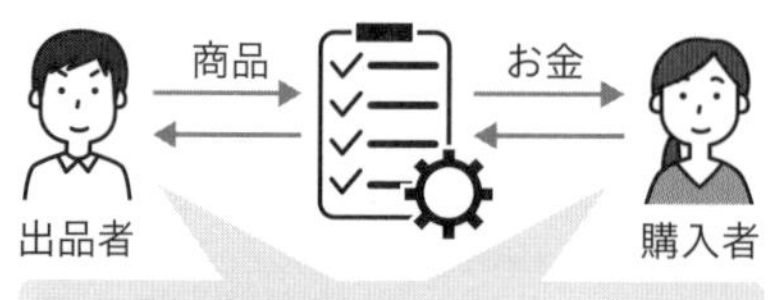

あの「**大企業**」がつくったプログラム
なら取引しても安心

Web3.0の信用
誰かがつくった
改ざん不可能なプログラム

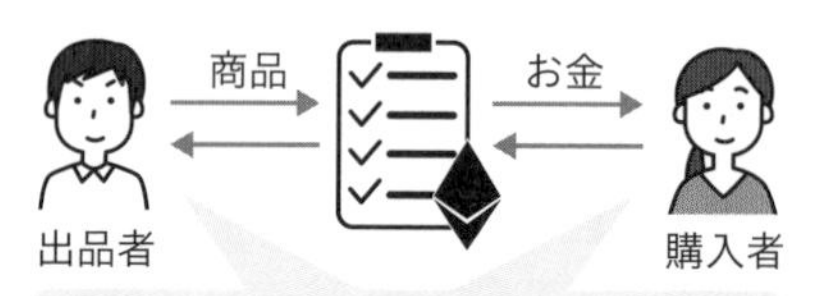

誰がつくったプログラムかわからない
けれど「**スマコン**」なら安心

スマコンにより取引が安全で確実なものになる

このスマコンとプログラマブルマネーを駆使することで、金融市場を強烈にDX化していくことができます。そして、このスマコンが一般化していくと、我々は少しずつ**人間より技術を信用する**ようになっていきます。

たとえば、「店頭のみ100台限定販売」などのキャンペーンはよくありますが、それが本当かどうかを購入者は検証できません。これがスマコン化されていれば、ブロックチェーンを見ることで「100台限定」であるかどうかを検証できます。極論をいえば、スマコンにより会ったことがない地球の反対側の人とも安全で確実な取引ができるのです。

▶ 人間より技術を信用するようになる

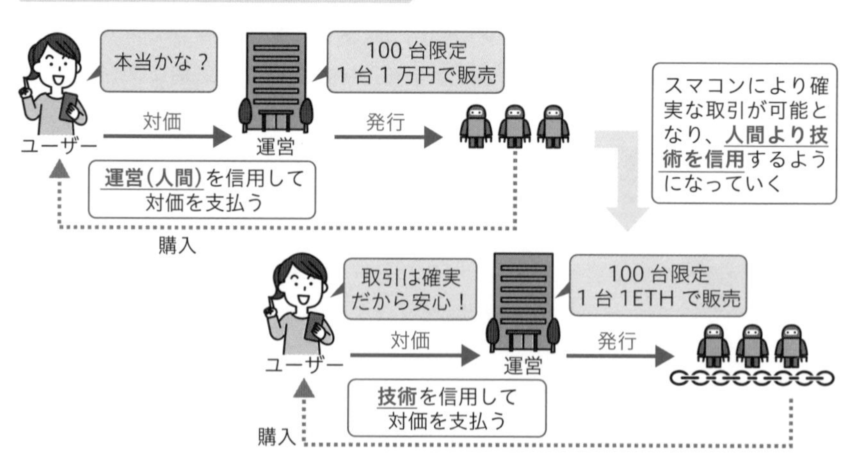

「SDGsに配慮されたものしか買わない」「炭素製品は買わない」などと同様に、**「スマコンでなければ買わない」ということがWeb3.0の当たり前**になります。Web2.0とWeb3.0とでは、信用の所在が大きく異なることを理解しましょう。

スマコンによって信用コストが0になることで、中央集権的なサービスに頼らなくても、**P2Pで安心して取引できる**ようになります。これにより、第5章で扱うような「DeFi（ディーファイ）」のプロトコルも構築できるようになります。

人間と技術のどちらに信用の重きを置くか

これは個人の考え方によりますが、筆者は株式を持っていません。その理由は、人間より技術のほうが信用できるからです。株式を発行している企業のなかでは通常、人間が働いています。人間はうそをつくことがあり、組織は腐敗することがあるので、たとえば経営者の不適切な発言や粉飾決算などのイレギュラーな問題により株価が毀損される可能性があることは、Web3.0と比べて明らかなリスクと考えます。

Bitcoinのような完全に分散化されたプロトコルに人為的なリスクは存在せず、人間より信用できます（あくまで個人の見解です）。

4 検証可能性がもたらすトラストレスなインターネット

邪悪になれないWeb3.0

スマコンがもたらす信用コスト0の取引を「**Trustless（トラストレス）（信用不要）**」と呼びます。Web1.0ではこの信用を担保できなかったために、大企業が代わりに信用を担保する形態でWeb2.0が発展していきました。

Googleは「Don't Be Evil（邪悪になるな）」を非公式の規範として掲げていますが、この規範はWeb2.0が企業の倫理観に依存している状況を端的に表しています。Blockstackはこれをもじって「Can't Be Evil」という広告を出しました。**Web3.0はそもそも「邪悪になれない」**というわけです。Web3.0の信用は、スマコンが担保する形態で発展していきます。

スマコンが生み出す取引の精神

また、スマコンに記述された内容は改ざんが不可能になるので、「**Code is Law**」

▶ Web3.0が「邪悪になれない」ことを表す広告

出典：Enes Türk「Blockchain Can't Be Evil! Or Can It Be?」（2020.1.23）

と呼ばれます。これは「**プログラムコードが法**」という意味です。

これまでのプログラムはスマコン化されていなかったので、「企業が法」の状態でした。ただ実際、企業は法によって罰せられるので、企業より法のほうが上です。一方、スマコンは改ざんが不可能です。これにより、取引に問題があって法が罰しようとしても、取引に介入できません。こういったことから、Web3.0では**法よりスマコンのほうが上**と考えることもできます。

スマコン上のプログラムは誰でも記述できるので、悪意あるプログラムを記述する人も出てきます。そのときに役に立つのが**ブロックチェーンの「透明性」**です。Web3.0でよく用いられる標語に「**Don't Trust, Verify**」というものがあります。これは「**信用するな、検証しろ**」という意味です。スマコンの内容は公開されており、誰でも検証できます。つまり、「Don't Trust, Verify」は「取引前に自分で確認しよう」という精神を持たせるための標語です。Web3.0に関わるなら、「Don't Trust, Verify」の精神を持ち続けましょう。

まとめ

- □ スマコンはブロックチェーン技術によって改ざん不可能になったプログラム
- □ スマコン＝中身が見えている透明な自動販売機、信用コストが0になる
- □ スマコンが一般化すれば、人々は人間よりも技術を信用するようになる
- □ Code is Lowはスマコンで記述されたプログラムは法よりも重いとする考え方
- □ プログラムが正しいかを検証する「Don't Trust, Verify」の精神を持つことが重要

2-4
Fat Protocolがもたらすコンポーザビリティの革命

ここではWeb3.0の重要な理論である「Fat Protocol」について解説します。

前節では、これからのインターネットを語るうえで欠かせない「トークン」や「スマートコントラクト（スマコン）」について説明しました。ここではWeb3.0における重要な理論である「Fat Protocol」について解説していきます。

1 Web3.0におけるプロトコルの価値

世界共通のルールとしてのプロトコル

「**Fat Protocol**」とは、Web3.0ではGAFAが構築したようなアプリケーションではなく、**プロトコルにこそ価値がある**とする理論のことです。現在では、Web3.0の特性を表すスタンダードな理論として受け入れられています。

P.29でも説明しましたが、プロトコルとは「**世界共通で不変のルール**」のことです。既存のインターネットでいえば、TCP/IP、HTTP、SMTP、TLS/SSLなど、私たちが日常的に（意識することなく）使っているものがプロトコルに該当します。プロトコルがあることで、電子メールやファイル転送などの基本的なアプリケーションを、複雑な手続きなどを介さずに使うことができます。

イメージしやすい例では、Webページを特定するURLは、世界中の人々が共通のルールで通信できるように整備されたプロトコルの1つです。これが仮に、日本は「XXX」、米国は「YYY」、中国は「ZZZ」など、国ごとに別々の通信規格では不便です。そのため、世界中の人々が使うものは「世界共通で不変のルールにしよう」というのがプロトコルの考え方です。

Web3.0でプロトコルの価値が増大

多くのプロトコルの規格はこれまで、政府機関、非営利団体、民間企業、学術機関、ときにはボランティアで集まったエンジニアたちによって策定され、オープンソースとして誰でも利用できるように開発されてきました。そうして開発されたプロトコルは世界中の人々に使われるようになりましたが、**貢献した人が金銭的に報われることはありません**でした。理由として、Web2.0のプロトコルレイヤーは儲からないからです。下図を見てください。縦軸は価値の大きさ、つまり「どれくらいの市場規模か」を表しており、左側が現在のWeb2.0のインターネット、右側がWeb3.0のインターネットです。

▶Web3.0でプロトコルとアプリケーションの価値が反転

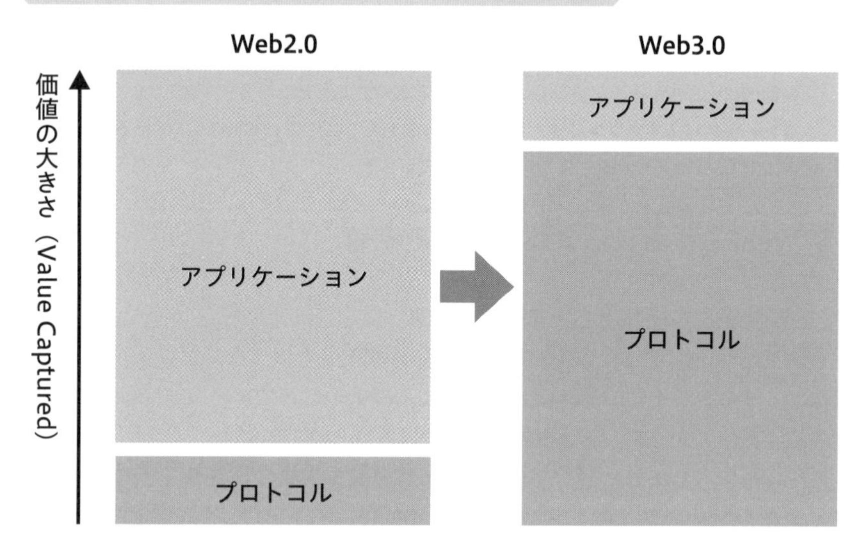

前世代のプロトコル（TCP/IP、HTTP、SMTPなど）は、世界中の人々に使われるようになり、多くの「価値」を生み出してきましたが、その利益のほとんどは、**アプリケーションレイヤーに集約され、専有されています**。GoogleやAppleなどのテックジャイアントたちを思い浮かべてみてください。

Web2.0のインターネットでは、プロトコルレイヤーは公共性が高いものの、オープンソースで開発されるがゆえに**金銭的リターンが少なく**、優秀な人材は高給でアプリケーションを開発する企業に集まる構造になっていました。

プロトコルとアプリケーションのこの関係は、Web3.0で反転します。つまり、価値は**プロトコルレイヤーに集約され、その一部がアプリケーションレイヤーに分配される**構造になるのです。この構造を理解するために重要なのが、前節で説明した「トークン」と「スマートコントラクト（スマコン）」の2つの概念です。

2 プロトコルがもたらすコンポーザビリティの革命

プロトコル共通化による変化

前節では、スマコンは「透明な自動販売機」と説明しました。この機能をもう少し分解すると、次のようになります。

1. 購入者がお金を入れる
2. ブロックチェーン上に売買履歴を書き込む
3. 商品を購入者に渡す

このとき、ブロックチェーンは公開され、誰でも閲覧できますが、**「改ざんできない」という高度なセキュリティを有するデータベース**として機能します。

▶Web2.0とWeb3.0の相互運用性の違い

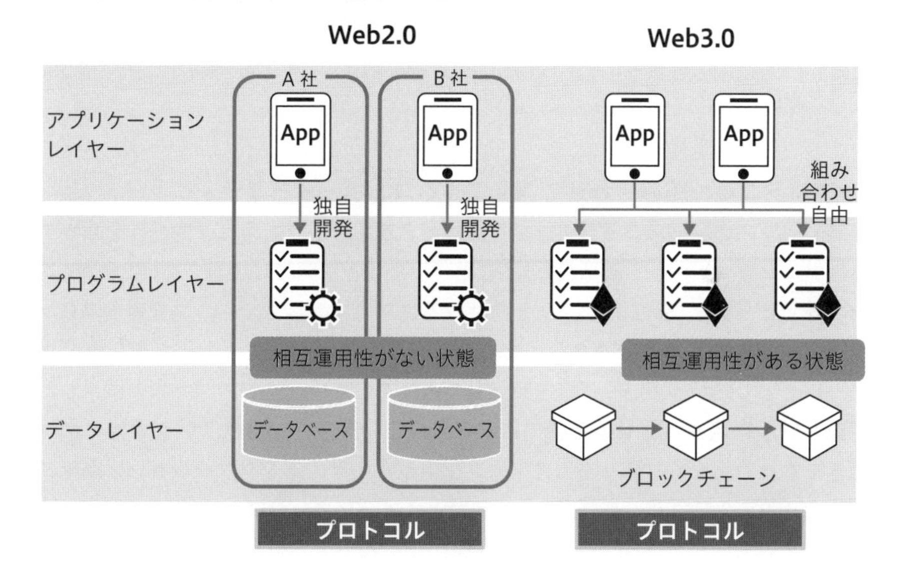

上図でデータレイヤーが共通化されると、何が変わるかでしょうか。まず**Webへのログイン方法**が次のように変わります。

- Web1.0ではサービスごとにIDとパスワードが設定され、毎回入力が必要
- Web2.0ではGAFAのアプリケーションを利用したログインで利便性が向上
- Web3.0ではブロックチェーン上のデータをもとにログインを行うため、SNSログイン（次図のWeb2.0のログイン方法）が不要になる

ユーザーは「**Wallet（ウォレット）**」と呼ばれる、**ブロックチェーン上の自分のID**をWebサービスに接続するだけでサービスを利用でき、サービスごとに情報を入力する必要がありません。Web3.0では、プラットフォーマーにデータを奪われることがなくなるので、個人情報の流出のような事件も起こり得ないのです。

▶ログイン方法の変化

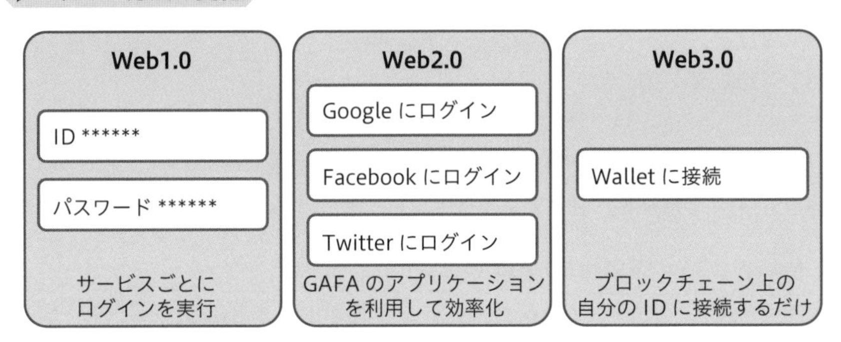

出典：守 慎哉（Fracton Ventures）「NFTから考えるWeb3.0の本質（2022年4月8日）」（HEDGE GUIDE）を参考に作成

プロトコルの組み合わせで開発できるコンポーザビリティ

スマコン内のソースコードを誰でも閲覧できるので、たとえば「商品Aを販売するスマコンをコピーして商品Bを販売」といったことが簡単にできます。これが「**コンポーザビリティ（構成可能性）**」と呼ばれるスマコンの特徴です。開発者がブロックチェーン上で開発を行うとき、まずデータベースがあって、さまざまな機能がパーツとして転がっている状態を想像してみてください。過去の開発者が開発した**プロトコルを組み合わせるだけ**で目的のものを開発でき、開発工数を大幅に削減できます。お金をやり取りするスマコンを組み合わせ、アプリケーションを簡単に開発できるこの特徴は、レゴブロックにたとえて「**マネーレゴ**」などと呼ばれます。

たとえばAさんが、NFT販売の手数料として10%を受け取るプロトコルを開発したとしましょう。このプロトコルが便利で、多くの人々に使われるようになったので、Bさんはそのソースコードをコピーし、手数料を5%に下げて公開しました。このとき、Bさんのプロトコルのほうが手数料が安いので、Aさんのプロトコルのユーザーは**Bさんのプロトコルに切り替える経済合理性**が生まれます。そして、その**切り替え自体も簡単**に実行できます。まさに、レゴのように付けたり外したりすることができるのです。一方、Web2.0のサービスで決済機能を切り替えるとなると、大変な労力が必要とされます。

Web3.0にはこのような性質があり、決済手数料が高い場合はほかの決済サービスを利用すればよいので、「スマートフォンのアプリストアが強制的に30%の手数料を取る」といった状況が生まれにくいのです。実際の市場はこれほど単純ではありませんが、コンポーザビリティが高いほど、**開発コストが削減され、製品の質が高まり、先進的なものを生み出しやすく**なります。

プロトコルの持つこのコンポーザビリティが、Web3.0への参入障壁を引き下げ、活気ある市場を構築し、さらに開発者間の競争も促進するというエコシステムを形成できるのです。しかし、オープンソースと共通のデータレイヤーだけでは「インセンティブが不十分で儲からない」という現状は変わりません。このギャップを埋めるためには、**「トークン」が必要**とされます。

3 トークンによるインセンティブの革命

オープンソースのマネタイズの課題

オープンソースのわかりやすい事例が「**Linux**」です。LinuxはWindowsやMacと同じOSの一種であり、オープンソースとして開発されました。WindowsならMicrosoftのBill Gates氏、MacならAppleのSteve Jobs氏と、ビジネスで成功を収めた人物を挙げることができますが、Linuxの開発で成功した人物を挙げられる人はなかなかいないでしょう。

たとえば、「世界中の人々が無料で使えるインターネットをつくる」というオープンソースのプロジェクトがあったとします。しかし、このプロジェクトは全然儲かりません。オープンソースであるがゆえに**マネタイズできず、ボランティアや寄付などから資金を集めて開発する**ことになります。資金が集まって開発が始められたとしても、資金を管理・分配する必要性が出てきます。そこで中央集権的な意思が発生することになり、出資者や開発者の意向に合わせたものになってしまうリスクがあります。つまり、オープンソースでは、**収益を管理するための「器」が存在しない**ことが課題でした。

プロジェクトの貢献者への対価をトークンで支払える

オープンソースのマネタイズの課題を解決できるのが「**トークン**」です。トークンであれば、中央の管理者を介在させることなく、**当事者間で直接やり取り**できます。また、供給量が固定されたトークンは、**開発したサービスの需要が高ま**

▶中央集権型とブロックチェーンの資金管理の違い

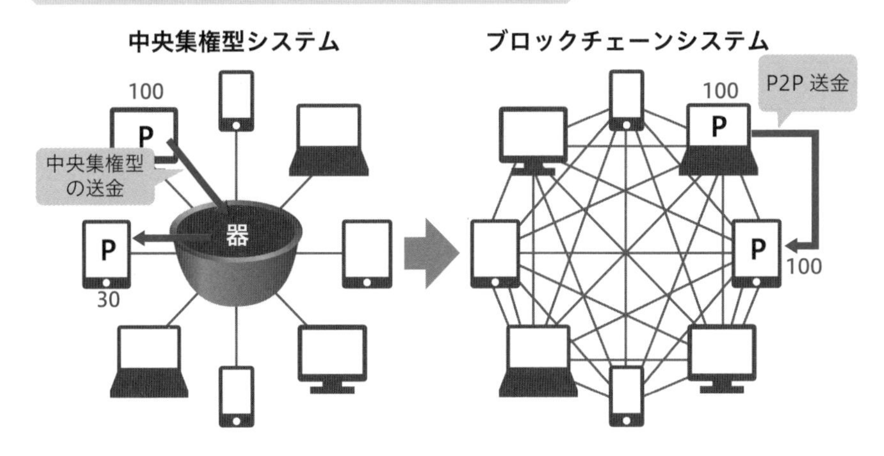

れば価値が増大していきます。

公共性が高く、マネタイズが難しいプロジェクトは、オープンソースで細々と開発されるのが通例でした。しかし、**オープンソースとトークンが掛け合わされる**と、プロジェクトの貢献者へトークンで対価を支払えるようになります。その後、開発したプロジェクトが普及し、多くの人々に使われるようになると、トークンの価値が増大します。そして、トークンの値上がり益を得ようと、新しい資金やアイデアなどがプロジェクト内に供給され、巨大な経済圏を形成していきます。

そうして成功したのが「**Bitcoin**」です。Bitcoinはソースコードが公開されたオープンソースのプロジェクトでありながら、「BTC」というトークンを持ち、現在は2兆ドルの暗号資産市場を牽引する存在にまで成長しています。実際、Bitcoin誕生初期からプロジェクトに貢献していたユーザーは、BTCの値上がりとともに**億万長者の「億り人」、億り人を超えた「兆人」**などと呼ばれています。Bitcoinは、オープンソースのプロジェクトがトークンによって成功できることを示す「生き証人」になっているのです。

4 富むプロトコル、貧するアプリケーション

価値が増大し続けるプロトコルレイヤー

Fat Protocolで重要なのは、これまで**アプリケーションレイヤーにあった価値がプロトコルレイヤーに移動する**点です。アプリケーションレイヤーの成功がプロ

トコルレイヤーの重要性をより高めるので、プロトコルの価値は、プロトコル上のアプリケーションの価値より早く増大します。

プロトコルはスマコンで記述されるので、プロトコルにバグがあると修正できません。そのため、新しくコードを記述するより、すでに実績のあるプロトコルを採用するインセンティブが高まります。それにより、実績のあるプロトコルは多くのプロジェクトで採用され、**常に価値が増大**していくことになるのです。

競争が激化するアプリケーションレイヤー

そうして、プロトコルレイヤーの価値が上昇すると、アプリケーションレイヤーの競争はさらに激化します。共有のデータレイヤーの存在により、参入障壁は下がっており、アプリケーションを容易に開発できます。そのため、提供する「機能」は同じでも、「いかに使いやすいか」といった**UI/UXの違い**がアプリケーションの差になっていきます。

Fat Protocolでは、**アプリケーションレイヤーは競争が激化**しますが、**プロトコルレイヤーは特定のものが使われ続ける**ことになります。この構造こそが、トークン化されたプロトコルが厚みを増し（富み）、その上で開発されるアプリケーションが薄くなる（貧する）ということです。これは非常に大きなシフトです。

共有のデータレイヤーとトークンによるインセンティブを組み合わせることで、**「winner takes all（勝者総取り方式）」**の市場が変化し、アプリケーションレイヤーではなくプロトコルレイヤーにおいて、現在とは「根本的に違うビジネスモデル」で、「新しいカテゴリ」の企業が生まれていくことでしょう。

Web2.0では「競争」に勝ったものが価値を独占してきましたが、Web3.0では**「共創」により価値を共有**するようになっていくのです。

Web3.0による平等な世界の実現

Web3.0において、**プロトコルは誰でもスマコンで記述**でき、記述した改変不能な**プロトコルの管理者は誰でもありません**。これにより、誰が利用しても、資産の大小や権力の有無にかかわらず、「世界共通で不変のルール」が適用されることになります。

少し視点を変えてみましょう。「ブロックチェーンは分散」といわれますが、それは**「スマコン化されたプログラムに全権を委ねた超中央集権型の仕組み」**ということです。プロトコルの前では、大統領や政府要人でも、詐欺師のような悪人でも、すべからく平等に扱われます。権力のある人がBitcoinを忌避し、権力のな

▶ブロックチェーンの仕組み

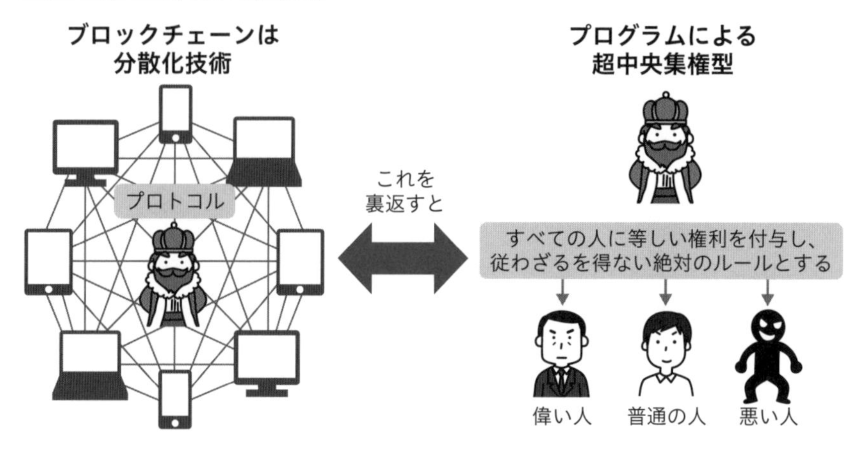

い人や途上国でBitcoinが普及するのは、こうした背景があるわけです。

「一般的なテクノロジーは末端の労働者を自動化する傾向があるが、ブロックチェーンは中心部を自動化する」。これはEthereumを構築したVitalik Buterin（ヴィタリック ブテリン）氏の、Web3.0の本質を表した名言ですが、Fat Protocolへの理解を深めることでこの言葉がよく理解できるようになるはずです。

一般層が実際に触れるアプリケーションとは異なり、プロトコルはインフラに近い部分なので、Web3.0のプロジェクトは一見、理解しにくいものです。次章以降でWeb3.0の構造をレイヤー別に見ていきましょう。

☑ まとめ

- □ Web2.0ではアプリケーションが富の多くを占めていたが、Web3.0ではプロトコルに価値が移動する予測をFat Protocol理論と呼ぶ
- □ ブロックチェーンが共有のデータレイヤーとして機能し、参入障壁が低下
- □ プロトコル化されたプログラムを組み合わせて開発できるコンポーザビリティの高さは、レゴブロックにたとえて「マネーレゴ」と呼ばれる
- □ トークンによりオープンソースプロジェクトにインセンティブが与えられるようになった
- □ Web2.0では「競争」の勝者が価値を独占したが、Web3.0では「共創」で価値を共有するようになり、「winner takes all」の市場が変化する

第3章

ブロックチェーンの相互運用性とマルチチェーン開発競争

1 ブロックチェーンの相互運用性に存在する課題 —— 84
2 世界中で激化するBridge開発競争とそのリスク —— 90

3-1 ブロックチェーンの相互運用性に存在する課題

POINT ここではブロックチェーンの相互運用性について解説します。

前章ではWeb3.0が求められる必然性と、ブロックチェーンによって生み出されたトークンやスマートコントラクト（スマコン）などについて説明しました。ここからはいよいよ、Web3.0の構成要素に入っていきます。まずはWeb3.0のインフラに近いレイヤーである「Blockchain Interoperability（ブロックチェーンの相互運用性）」について見ていきます。

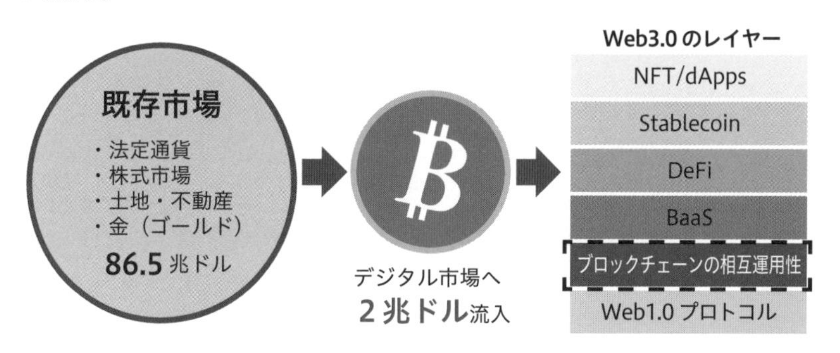

1 相互運用性に立ちはだかる課題

Blockchain Interoperabilityとは

「Interoperability」は日本語に訳すと「相互運用性」となります。「Blockchain Interoperability」とは、簡単にいうと「**ブロックチェーン同士に互換性があるかどうか**」ということです。たとえば、家電製品にはさまざまな種類がありますが、コンセントやプラグは同じ形状をしています。これらが同じなので、「毎回コネクタなどを購入しなくても使える」のが相互運用性です。さらに例を重ねると、日本と米国ではコンセントとプラグの形状が異なります。これは不便なので「全部同じにしては？」というのがブロックチェーンにおける相互運用性の課題です。

現状、ブロックチェーン同士はつながっていない

ブロックチェーンには、BitcoinやEthereumなど、すべてを把握するのは困難なほどたくさんの種類があります。そして、**それぞれのブロックチェーンは独立していて、つながっていません。**互換性を持つブロックチェーンもありますが、事例としてはわずかで、データのやり取りがスムーズにできる状態のものではありません。

たとえるなら、楽天とLINEのポイント経済圏です。2つともサービスを利用してポイントがたまる経済圏ですが、楽天ポイントとLINEポイントで相互にやり取りすることはできません。ブロックチェーンもこれと同じ状態なのです。

▶相互運用性がない状態

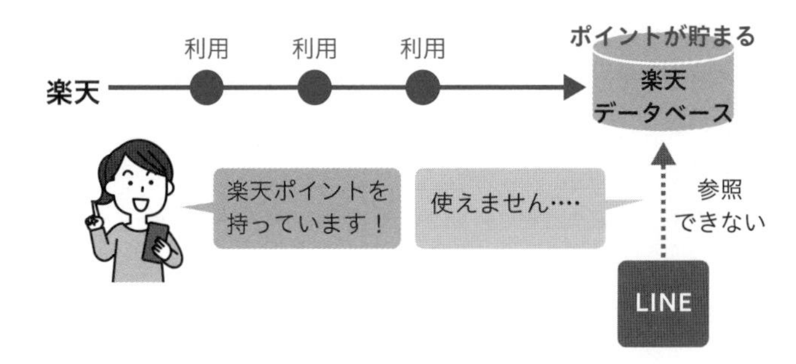

▶ブロックチェーン同士に互換性がない

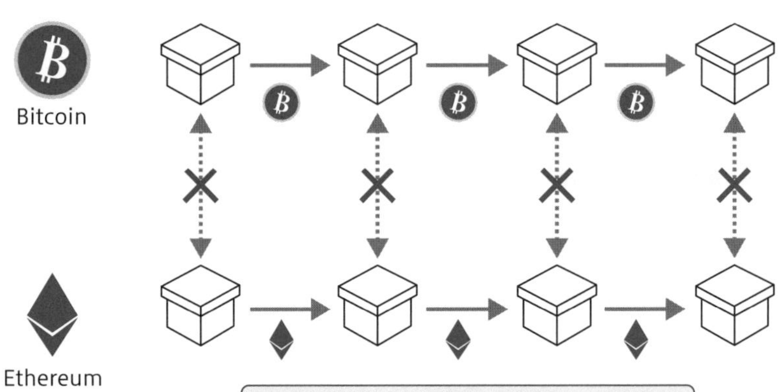

ブロックチェーン間でのやり取りの具体的な課題

ブロックチェーン上の情報には透明性があり、誰でも参照できるので、「どの暗号資産やNFTを持っているか」がすぐにわかります。しかし、その情報を正しい情報のまま、**ブロックチェーン間でやり取りすることが難しい**のです。

一般的に、ブロックチェーン上に記録されてコピー禁止の状態になったデータを「**オンチェーンデータ**」、通常のWebページなどの（コピーできる）データを「**オフチェーンデータ**」と呼びます。1回でもオフチェーンデータを介してしまうと、**データを改ざんされる可能性**が発生します。オンチェーンデータは改ざんできませんが、記録前のオフチェーンデータの状態で改ざんされては意味がありません。

「記録前のオフチェーンデータに改ざんがないことをどう証明するか（信頼するか）」という問題を「**オラクル問題**」といいます。「オラクル」は「神託」「託宣」「予言」などいった意味です。オラクル問題は、オフチェーンを介さずにデータをやり取りすることができれば解消できます。オラクル問題を解消し、データの改ざんがないことを技術的に証明しつつ、ブロックチェーン間でのやり取りを実現することが重要なのです。

このレイヤーで解決したい課題を簡単にいうと、「**ブロックチェーンごとにデータが分断されていると不便なのでつながるようにしたい**」ということです。たとえば、インターネットが国や地域ごとに分断されていると不便ですが、プロトコルが整備されたことで、インターネットは爆発的に広がりました。ブロックチェーンにもこれと同じことがこれから起こるのです。現在はブロックチェーンごとに価値が分かれ、それぞれの時価総額を比較するようになっています。これが相互にやり取りできるようになれば、資金や処理能力、セキュリティリソースなどを共有することにつながり、**さらに大きなネットワーク効果を得る**ことができます。Web3.0が発展していくためには、このレイヤーの成長が不可欠なのです。

2 PolkadotとCOSMOSの戦略

メインにサブを接続させる方法

Blockchain Interoperabilityの課題解決を目指すプロジェクトとして有名なものが「**Polkadot**（ポルカドット）」と「**COSMOS**（コスモス）」です。同じ課題を解決しようとするプロジェクトなので、解決方法は比較的近い戦略をとっています。

でっかいメインのブロックチェーンをつくり、そこに固有のサブのブロックチェーンを接続させよう

この二者の大まかな戦略は、端的にいうとこのようなものです。

下図の左側がPolkadot、右側がCOSMOSです。図が似ていることがわかります。この２つのプロジェクトは、それぞれ中央にハブとなるブロックチェーンがあり、その大きなメインのブロックチェーンに、さまざまな機能を持ったサブのブロックチェーンが接続された形状になっています。

▶ PolkadotとCOSMOSの戦略

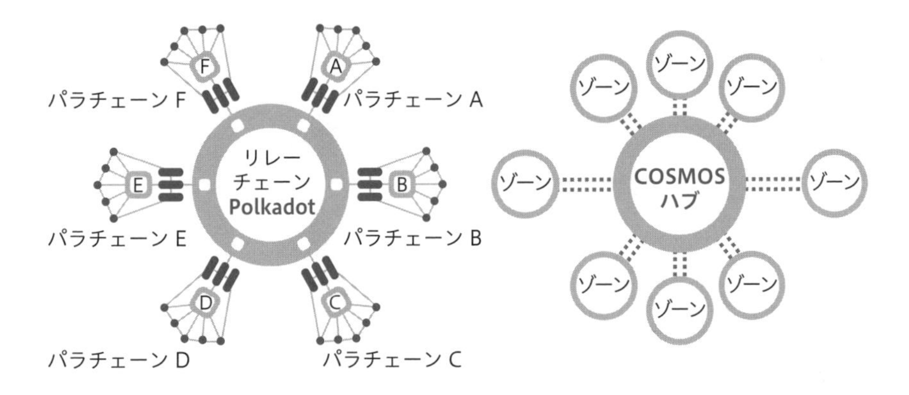

新興ブロックチェーンはハッキング耐性がないことが弱点

ブロックチェーンに限らず、技術全般にいえることですが、後発の技術のほうが性能が高くなる傾向にあります。パソコンはどんどん小さくなって持ち運べるサイズになり、スマートフォンの通信規格は4Gから5Gになって速くなり、どんどん高性能になっています。ブロックチェーンも例外ではなく、最初に誕生したBitcoinやEthereumより、後発の「Solana（ソラナ）」や「Avalanche（アヴァランチ）」などのような新興ブロックチェーンのほうが性能が高くなっています。

しかし、新興ブロックチェーンが既存のものに劣るとされるのが「**ハッキング耐性（セキュリティの高さ）**」です。ブロックチェーンは「分散型台帳」といわれるように、複数人で分散型台帳を保有することでハッキング耐性を得ています(P.31参照)。そのため、**分散型台帳の数（ノード）が少なくなると、ハッキング**

被害を受けやすくなります。具体的には、新興ブロックチェーンのネットワーク全体の半数以上を占拠し、不正取引を実行する「51%攻撃」などがあります。

BitcoinやEthereumは大量のノードを保有しており、これらをハッキングするには膨大なコストがかかるので、「普通にノードを建ててマイニングしたほうが稼げる」構造になっています。Bitcoinの誕生から仕組みが変わらずに稼働し続けていることを考えると、非常に高いセキュリティを維持しているといえるでしょう。

新興ブロックチェーンはノードが少なく、悪意ある攻撃者に複数のノードを建てて攻撃されると、ブロックチェーンが乗っ取られてしまいます。ハッキングされるリスクの高いブロックチェーンは誰も使わないので、新興ブロックチェーンは**早急にノードを増やしてセキュリティを高める**必要があるのです。

そういった意味では、PolkadotやCOSMOSがとっている戦略は合理的です。大きなメインチェーンに、新しいサブチェーンを接続させる構造により、サブチェーンはメインチェーンの**セキュリティリソースを分けてもらう**ことができます。

▶メインチェーンとサブチェーンを双方向ペグで接続

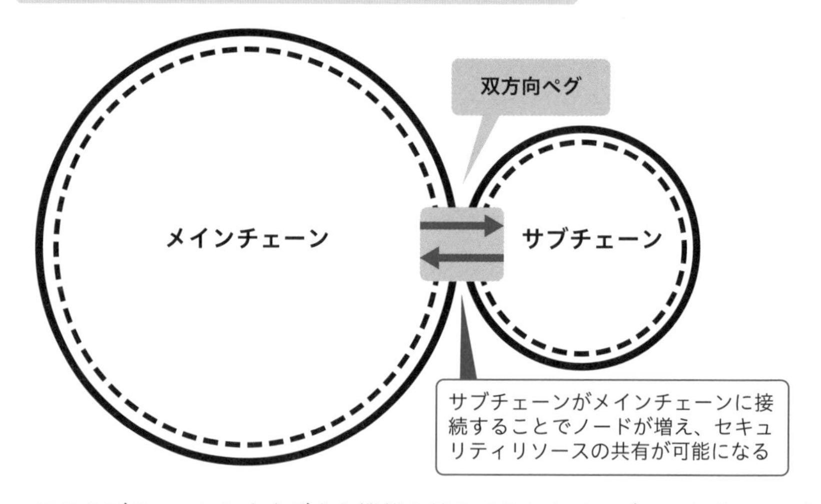

このサブチェーンにさまざまな機能を持たせることで、ブロックチェーン全体の経済圏の利便性が向上していく構造になっています。

大きいメインチェーンに、小さい多機能なサブチェーンをつなぎ、巨大な経済圏を構築しようとしている

3 今後の発展性

相互運用性を解決するルール

感覚的に理解できると思いますが、ルールがたくさんあると複雑になります。これは相互運用性のレイヤーでも同様で、ブロックチェーン間をつなぐルールが3つも4つもあると複雑なので、最終的には1つか2つに集約されるといわれています。インフラの基盤となるレイヤーであり、かつ先行者優位が強くなるレイヤーであるため、**このレイヤーの参入障壁はかなり高い**といえるでしょう。もし新しくサービスをローンチするのであれば、このレイヤーで競合しようとせずに、既存のプレイヤーやコミュニティと共創し、ユーザーと流動性の提供を受けたほうが早く発展できるといえます。

相互運用性を解決するさまざまなプロジェクト

PolkadotやCOSMOSは同じ課題に対して、似た戦略で解決しようとしているので、よく対立構造で描かれることがあります。しかし、対立ではなく、互いに相互運用性を保持した**共通の経済圏を築いていく**のではないかと予想されています。

また最近では、PolkadotやCOSMOSと異なるアプローチで相互運用性を解決するプロジェクトも登場しています。DeFiやNFTの隆盛により、さまざまなブロックチェーンが誕生し、複数のブロックチェーンに対応する「**マルチチェーン**」対応が必須になり始め、ユーザーの資産移動の需要を満たすために各チェーン間を橋渡しするBridge系プロトコルも台頭しつつあります。

Bridgeについては次節で説明します。

まとめ

- ブロックチェーンには複数のチェーンが存在している
- ブロックチェーン同士はつながっておらず、情報が分断されている状態
- オフチェーンに改ざんがないことをどう証明するかという問題をオラクル問題と呼ぶ
- この課題を解決するプロジェクトではPolkadotとCOSMOSが有名
- メインにサブを接続し、ノードを共有することで、セキュリティを継承できる

3-2 世界中で激化するBridge開発競争とそのリスク

ここではブロックチェーンの相互運用性の課題解決を目指す、もう1つの方向性である「Bridge」について解説します。

前節では、ブロックチェーンの相互運用性の課題について説明しました。PolkadotやCOSMOSがこの課題の解決を目指していますが、それとは異なるアプローチでブロックチェーン間の相互運用性を実現しようという動きが「Bridge」です。

ここではBridgeについて解説していきます。

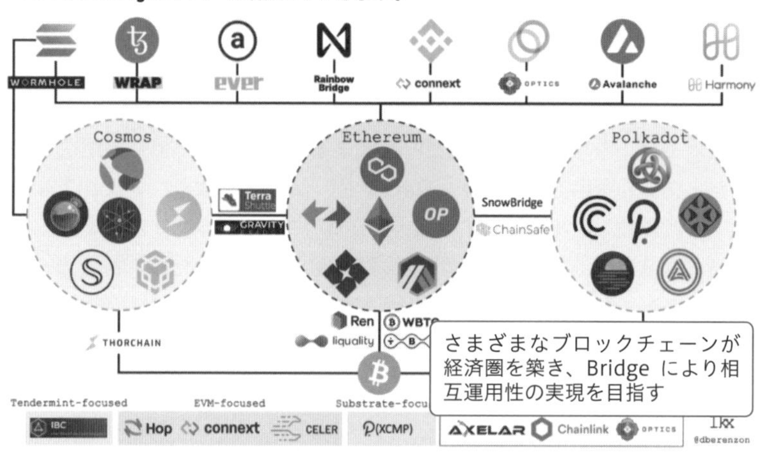

出典：Dmitriy Berenzon (@medium.com)「Blockchain Bridges: Building Networks of Cryptonetworks」のWebページより

1 ブロックチェーンの橋渡し役となるBridge

ブロックチェーン間で情報を転送する仕組み

「Bridge」とは、2つ以上の**ブロックチェーン間で情報を転送する仕組み**のことです。前節では、ブロックチェーン同士がつながっていないことを説明しましたが、ブロックチェーンの間に橋をかけ、データをやり取りできるようにするのが

Bridgeです。たとえば、Bitcoin上のBTCをEthereumに送金する際に橋をかけ、Ethereum上で利用できる「WBTC」に変換します。

WBTC
Wrapped Bitcoinの略。Bitcoin上のBTCをEthereum上でも扱えるようにラップした暗号資産

「Bitcoin上のBTCをEthereumに送金する」というと簡単そうに聞こえますが、**ブロックチェーン間の移動には「オラクル問題」**（P.86参照）があるので、技術的にハッキングされない仕組みを実装する難しさがあります。

下図はBridgeが実際に行っていることの概略図です。

▶BTCをWBTCに変換する流れ

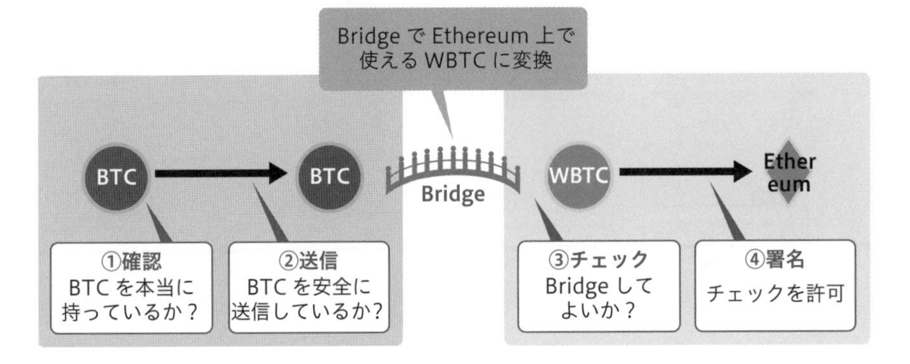

Bridgeの数は膨大にある

BTCをWBTCに変換し、Ethereum上で使えるようにする流れを例として図示しましたが、Bridgeにはほかにも種類があります。メインチェーンにサブチェーンを接続させることで相互運用性を持たせようとするPolkadotやCOSMOS（P.86参照）のような解決方法とは異なり、**たくさんのブロックチェーン間のそれぞれに対応したBridgeを張り巡らせる**ことで相互運用性を持たせようというのがBridgeの解決方法です。そのため、各経済圏をつなぐためのBridgeは膨大にあり、Bitcoin-Ethereum間はA、Ethereum-Solana間はB、といったように別々のBridgeが存在します。次図は、各ブロックチェーン間をつなぐBridgeの対応図ですが、とにかく数が多いことはわかっていただけると思います。

2 Bridgeの種類

Bridgeは2021年頃から発展し始めましたが、Bridgeにはさまざまな種類があります。

▶ブロックチェーン間をつなぐBridgeの種類

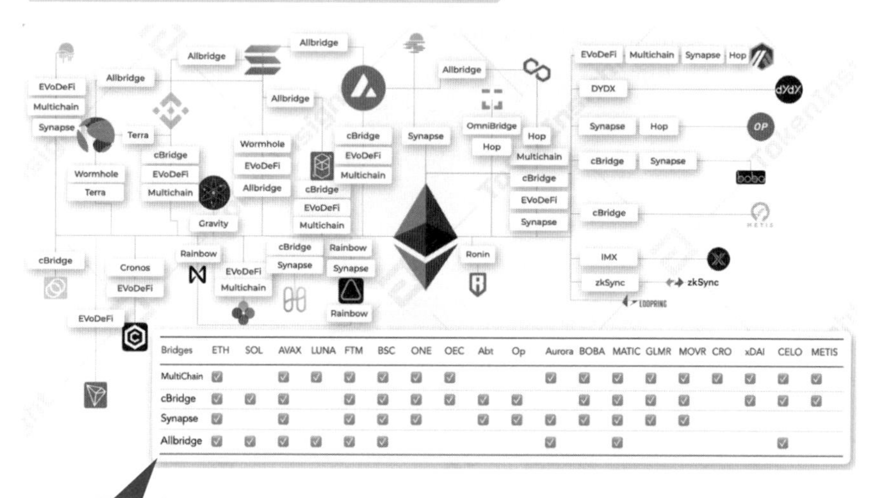

Bridges	ETH	SOL	AVAX	LUNA	FTM	BSC	ONE	OEC	Abt	Op	Aurora	BOBA	MATIC	GLMR	MOVR	CRO	xDAI	CELO	METIS
MultiChain	✓		✓	✓	✓	✓	✓	✓			✓	✓	✓	✓	✓	✓	✓	✓	✓
cBridge	✓	✓	✓		✓	✓	✓	✓	✓	✓		✓	✓	✓	✓		✓	✓	✓
Synapse	✓		✓		✓	✓	✓		✓	✓	✓	✓	✓	✓	✓				
Allbridge	✓	✓	✓	✓	✓	✓					✓		✓					✓	

さまざまなブロックチェーンが多くの種類のBridgeを使い、連携し合っている

出典：TokenInsight「The Multiple-Chain Universe」のWebページより

①資産の移動に特化したもの

- ・BTC→WBTCのような、特定の資産の移動に特化したもの
- ・BTCをWrapped（ラップ）しているのでWBTCのように表現される
- ・２チェーン間のやり取りとなり、構造が簡単な反面、拡張性が高くない
- ・ほかのBridgeが成長するまでの“つなぎ”の利用と考えられている

②チェーン特化型

- ・２チェーン間のBridgeなので、実装が比較的簡単で早くなる
- ・当該２チェーンに利用が限定される

③アプリケーション特化型

- ・限定されたアプリケーション内での使用を目的としたもの
- ・コードが小さくて済み、モジュールとして組み込みやすいことが多い

・デメリットとして、ほかのアプリケーションへの拡張性がない

④一般化を目指すもの

・③のアプリケーション特化型を複数のチェーンで利用できるようにしたもの
・対応できるチェーンが多いので、強力なネットワーク効果を得られる
・デメリットとして、セキュリティと分散性が落ちる（実際に史上最大規模のハッキング被害が発生している）

▶Bridgeの種類

①資産の移動に特化したもの	②チェーン特化型	③アプリケーション特化型	④一般化を目指すもの
Asset-specific	Chain-specific	Application-specific	Generalized
ever (AR)	Avalanche	ANY SWAP	AXELAR
INTERLAY (BTC)	BINANCE	Biconomy	Chainlink
tBTC	GRAVITY	CELER	ChainSafe
WBTC	Harmony	CHAINFLIP	composable
WRAPPED	(PoS Bridge)	Gateway	connext
	Rainbow Bridge	liquality	deBridge
	Ronin	Qredo	IBC
	secret network	Ren	LayerZero
	(SnowBridge)	Synapse	Movr
	Terra Shuttle	THORCHAIN	OPTICS
	TokenBridge	wanchain	Polymer
	WORMHOLE		PolyNetwork
	WRAP		Orbit
1kx @dberenzon	(XCMP)		router

出典：Dmitriy Berenzon (@medium.com)「Blockchain Bridges: Building Networks of Cryptonetworks」のWebページより

3 Bridgeの課題

最大の課題は分散性とセキュリティ

第1章のBitcoinの仕組み（P.28参照）では、**分散の重要性**について説明しました。Web3.0のプロトコルには、中央の管理者がいない、**分散された状況でプロトコルが運用されている**ことが重要です。分散されているために中央がハッキングされるリスクがなく、十分に分散されているほどセキュリティが高まる、という構造をWeb3.0のプロトコルは持つべきです。

そういった点では、現在のBridgeのプロトコルは、かなり**中央集権に寄っています**。たとえば、WBTCはBTCと価格が連動する通貨として、Ethereum上のDeFi

などで利用できますが、WBTCを利用するにはWBTCの発行主体にBTCを預ける必要があります。WBTCの場合はBitGoという企業がこの変換サービスを行っていますが、**企業がこのサービスを行っている点が中央集権的**なのです。外部から攻撃されると、預けていたBTCの流出リスクがあります。BTCを預かってWBTCを発行していたにもかかわらず、そのBTCが市場に流出すると、市場供給量が狂って大混乱に陥ります。実際、Bridgeから資産が流出する事件はたびたび起こっており、流出金額は桁違いで、暗号資産の歴史でも最大の流出事件が起こっています。

一例として、「Poly Network」というBridgeがスマートコントラクト（スマコン）（P.68参照）のバグを突かれたハッキング事件があります。Poly NetworkはEthereumからETHを預かり、「Polygon（ポリゴン）」というブロックチェーン上で利用できるWETHの引換券を発行する仕組みになっています。ETHを入れて押し出してWETHをつくるので、「ところてん」のようなものです（ここでは「**ところてんコントラクト**」と呼びます）。今回、被害を受けたのはPoly Networkのところてんコントラクトです。ユーザーとしてはPolygon上で使えるETH引換券を受け取っているので、価値を移転できたように感じますが、価値があるのはPoly Networkに預けられた現物のETHです。この事件では、ところてんの押出機内に入っている現物のETHが被害にあい、流出してしまったというわけです。

▶ Poly Networkが受けたハッキング被害

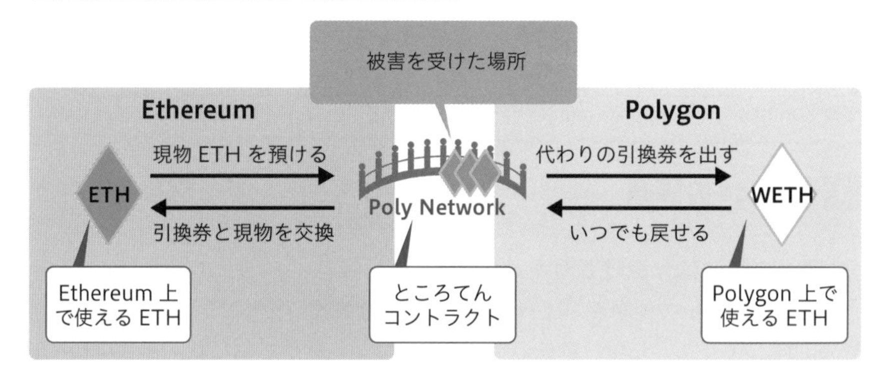

スマコンのハッキングのリスク

スマコンは改ざんが不可能なため、バグが混入していると修正が困難です。そのため、ローンチされたばかりのBridgeのスマコンには、どうしても**ハッキングのリスク**が伴います。

「Wormhole」というBridgeのハッキング事件では、運営側がソースコードをアップデートするわずか30分の隙を狙ってハッキングが行われました。ハッカーは資産が集まっているBridgeコントラクトを狙っており、こうしたハッキング被害は今後も発生するおそれがあるので、利用には注意しましょう。

Bridgeコントラクトに集まる金額が小さいうちは、攻撃するインセンティブも小さいですが、時間の経過とともに普及が進むと、Bridgeに預けられる金額は大きくなっていきます。1回の攻撃で得られる金額が大きくなると、ハッキングのために労力をかけるインセンティブも大きくなるので、**Web3.0が一般化していく過程でこの課題は解決しておかなければならない問題**です。

4 Bridgeの未来

マルチチェーン対応のBridgeを構築する過渡期の戦略

Poly NetworkやWolmholeのように、ところてんコントラクトの部分に現物資産を抱えたままBridgeを行う手法を「**クロスチェーン**」と呼びます。そして、このクロスチェーンはWeb3.0の拡大とともにハッキングのリスクが高まっていく諸刃の剣であることを説明しました。

それを踏まえ、Web3.0では「**マルチチェーン化**」が進められています。マルチチェーンとは、クロスチェーンのように**現物資産を抱えず、資産を異なるブロックチェーンに移動させる技術**のことです。後述するEthereumとLayer2のような関係です。資産を抱えない分、クロスチェーンより安全とされます。

すべてマルチチェーン化されたBridgeが提供できれば理想的ですが、ある日突然、完璧なBridgeが登場するということはありません。Web3.0の不完全なインフラ上では、いきなりマルチチェーン対応のBridgeを構築するより、まずは**チェーン特化、アプリケーション特化**のBridgeから始め、**モジュール化した各機能を統合していく戦略**をとるBridgeのプロトコルが増えるでしょう。現時点では、Bridge提供のプロジェクトが乱立し、競争は激化していますが、開発者は市場投入の時間より、セキュリティを優先させる必要があります。

相互運用性の構築のための解決策

さらに最高のBridgeとは、高速で安全に相互接続がなされ、資本効率やコスト効率がよく、検閲に強いものです。すでにDeFiなどのレイヤーには、米国証券取引委員会（SEC）が監査に入っている実績があるので、巨大化したBridge開発企業にもいずれ監査が入ることになるでしょう。それまでに、運営母体を十分に分散し、高いセキュリティを構築しておくことがBridgeには求められます。

米国証券取引委員会（SEC）
投資家の保護と公正な証券取引を目的とした団体。SECに介入されると、その国での取引を継続することが難しいとされている。SECはSecurities and Exchange Commissionの略

BitcoinやEthereumが1つの細胞として成長してきたのがこれまでで、Bridgeの誕生により互いの細胞を行き来する毛細血管が整いつつあります。細胞が集まって生物が活動するように、**ブロックチェーンも相互運用性を持つことで、Web3.0のインフラが整い、徐々にできることが増えていくのです。**

現時点では、Polkadotらが展開する解決策と、Bridgeが乱立する解決策のどちらが将来のスタンダードになるかわからない状況です。このレイヤーの今後の成長に期待しつつ、動向を見守る必要があります。

まとめ

- ブロックチェーンの相互運用性を実現する手段としてBridgeがある
- Bridgeは各チェーン間に橋をかけて資産を移動させる手法で、急成長している
- BTC→WBTCとBTCをラップすることで、他チェーンで利用可能になる
- Bridgeの多くは中央集権に寄っており、分散とセキュリティが必要
- クロスチェーンはリスクが高まるため、マルチチェーン化が求められる

第4章

BaaS市場

1 次世代インターネットの基盤になるEthereum ―― 98
2 進化を続けるEthereumのLayer2の技術 ―― 107

4-1
次世代インターネットの基盤になるEthereum

ここではBaaSの基本機能とEthereumの優位性について解説します。

前章では、ブロックチェーンの相互運用性について説明しました。ここでは未来の金融インフラになるBaaSのレイヤーについて解説していきます。

1 金融サービスをデジタル化したBaaS

金融機関を介さずに金融サービスを実現

「BaaS」とは「Banking as a Service」の略で、銀行がこれまで提供してきた機能や金融サービスなどをデジタル化し、利便性を高めたサービスのことです。最近では、QR決済や個人間送金アプリなど、銀行以外の事業者が自社のアプリやサービスにBaaSの機能を組み込むようになってきています。

Bitcoinが生み出したブロックチェーン技術により、中央に管理者のいない個人間送金が実現されました。そして、Ethereumがスマートコントラクト（スマコン）（P.68参照）を発明したことで、ブロックチェーン上に「**dApps**（ダップス）」と呼ばれる分散型アプリケーションを開発できるようになります。

dApps
decentralized Applicationsの略。ブロックチェーン上で動作する分散型アプリケーションのこと

dAppsにはさまざまな機能を持つものがあります。たとえば、BaaSの機能を持つdAppsが開発されると、銀行と同じ仕組みを、銀行や決済事業者を介さずに実装できるようになります。お金を送金するためには、「銀行口座にお金を入れ、銀行に送金を依頼する」というのが一般的ですが、ブロックチェーン技術により、銀行を介さずに直接送金できるのが未来のインターネットの「当たり前」になり

ます。最近では、銀行などでもDX化が進んでいますが、スマコンやトークンを用いたDXは、これまでと比較にならないほどの効率化をもたらします。そして、このBaaSの巨人といえるのがEthereumです。ここではEthereumが実現する世界と、その価値について説明していきます。

AWSやGCPと同じ機能を提供するBaaS

BaaSは、スマコンのような「プログラムを載せる場所」として世界中で発展し、分散されています。インターネットでいうと、**改ざんすることができないAWS（Amazon Web Services）やGCP（Google Cloud Platform）**のようなものに該当するでしょう。データを保存する「ストレージ」としてではなく、プログラムを実行する「**コンソール**」としての役割を果たすのです。

AWSやGCPが実現した価値についていえば、たとえばスタートアップが初期からセキュリティの強固なサーバーを構築するのは大変です。サーバー構築には時間をかけず、スタートアップの限られたリソースをアプリ開発に集中させなければなりません。そこに、AWSが簡単にサーバーを構築するサービスを提供したことで、アプリ開発が飛躍的に速くなり、市場が一気に成長し始めました。

ブロックチェーン上のアプリケーションの場合、スタートアップが独自のブロックチェーンを構築しても、初期はノードが十分に分散されず、ハッカーが大量のリソースを投入すれば簡単に51％攻撃（ハッキング）（P.88参照）ができてしまいます。**ブロックチェーンを構築することは、サーバー数台を立ち上げることよりはるかに難易度が高い**のです。

そういった意味では、Ethereumはすでに米国証券取引委員会（SEC）が認めるほどのノード数があり、高度に分散されていて、ハッカーの攻撃が難しいレベルのセキュリティとマイナーを提供しています。アプリ開発者はEthereumに手数料を支払うことで、ブロックチェーン上で簡単にアプリを開発できるようになりました。「プログラムを載せてすぐに動作できる環境」という点でも、**EthereumはAWSやGCPと同じコンソールの機能を分散的に提供している**のです。

EthereumはBaaS市場でナンバーワン

Ethereumは、スマコンを最初に実装したブロックチェーンとして成長し、時価総額はBitcoinに次ぐ世界２位です。スマコンを実装しているブロックチェーンの「**TVL（Total Value Lock）**」を比較しても、圧倒的な市場シェアを誇っていることが次図からも読み取れます。

▶各ブロックチェーンのTVLの内訳（2021年）

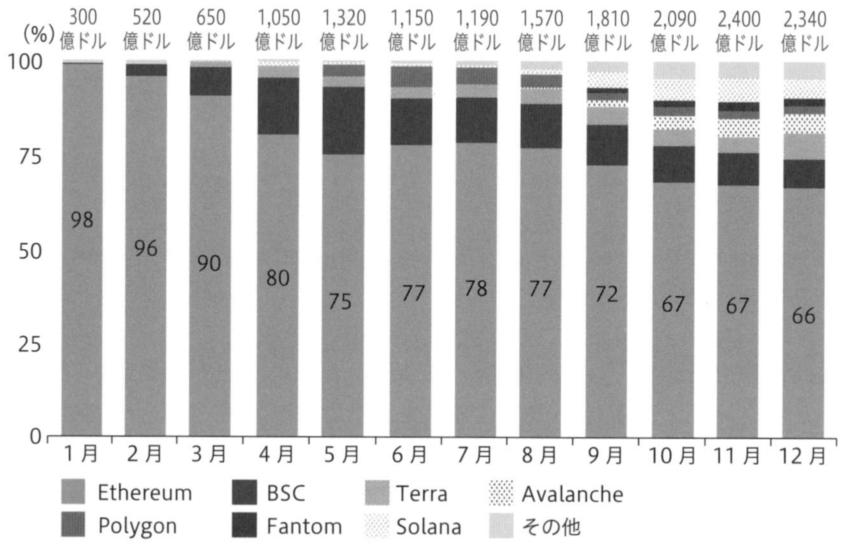

出典：CoinGecko「Yearly Report 2021 - 2021年 DeFiマルチチェーン市場シェア」をもとに作成

TVLは、**スマコンに預けられている総額**を表します。TVLを見ることで、それぞれのブロックチェーン上に「今」「どの程度」の価値が載っているかを比較できます。詳細は次章で扱いますが、金融機能を提供するdAppsを「**DeFi**（ディーファイ）」と呼びます。この段階では、EthereumがBaaS市場のシェアでナンバーワンであることを理解しておいてください。

2 Web3.0の基盤になるEthereum

Ethereumのスケーラビリティの課題

最近、SolanaやAvalancheなど、Ethereum以外の**スマコン・プラットフォーム**に活気があります。市場シェアを見ても、TVLが伸びてきています。Ethereumは市場シェアこそナンバーワンですが、世界中の取引を賄おうとすると性能がまだ不足しています。1秒間に処理できる取引件数を「TPS」と呼びますが、Ethereumは15TPSほどしかありません。世界中のクレジットカード決済を処理するVISAが4,000TPSといわれるので、もし世界中の人がWeb3.0に参入したとすると、Ethereumがパンクするのは目に見えています。これが**Ethereumの抱えるスケー**

ラビリティ（拡張性）の課題です。

> **TPS**
> Transaction Per Secondの略。1秒間に処理できる取引件数のこと

そのため、Ethereumのブロックチェーンは遅い（処理性能が悪い）ので、「EthereumよりTPSの高い（高速の）ブロックチェーンの実装」をうたい文句に、「自身がEthereumの上位互換である」と触れ回るプロジェクトが時折あります。

ただ、**後発のプロジェクトが技術的に優れていることは当たり前**です。決済が速いことは重要ですが、間違った処理を実行したりハッキングされたりするサービスを使おうとは思いません。そのため、BaaSは、**ノードが十分に分散されていて、セキュリティが強固であることこそが最重要**です。

Ethereumを基盤として独自の特長を出すことが重要

この重要性を理解していれば、Ethereumを超える「ノードの分散」が難しいことは自然とわかります。つまり、性能でEthereumを超えようとするのではなく、Ethereumと並走しながら、Ethereumの苦手な部分を開発する方向に舵を切るのが正しいリソース配分となります。**性能で超えようとするのは本質的ではないのです。**

近頃では「打倒！ Ethereum！」や「Ethereumより処理が速い！」といったうたい文句で「Ethereumキラー」を名乗るプロジェクトは減ってきましたが、減ってきた理由と今後の動向を把握しておくことは重要です。

3 コミュニティに優位性があるEthereum

Ethereumコミュニティの成長速度を超えることは困難

Ethereumの真の優位性は「**コミュニティ**」と、それに付随する「**開発者の多さ**」にあります。Ethereumの開発に必要不可欠なフレームワークである「Truffle（トリュフ）」は、ダウンロード数が加速度的に伸びています。2021年10月時点で570万人ほど、過去３か月で12%も増加しています。2019年〜2020年はやや落ち着いたものの、2021年のNFTの盛り上がりにより、多くの開発者が流入してきています。

仮にEthereumキラーがEthereumを打倒しようとしても、常に前進を続けるEthereumコミュニティの成長速度を超えなければならず、これが**かなり高いハードル**であることは理解できるでしょう。また、新興ブロックチェーンを誰も使って

▶ Trufflеの月間ダウンロード数

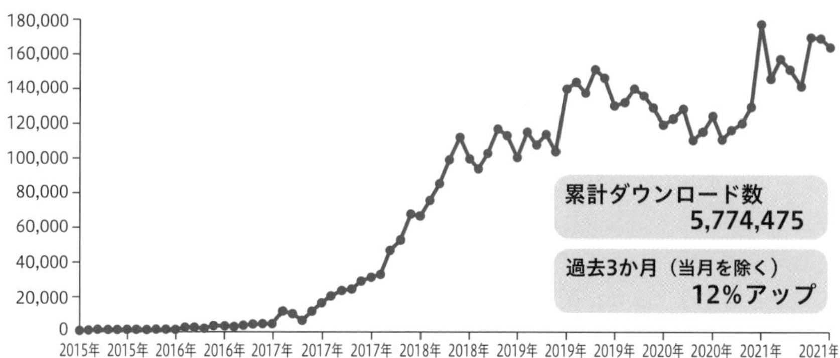

出典：TRUFFLE SUITE「Dashboard Downloads」をもとに作成

いなければ、どれだけ処理が速くても関係ありません。さらに、ブロックチェーン上で価値あるアプリケーションを開発してもらうためには、開発者が**開発したくなるような魅力**がなくてはなりません。

コミュニティにとって重要な開発者の多さ

開発者の数は、コミュニティにとって非常に重要です。Web3.0では、「OSS開発が当たり前」「分散型アプリケーションが当たり前」の世界です。下図はイメージ

▶ ブロックチェーンの開発者リソースの獲得競争のイメージ

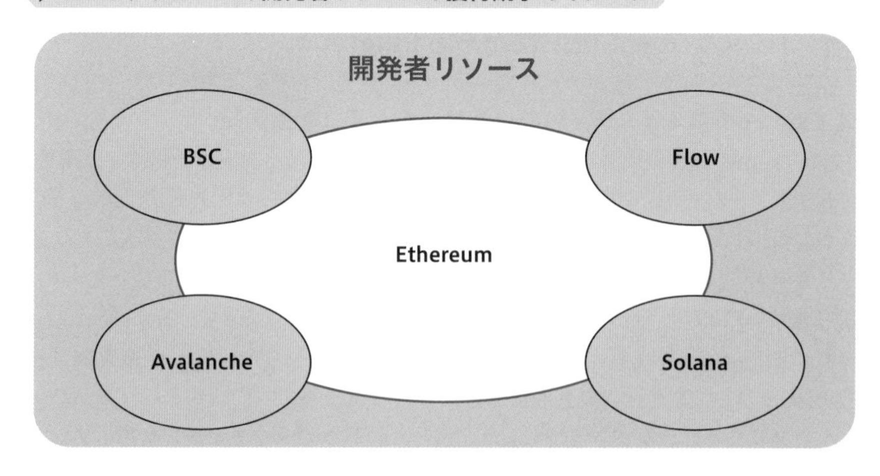

ですが、世界の人口は有限なので、Web3.0のアプリ開発を行う人の数、つまり開発者リソースも有限です。「新興のブロックチェーンが誕生する」ということは「開発者リソースをどれだけ既存のブロックチェーンから奪えるか」という、**リソース獲得競争**にさらされます。

「Ethereum上の開発者が多い」ということは、それだけ「開発者リソースが多い」ことになります。開発者リソースの多いブロックチェーンプラットフォームが、メインストリームから広く受け入れられるものになっていくでしょう。

実際にEthereum上では、Uniswap（ユニスワップ）や新しいStablecoin（ステーブルコイン）などが次々と発明されるイノベーションの中心地になっています。また、そのほかのBaaSプロジェクトは、**Ethereumを模倣した戦略**か、もしくは**Ethereumと異なる戦略**によって活動しているものがほとんどです。その意味で、**Ethereumが未来のインターネットの基盤にふさわしい、最も盤石な開発環境**を保持しています。

また、「Ethereum上の開発者が多い」ということは、「価値あるものを生み出す開発者が多い」ことになります。そんな開発者が多ければ多いほど、新しく参入する開発者にはアプリ開発がより簡単で楽しくなり、その効果が複合的となって、ネットワーク効果が発生します。

▶メトカーフの法則

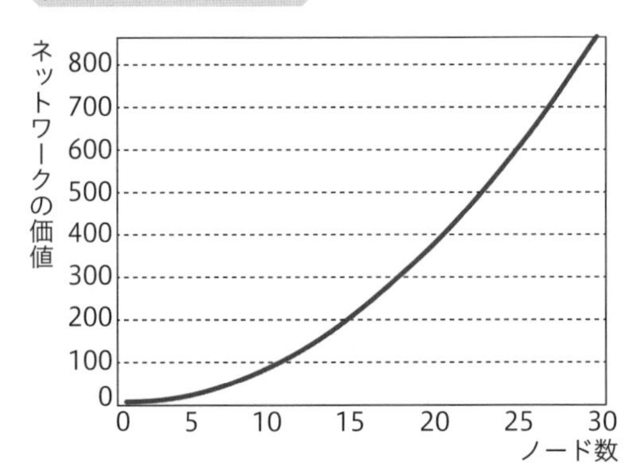

メトカーフの法則

ネットワークのノード数が増えるほど、ネットワーク自体の価値が高まるという法則

もし、あなたが開発者として、Ethereumに取って代わるブロックチェーンプラットフォームを構築するとします。そのとき、Ethereumの使いやすさに対抗しようとすると、構築するプラットフォーム上にEthereumの全ツールに相当するものを組み込む必要が出てきます。それは到底無理な話でしょう。

4 分散性を犠牲にしないEthereum

最大の課題は分散性とセキュリティ

Ethereumは、その思想から、分散性を犠牲にしません。ブロックチェーンの課題である「スケーラビリティ」「分散性」「セキュリティ」の3つを指して**「トリレンマの課題」**と表現されることがあります。これは物理法則のようなもので、ブロックチェーンは**「スケーラビリティ」「分散性」「セキュリティ」の3つの特性を同時には解決できない**というものです。

たとえば、ブロックチェーンのスケーラビリティを増加させたいのであれば、中央集権的なサーバーを構築してデータを処理すればよいのですが、分散性が犠牲になります。ブロックチェーンの高速化を図る多くのプロジェクトは、分散性を犠牲にしてスケーラビリティとセキュリティを高めている事例がほとんどです。分散性の優先度を下げ、中央集権的な処理に近づけたほうが、単純に通信回数が減って高速化できるからです。

Permissionlessなインターネットの実現

しかし、Ethereumはどれだけ自身のブロックチェーンがトランザクション詰まりを起こしても、**分散性を犠牲にする開発をしません**。これにより、Ethereumは「誰の」「どんな目的」にも適用でき、誰の許可も必要としないPermissionless（非許可型・自由参加型）を実現しています。誰かがプログラムのコードをEthereumのブロックチェーンにアップロードすること、そしてユーザーがそのコードを実行することを、誰も止めることができない**「検閲耐性」をもたらす**のです。

そして、このルールは、Ethereumを構築した人ですら変更できません。「**今後、ルール変更によりユーザーの利益が奪われることが"ない"とわかっている**」という安心感は、開発者がアプリ開発を行う強い動機を生み出します。たとえば、iPhoneアプリなどでは、プラットフォームの規約が頻繁に変更されます。急に手数料が上げられ、利益が減ってしまうかもしれません。また、セキュリティの観点で、自分の住む国や地域からのアクセスが排除されるかもしれません。

プラットフォーム上でアプリ開発を進めるためには、プラットフォーマーのルールに従う必要があり、常に開発者はプラットフォームに振り回されてきました。これと逆に、Permissionlessなインターネットは、現在の中央集権的なインターネットの対になる、**Web3.0の根幹をなす重要な概念**です。現在のWebサービスは、個人情報の流出や、データの不正使用などがないことを、中央の運営側に絶対的な信頼を置くことで成り立たせています。我々はこの現実を「当たり前のもの」として受け入れてきましたが、ときには不自由な場面も出てきました。

Ethereumを基盤とするインターネットでは、「自分のデータは自分で所有」し、「自分の意思でデータをサービスに提供」し、「適切なサービスを享受する」という選択肢を持つことができ、トラストレス（P.73参照）な世界が実現されます。

現在、Web2.0からWeb3.0へと移り変わる過度期にあり、その世界ができ上がっていくのを体験できると考えると、非常に感慨深いですね。

5 開発者の信頼を勝ち取ってきたEthereum

「時の試練」に耐えて信頼を勝ち取る

Ethereumが持つ「高度に分散されたノード群」は、dAppsに強固なセキュリティを提供し、ピーク時には1,000億ドルの価値が提供されています。

▶EthereumのTVLの伸び

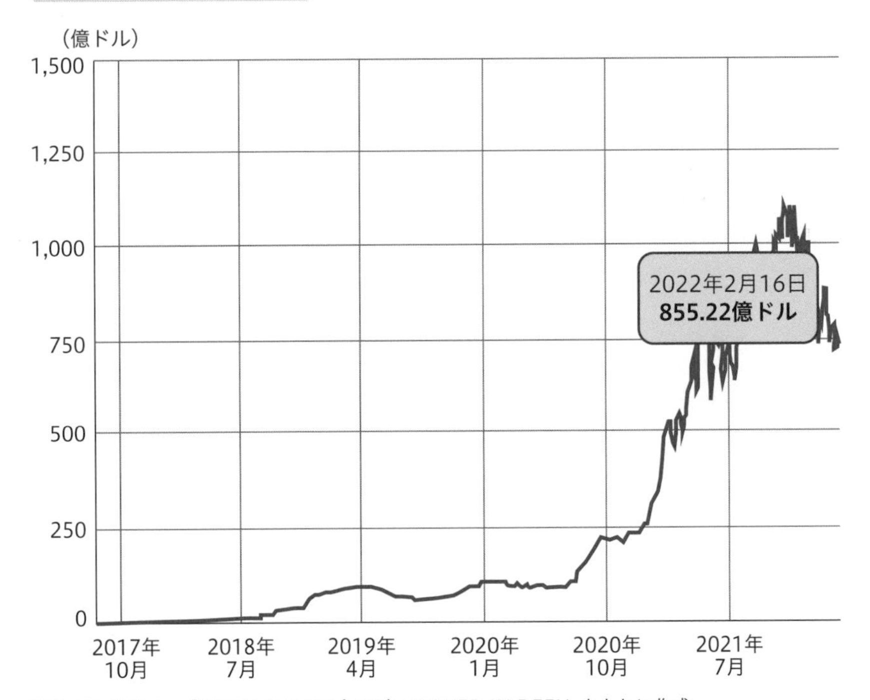

出典：DeFi Pulse「TOTAL VALUE (USD) LOOKED IN DEFI」をもとに作成

このネットワークをハッキングするインセンティブは大きいですが、Ethereumが誕生して6～7年が経ち、ネットワークは今も健全に動き続けています。(おそらく多くのハッカーがハッキングを試みているはずですが、) セキュリティホールが見つからないまま時間が経てば経つほど、プラットフォームが安全で悪用可能性が低いことが確かになっていきます。これを「**時の試練**」といいます。

基本的に、新しいブロックチェーンプラットフォームが誕生すると、まだ「時の試練」に耐えていないので、開発者はそのブロックチェーンの使用を渋ることになります。「もし悪用可能だったら？」「もし本当に分散されていなかったら？」「開発に数年もかかるdApps構築に投資して大丈夫？」などと、いろいろ考えてしまいます。ブロックチェーンが大きな悪用のないまま、長く生き残れば生き残るほど、開発者にはより信頼でき、選択に値するものになっていきます。

代替の可能性が低いEthereum

Ethereumは次世代インターネットの基盤として決して完璧ではないものの、現時点では**dApps構築の基盤として、Ethereumが置き換えられることはない**でしょう。また、Ethereumはスケーラビリティの課題を抱えているとはいえ、常に解決方法が模索されています。速度や容量などの目に見える範囲の定量的な課題であれば、人類は過去に何度も解決してきた歴史があるので、解決は時間の問題と考えられます。

まとめ

- BaaSはBanking as a Serviceの略で、このレイヤーの巨人はEthereum
- EthereumはWeb3.0インターネットの基盤になりつつある
- Ethereumの真の優位性はコミュニティにあり、所属する開発者が価値である
- 分散性はWeb3.0の根幹をなす重要な概念であり、その観点でEthereumほど分散しているBaaSは存在しない
- Web3.0の基盤としてEthereumが置き換えられることは想像しにくく、スケーラビリティの課題解決は時間の問題である

4-2 進化を続けるEthereumのLayer2の技術

ここではEthereumのスケーラビリティの課題を解決しようとする「Layer2」の技術について解説します。

前節では、BaaSとそのレイヤーで最強のプレイヤーであるEthereumについて説明しました。Ethereumは分散性を犠牲にしないがゆえに強固なプロトコルとしてあり続けるものの、スケーラビリティの課題を抱えています。

ここではEthereumの処理性能を高めるLayer2の技術について解説していきます。

1 Layer2の技術の必要性

取引が活発になると高騰するGas

Layer2の技術の必要性を説明するために、まずは次図を見てください。このグラフはEthereum上で取引を行うために必要な「**Gas**（ガス）」と呼ばれる手数料の推移です。期間は5年間、単位は「Gwei（ギガウェイ）」です。

Gwei

ETHの最小単位。1Gwei＝0.000000001ETHを表し、ETHの上昇とともに手数料も上がる傾向がある

▶ Ethereumにおける平均Gasの推移（5年間）

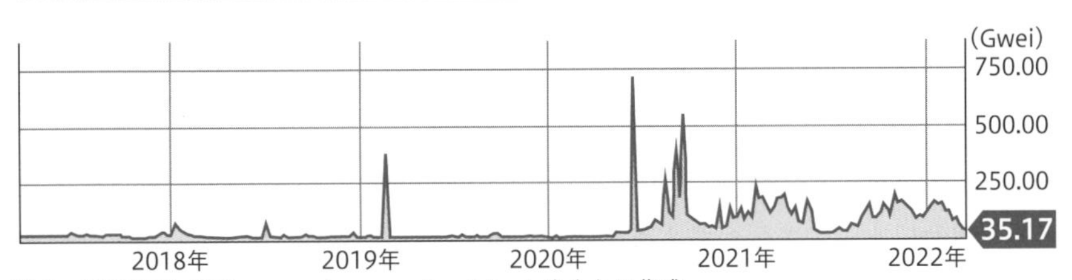

出典：CHARTS「Ethereum Average Gas Price」をもとに作成

EthereumのGasは2020年の夏頃から高くなってきていますが、**Gasが高くなるということはEthereum上での取引が活発になっていること**を示しています。2020年はDeFi（ディーファイ）、2021年はNFTがEthereum上の大部分を占めましたが、取引が増えてGasが高騰し、取引しにくくなることを「**Ethereumが詰まる**」と表現します。

取引が増えるとEthereumが詰まる

Ethereumが詰まる現象を高速道路にたとえてみましょう。通常、高速道路を使って目的地へ向かうとき、事前に料金所でお金を支払う必要があります。そして、高速道路を使う自動車が多くなると、高速道路は詰まってしまうわけです。Ethereumも同じイメージで、高速道路がEthereumのブロックチェーン、料金所で支払うお金がGas、高速道路を走る自動車がEthereum上での取引を載せたブロックとなります。

▶ 高速道路にたとえられるEthereum

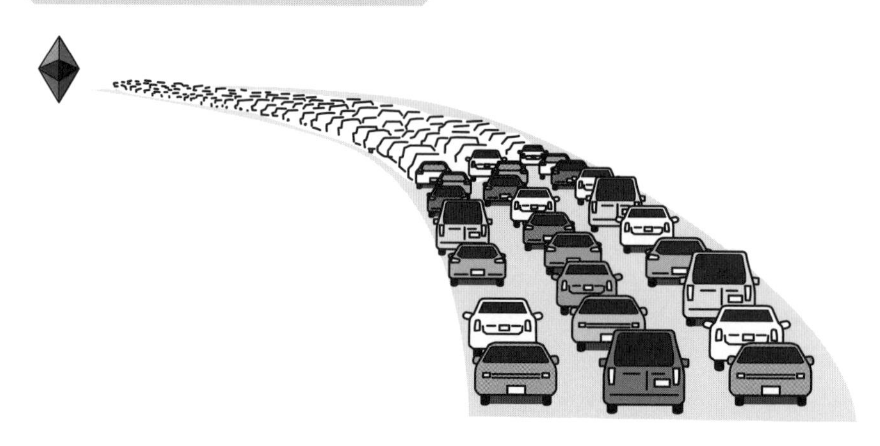

高速道路とEthereumとの違いは「**通行ルール**」にあります。高速道路は並んでいれば先頭から順に通行できますが、Ethereumは**手数料を多く支払ったブロックを優先して通すロジック**になっています。急ぎの取引の場合には、お金を積めばすぐに通行でき、安い手数料ではいつまで経っても通行できません。

前節では、Ethereumのノードが高度に分散し、強固なセキュリティを保持していることを説明しました。強固なセキュリティのブロックチェーンを使いたいと思うのは当然ですが、取引が増えるとGasが高騰します。そのため、Ethereumは現状、お金持ちしか利用できないブロックチェーンになっているのです。Gasが高騰しているタイミングでは、**NFTを一度販売するだけで数万円がかかる**レベルです。数億円の高額なNFTと比較すればGasは小さいですが、数千円のNFTを販売しようとすると赤字になります。これではWeb3.0は普及していきません。

そんな背景を踏まえ、現在では、「高額なNFTや大事な取引はEthereum」「それ以外の日々の取引は、Gasの安いブロックチェーン」といった**使い分けが重要**になっています。Ethereum以外のブロックチェーンを考える際、選択肢に入ってくるのがLayer2、サイドチェーン、そのほかのBaaS機能を提供するLayer1のブロックチェーンです。

▶使い分けが重要になるマルチチェーン

（TVL：百万ドル）

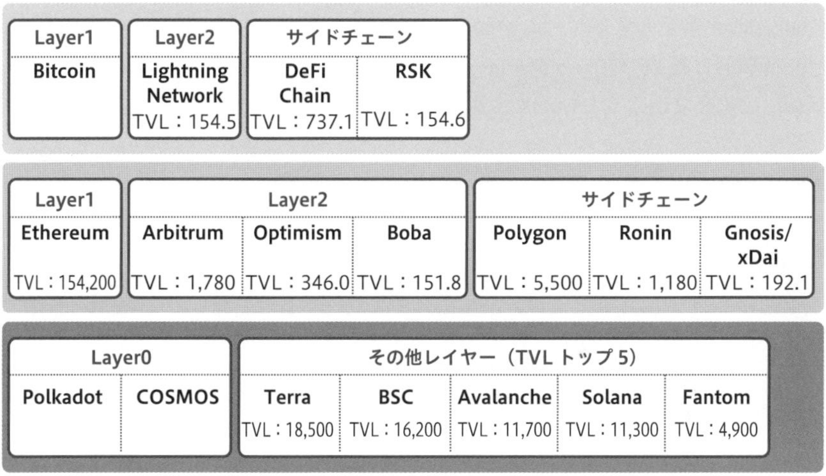

Layer1	Layer2	サイドチェーン	
Bitcoin	Lightning Network	DeFi Chain	RSK
	TVL：154.5	TVL：737.1	TVL：154.6

Layer1	Layer2			サイドチェーン		
Ethereum	Arbitrum	Optimism	Boba	Polygon	Ronin	Gnosis/xDai
TVL：154,200	TVL：1,780	TVL：346.0	TVL：151.8	TVL：5,500	TVL：1,180	TVL：192.1

Layer0		その他レイヤー（TVLトップ5）				
Polkadot	COSMOS	Terra	BSC	Avalanche	Solana	Fantom
		TVL：18,500	TVL：16,200	TVL：11,700	TVL：11,300	TVL：4,900

出典：CoinGecko「Yearly Report 2021 - アルトチェーン概観」をもとに作成

Layer2やサイドチェーンなどを併用するマルチチェーン

Layer2とは、EthereumをLayer1としたとき、Layer1の**パフォーマンスを向上させようとするプロトコル群**のことです。このLayer2の技術が、2021年後半頃から猛烈な勢いで伸びています。

またサイドチェーンは、**ゲームなどの用途に特化したブロックチェーン群**です。Layer2との違いは、Ethereumがなくても存続できることです。Layer2はLayer1（Ethereum）がなければ機能しませんが、サイドチェーンは独自の経済圏として機能します。

なお、「Layer1」という表現はEthereumに限った話ではなく、それ以外の多数のプロトコルにも使われます。BSCやAvalanche、Solana、Fantomなどです。これらはEthereumと同じく、BaaSの機能を提供するLayer1のブロックチェーンなので、「Ethereumキラー」とも呼ばれています。また、BitcoinをLayer1として、そのブロックチェーン上で機能するdAppsをLayer2と表現することもあります。さらに、PolkadotやCOSMOSのような、ブロックチェーン同士に相互運用性を持たせるためのレイヤーをLayer0と呼ぶこともあります。

さまざまなブロックチェーンがありますが、これらは**必ずしもEthereumと競合する関係ではありません**。世界中の人がWeb3.0にアクセスすることを考えると、Ethereumだけですべての取引を賄うことは不可能です。そのときには、複数のブロックチェーンを利用する「**マルチチェーン**」の対応がなされるでしょう。Ethereumが苦手とするゲームや高速取引などをほかのブロックチェーンが担うなど、将来的に複数のブロックチェーンがインフラとして機能しつつ、一般のユーザーには見えないようにUI/UXは改善されていくものと予測されます。

2 Layer2によるスケーラビリティの改善

拡大するLayer2

下図のとおり、Layer2プロトコル上のTVL（P.99参照）は、2021年後半頃から急拡大していることがわかります。

▶拡大するLayer2のTVL（2021年3月〜2022年3月）

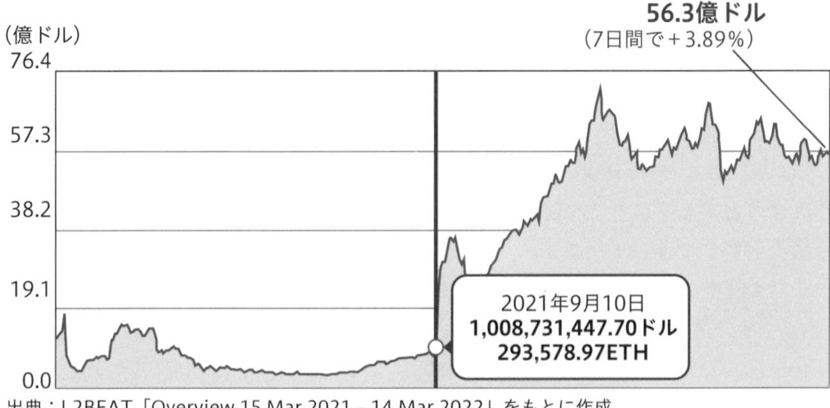

出典：L2BEAT「Overview 15 Mar 2021 – 14 Mar 2022」をもとに作成

Layer2はとても興味深い分野で、これから間違いなく伸びていきますが、ここから先が「沼」です。ここでは、重要な部分を抜粋しながら説明していきます。

Layer1とLayer2の関係

Layer2は、Layer1である**Ethereum上に構築される拡張ツール**なので、Layer1の強固なセキュリティと分散性をそのまま継承できます。つまり、**安全性が高い**ということです。何と比較して安全かというと、Layer1同士の送金と比較した場合です。たとえば、EthereumからSolanaへ送金した場合、中間のBridgeが攻撃されると資産が流出してしまいます。一方、Layer2では、何らかのバグによって機能が停止しても、**資産はLayer1のEthereumに保護されており回収可能**です。これがクロスチェーン（前者）とマルチチェーン（後者）の違いです。

Layer2を使うことでEthereumのスケーラビリティの課題は改善されるので、2022年はLayer1に直接触れる最後の年になるかもしれません。Ethereumに近い水準でセキュリティが高く、処理性能も高いLayer2が構築されれば、Gasの高いLayer1でわざわざ取引しようとするユーザーはいなくなるでしょう。そして今、活発な動きを見せているLayer2の手法が確立されれば、いずれ一般のユーザーには見えない、インフラの深いレイヤーのなかにモジュール化されて組み込まれることになります。そうなれば、現在の複雑怪奇で、高度なリテラシーが要求されるWeb3.0プロトコルのUI/UXが改善されていくことになります。

相互に成長してきたインフラとアプリケーション

ITの歴史を振り返って考察すると、インフラとアプリケーションには、相互に成長する「**ターン制**」があるといえます。インフラがある程度整えられると、新しい機能を備えたアプリケーションが登場し、そのアプリケーションでできることが限界を迎えると、インフラの進化を待つといったように、相互にターン制で成長してきました。

Web3.0でも、このターン制は同様です。2021年はNFTをはじめ、ユーザーが実際に触れる**アプリケーションやソフトウェアなどに近いレイヤーが大いに成長**を遂げました。そろそろ、現在のインフラでできることが限界を迎え、インフラの深い部分にイノベーションが起こるターンが訪れようとしています。

▶インフラとアプリケーションが相互に成長

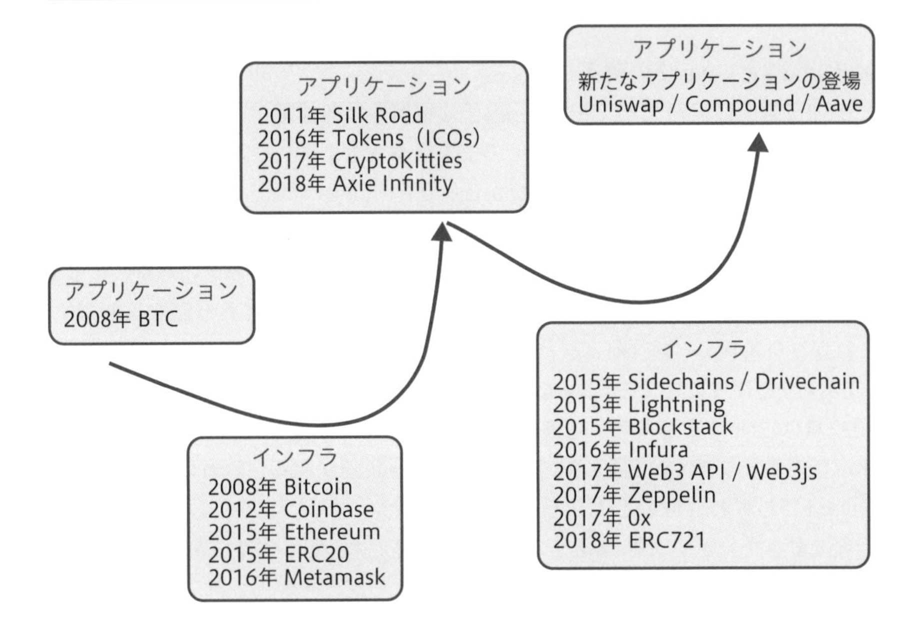

現時点では、各ブロックチェーン同士はつながっておらず、アプリケーション側でBridgeを介して無理やりつなぐことが精一杯です。しかし数年後には、相互運用性やスケーラビリティの課題が改善され、新しいUI/UXを提供するアプリケーションが登場してくるでしょう。非常に楽しみです。

まとめ

- □ DeFiやNFTの需要が伸びたことでEthereumが高騰している
- □ Gasの高騰を解決するため、Layer2やサイドチェーンなどが発展
- □ Layer2の技術は急激に伸び、Web3.0でも活発な分野になっている
- □ インフラとアプリケーションは相互に成長しており、次はインフラが成長するターン
- □ Layer2の安定性と処理性能が向上するとEthereumの価値も向上

第5章

DeFi 市場

1 DeFi 市場の市場規模と DeFi の種類 ―― 114
2 DeFi の革新性と課題 ―― 124

5-1 DeFi市場の市場規模とDeFiの種類

POINT ここではDeFi(ディーファイ)について解説します。

前章では、BaaS(バース)市場で不動の地位を築いているEthereumについて解説しました。ここでは、BaaS上のdApps(ダップス)の1つであるDeFiについて解説していきます。

1 分散型で金融取引を行うDeFi

企業を介さずに金融取引を行うためのアプリケーション

「DeFi(ディーファイ)」とは「Decentralized Finance」の略で、日本語に訳すと「分散型金融」となります。銀行や証券会社などの第三者を介さずに金融取引を行うことを目指してつくられたアプリケーションのことです。既存の金融事業者は「TradeFi(トレードファイ)」、暗号資産取引所などの中央集権的な事業者は「CeFi(セファイ)（Centralized Finance)」とも呼ばれます。

▶ CeFiとDeFiの仕組みの比較

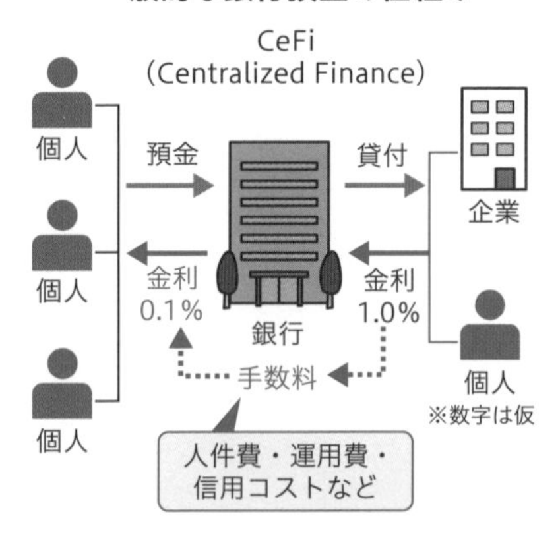

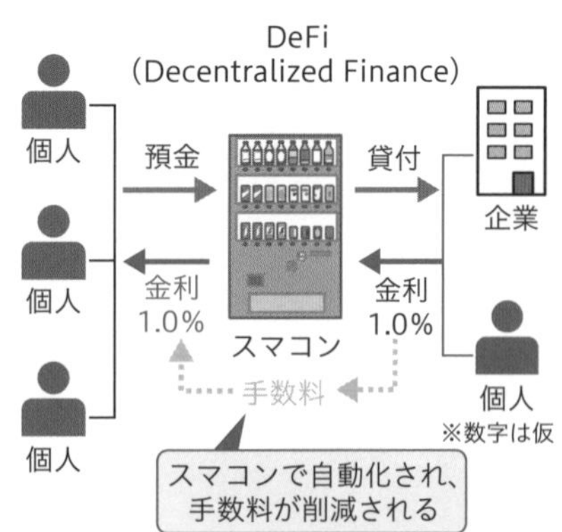

DeFiをイメージしやすくするために、銀行の例で説明しましょう。たとえば銀行は、預金を集め、企業などに貸付を行って金利を稼ぎ、預金してくれた個人に金利を載せて返す仕組みになっています。この仕組みをざっくり分けると、**「預かる」「貸す」**というシンプルな機能に整理できます。銀行がこの機能を実現するためには、銀行のシステムと銀行で働く人の人件費が必要になります。また、この機能をプログラムに置き換えると効率化できますが、プログラム管理の運用費などが発生します。

DeFiは、銀行が行っているような業務をスマートコントラクト（スマコン）化することで、**国や企業などの特定の主体に依存しない金融市場を構築**しようとするものです。DeFiはCeFiに比べて、人件費、運用費、信用コストなど、運営に必要なコストが圧倒的に少ないので、高い効率性と収益性を実現できます。

DeFiの汎用性の高さ

プログラムをスマコン化すると、改ざんできないというメリットがありますが、バグが混入していると**修正できないことがデメリット**になります。バグを把握していればよいのですが、たいていの場合、バグを発見するのは悪意のあるハッカーです。ハッカーに攻撃され、資産流出が発生してからバグに気づいても手遅れです。バグ混入の可能性があるサービスを使いたい人はいないでしょう。

そのため、新しくプログラムをスマコン化するより、**すでに稼働しているスマコンを部分的に再利用する**ことが推奨されています。スマコン化されたプログラムは誰でも再利用でき、汎用性が高いことから「**マネーレゴ**」とも呼ばれます。

2 DeFiの市場規模

急速に巨大化するDeFi市場

DeFiは、2017年頃にいくつかのプロダクトがリリースされ、2020年頃から盛り上がり始めました。まだまだ歴史の浅い市場ですが、その**市場規模は急速に巨大化**しています。DeFiの市場規模の算出には、TVL（Total Value Lock）（P.99参照）が指標として用いられます。この「Value Lock」の部分がポイントで、スマコンにどれだけの価値（Value）が預けられている（Lock）かを指します。「スマコンに価値を預ける」ということは、「銀行にお金を預ける」ことと同じです。スマコンに「預金して金利を受け取る」「預金した本人しか引き出せない」などの条件をプログラムとして記述することで、銀行に依存しない預金プロトコルを構築できるようになり、結果的に効率性も高まりました。これがDeFiです。

そういった意味では、**TVLは銀行の預金残高のようなもの**です。TVLを見ることで、DeFiプロトコルがどんなものか知らなくても、現在、どの程度の「価値」があるかを比較できます。「価値」を「信用」と言い換えてもよいでしょう。

▶スマコンに預けられた価値としてのTVL

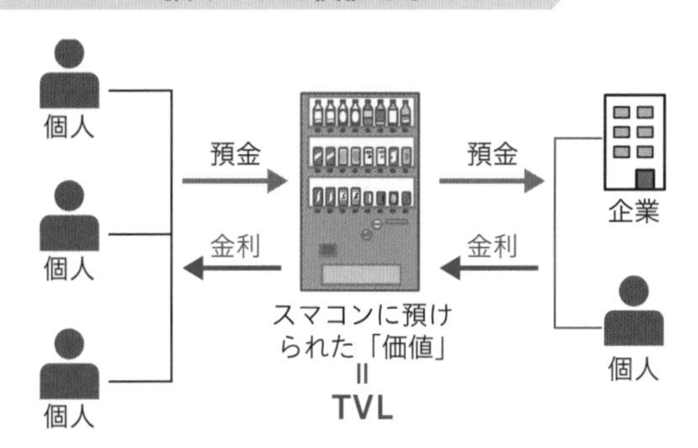

DeFi市場のTVL

それではDeFi市場のTVLを見ていきましょう。次図は主要なDeFiプロトコルのTVLを合算したグラフです。2020年夏頃から急激に成長し、**ピーク時で1,000億ドルを超える規模**になっていることがわかります。これは、日本国内の企業の時価総額トップ5に入るほどの規模です。

▶DeFiのTVL（2022年3月時点）

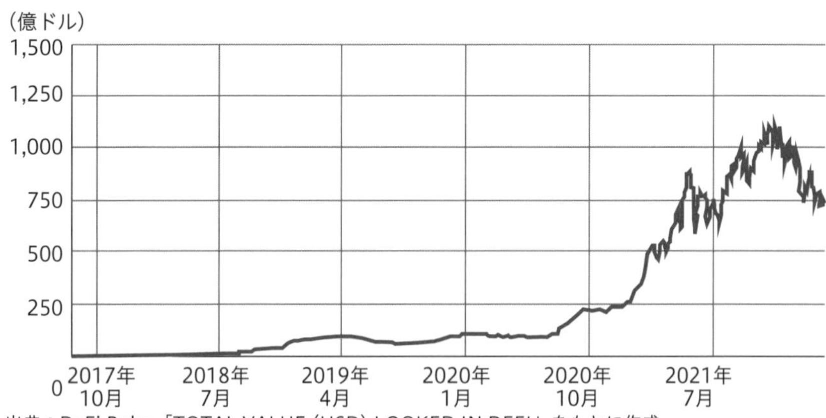

出典：DeFi Pulse「TOTAL VALUE (USD) LOOKED IN DEFI」をもとに作成

DeFiは2020年夏頃から伸び始め、この伸びた時期（2020年夏頃）を「DeFiサマー」と呼ぶことがあります。ただ、その翌年の**2021年、TVL成長率は650%**（2021年1月時点との比較）と急成長しており、グラフではDeFiサマーの盛り上がりが目立たないほどになっています。そのため、現在のグラフの山になっている部分も、数年後には左側の滑らかなグラフの一部になっていくものと予想されます。

3 DeFiの魅力的な高金利

DeFiが発展し続ける理由の1つに、**魅力的な高金利**があります。預けた資産に対して年間に受け取れる金利を「APY」といいますが、2020年頃のDeFi市場ではAPYが200%や300%になることもありました。「APY100%」ということは、1年間預けるだけで資産が2倍になるということです。これほどの高金利が既存の金融商品として提供されていれば、詐欺と疑われるかもしれません。

APY
Annual Percentage Yieldの略。元金と複利を考慮した投資収益率
APR
Annual Percentage Rateの略。元金に対する複利を含まない年利

APY200%を超えるような高金利を提供するDeFiは、**リスクが高く、資産を失う可能性があるギャンブル**のようなものです。リスクの高いDeFiプラットフォームは「魔界」と呼ばれ、一獲千金を狙うプレイヤーに門戸が開かれています。

▶ 主要なDeFiのAPYの例

Compoundで提供されるAPY

預ける暗号資産	APY
Aave Token	4.35%
Basic Attention Token	0.15%
Compound Governance Token	0.04%
Dai	2.72%
ETH	0.07%

出典：CompoundのWebサイト
（2022年6月時点のAPY）より

2022年には主要なDeFiのAPYが落ち着き、1桁台のAPYを提供するようになりました。しかし、メガバンクの銀行預金の金利が0.001%であることを考えると、1%でも銀行預金金利の1,000倍になります。資産運用の一部としてDeFiを利用しようとする人が出てくるのも自然な流れです。

4 DeFiの種類

爆発的な勢いで開発されるDeFi

CeFiに株式や投資信託などがあるように、DeFiにもさまざまな種類があります。Web3.0の発展とともに、**DeFiの種類も爆発的に増えている**のが現状です。代表的なDeFiプロトコル、それに対応するCeFiの金融商品と代表的なプレイヤーをまとめたものが下表です。株式取引を行うDeFiや、株式売買を促進させる情報をレコメンドしてくれるアグリゲーターDeFiなど、応用範囲は多岐にわたります。

▶主なDeFiプロトコルに対応する金融商品・プレイヤー

DeFiプロトコル	金融商品	代表的な金融事業者
Compound, Aave	銀行貸付（Lending）	Bank of America
Uniswap, Sushiswap	株式・為替取引 (Exchange)	ニューヨーク株式市場
Metamask, 1inch	アグリゲーター	Robinhood Markets
dYdX	デリバティブ商品	CMEグループ
Nexus Mutual, InsureDAO	保険（Insurance）	AIG
Yearn.finance	アセットマネジメント	BlackRock

銀行貸付（Lending）や為替取引（Exchange）、保険（Insurance）などのDeFiが登場し、新しい資産運用の選択肢を市場に提供しています。そのなかからいくつか紹介しましょう。

分散型取引所のDEX（デックス）

DeFiといえば「**DEX**」です。DEXは**分散型の暗号資産取引所**であり、あらゆるトークンを交換できるDeFiです。暗号資産取引所といえば、日本ではコインチェックやbitFlyerが有名ですが、それらは企業が運営する中央集権型の暗号資産販売所です。一方、DEXは分散型の取引所であり、すべての取引はスマコン化され、管理者はいません。

DEX
Decentralized Exchangeの略。分散型の暗号資産取引所を指す
CEX
Centralized Exchangeの略。中央集権型の暗号資産取引所を指す

DEXの登場により、トークン交換が簡単に行えるようになりました。レンディングやデリバティブなど、ほかのDeFiプロトコルに資産が流れやすくなったことで、DeFiが爆発的に広まったという経緯があります。

DEXを説明するうえで外せないDeFiが「**Uniswap**（ユニスワップ）」です。Uniswapは、現在の**DEX市場の７割ほどのシェア**を占めています。現在はv1～v3の３つのバージョンが稼働していますが、下図を見ると2020年８月頃から、v2がこの市場を牽引してきたことがわかります。現在のDEX市場は、Uniswapを筆頭に327億ドルの市場規模に成長しています。

DEXはトークンを交換する「場」なので、その場で「トークンがどれだけ交換されたか」が重要です。そのため、**交換されたトークンの取引高**が指標として用いられます。取引高を高めるには、資産の「**流動性**」が重要です。流動性が高いと大量のトークンを早く交換できるので、利用者の利便性が高まり、取引高が高くなります。流動性が低いと、トークンを交換したいと思っても交換相手が見つからない可能性が高く、利用者の利便性は低くなります。そのため、DEXやCEXは流動性を高める必要があるのです。

▶DEXの取引高の推移（2022年３月20日時点）

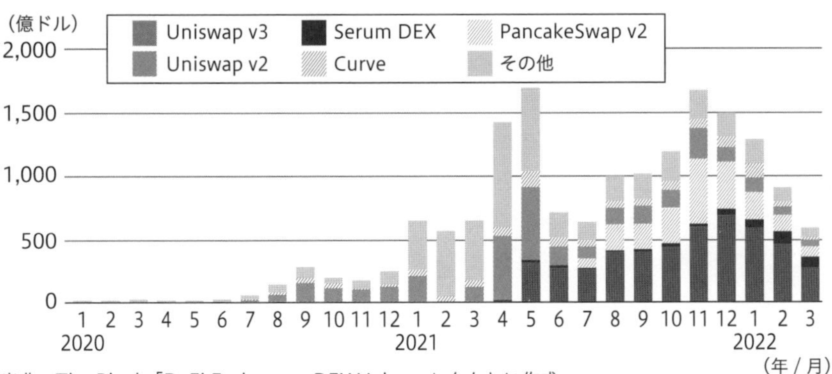

出典：The Block「DeFi Exchange - DEX Volume」をもとに作成

▶ DeFiの分野別の時価総額（2021年10月～12月）

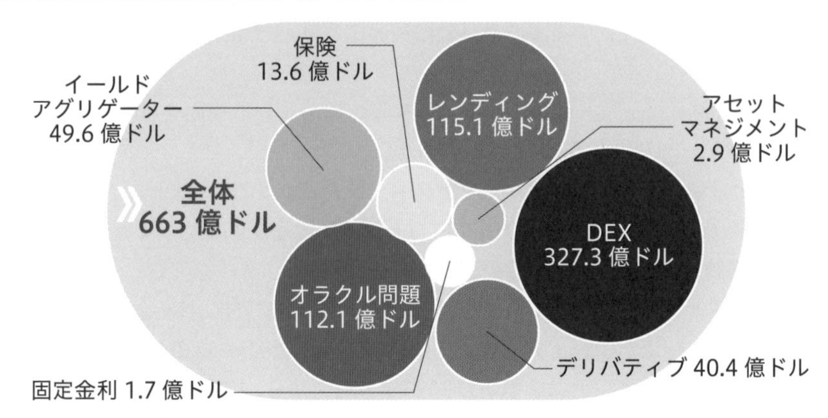

出典：CoinGecko「Yearly Report 2021 - DeFi エコシステム概要」をもとに作成

▶ 取引所ごとの取引高（2021年3月時点）

トークン	24時間の取引高（ドル）
Uniswap（DEX）	**1,968,873,775**
コインチェック（日本）	78,682,596
bitFlyer（日本）	115,382,302
Coinbase（米国）	3,411,969,986
Binance（中国）	16,484,934,072

Uniswapは DEXでトップの流動性を備えていることを説明しましたが、CEX系取引所とも比較してみましょう。数字を見ればわかりますが、Uniswapの24時間の流動性は、日本国内の取引所の流動性をはるかに超えています。世界トップのCEXであるBinance（バイナンス）にはまだまだ及びませんが、米国株式市場に上場している**Coinbaseの約50%の規模の流動性**を持ち、わずか1～2年で米国の上場企業に匹敵する実績と信用を積み上げてきているのがUniswapです。これだけの規模のWebサービスを、たった数年で構築できるのがWeb3.0のスピードであり、**スマコンによってマネーレゴ化された新しい金融市場**なのです。

DEXの革命児であるUniswap

ここでDEXの歴史について触れておきます。DEXは2020年頃から話題になり始めましたが、2017年頃から存在しており、中央集権型の取引所を揶揄して「**これからはCEXではなくDEXの時代だ**」ともてはやされた時期がありました。

当時のDEXはトークンの流通量が少なく、中央集権型の取引所に比べてUI/UXが劣悪で、DEXの手数料も高く、非常に不便なものでした。たとえば、2ETHを交換したい人がいたとき、1ETHだけほしい人がいても、残りの1ETHを交換したい人が現れないと取引がなかなか完結しない、といったことが起こっていました。さらに、CEXはユーザー数が多く、圧倒的な流動性を持ち、取引が即時に完了するので、**DEXは利便性で完全に負けていました。**

そしてDEXブームは去り、暗号資産バブルがはじけます。しかし、DEX開発は多くのプロジェクトで続けられ、Uniswapが2018年11月頃にリリースされます。Uniswapが革新的なのは、DEXが抱える3つの課題を同時に解決したことです。

1つめは**取引がマッチングしない問題**の解決です。これまでのDEXでは、P2P取引をさせるため、ユーザー同士で交換需要を個別にマッチングさせており、なかなか取引がマッチングせず、手数料も高い状態にありました。Uniswapはこの問題を解決するため、**交換用の通貨を事前にスマコンに預けておく「流動性プール」**という仕組みを導入しました。これにより、取引相手が現れるのを待たずに、プールにある通貨と交換できるので、取引がすぐに完了するようになりました。

2つめは**誰が流動性プールに資産を預けるかという問題**の解決です。流動性プールを用意したからといって、そこに資産を預ける人がいなければ、プールは空のままです。そこでUniswapは、流動性プールに資産を預ける人に、**通貨の取引高の0.3%を交換手数料として報酬を受け取れる設計**を組み込みました。

たとえば、100万円分の取引があれば、Uniswapは交換手数料（0.3%）として3,000円を徴収します。もしあなたがプール全体の1%の資産を預けていれば、その取引から30円を報酬として手に入れることができます。

預けられた資産はすべてスマコンで管理されるので、誰かに奪われる心配はなく、いつでも引き出すことができます。資産を預けることで交換手数料が還元されるので、流動性プールに資産を預ける人が増える仕組みになっています。

3つめは、**交換したい通貨がないという問題**の解決です。BTCやETHのようなメジャーな通貨であればCEXでも交換できますが、暗号資産は数千、数万の種類があり、マイナーな通貨ほど交換できる場所が限られます。Uniswapはこの問題を、誰でも流動性プールをつくれるようにすることで解決しました。マイナーな通貨でも、**誰かが流動性プールに交換元と交換先の通貨のペアを預ければ交換できるようになったのです。**これにより、あらゆるトークンの交換が可能になり、利便性が飛躍的に向上しました。
「交換が増えると流動性プールの資産がなくなるのでは？」という疑問もあります。これに対して、Uniswapは２種類のトークンを用意し、トークン量の積が常に一定になる仕組みを取り入れることで解決しています。

▶Uniswapの仕組みのイメージ

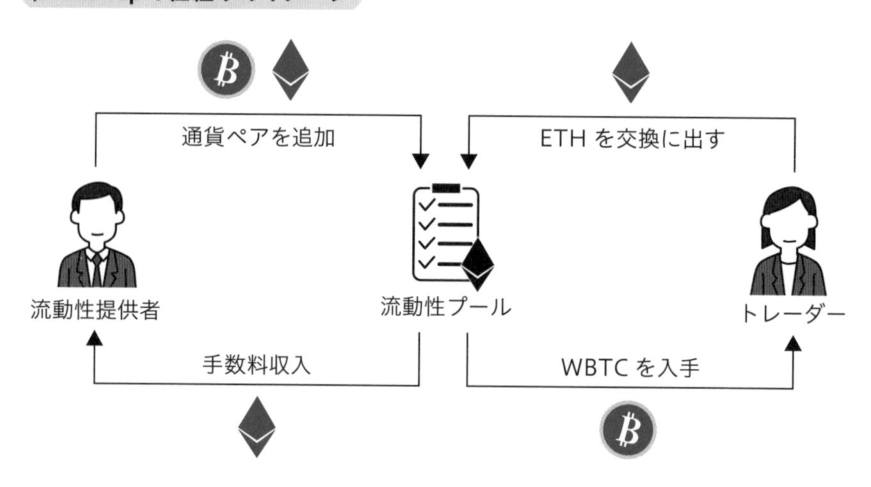

Uniswapが実現したことはどれも革命的ですが、これらのアイデアはすべて、過去のDEXによって試行錯誤されて生み出されたものです。Uniswapは、０ｘ（ゼロエックス）やBancor（バンコール）、Kyber（カイバー）など、さまざまなDEXプロトコル同士の研鑽と積み重ねの上に成り立っているのです。そういった意味では、Uniswapは市場にあった**アイデアを組み合わせ、最初に実装したこと**が革新的といえます。

資産を預けて運用するレンディング

「レンディング」は、**銀行のように資産を預けることで金利を得られるDeFi**です。Compound（コンパウンド）やAave（アーベ）といったプロトコルが有名です。
資産を預けるだけではなく、利子を支払って借りることもできます。ただし、銀行の融資とは異なり、資産を貸す相手が信用できるかを見極めるのはスマコンになり、資産を貸す条件が明確に定義されています。その条件とは、「**借りる金額より多い金額を預ける**」ことです。貸した相手が資産を返さなければ、担保された資産を没収する仕組みになっています。資産を借りるのに、それ以上の資産を預けなければならないのは変な感覚です。「なぜ利子を支払い、担保してまで暗号資産を借りる人がいるのか」というと、次のような活用法があるからです。

・暗号資産を借りて運用する
・借りた暗号資産をショート（空売り）する
・ほかのプラットフォームとの価格差・金利差を狙って取引（アービトラージ）

なお、担保した暗号資産の価格は上下するので、**通貨の価格が一気に下がると担保率が下がる**ことになり、意図せず担保資産が没収される場合があります。資産を借りて活用する方法は上級者向けといえますが、単純に資産を預けて金利を得るだけの運用も人気があります。レンディング市場が伸びていることから、需要があることがわかります。

オラクル問題

第3章で少し触れたオラクル問題で有名なものにChainlinkがあります。ブロックチェーンに記録されたデータは改ざんできませんが、記録される前に改ざんされると意味がありません。たとえば、暗号資産の価格情報を取得して何かを予測するDeFiがある場合、その入力情報に改ざんがあると、スマコンにバグがなくてもプロトコルが誤作動を起こします。入力情報が間違っていては、仕組みが正しくても正答を導くことができません。この誤作動を狙ったハッキング事例などが発生しており、DeFi発展のためにはオラクル問題の解決が重要です。

最近では、暗号資産の価格情報などの定量的なデータを活用するほか、スポーツの試合の勝敗、今日の天気、経済指標など、**ブロックチェーンに記録されていない情報を、dAppsの予測やゲームに応用しようとする動き**が出てきています。

そのほか、デリバティブ市場や保険市場など、CeFiに存在している投資目的の資産のDeFi版が登場してきているというのが現状です。

まとめ

- □ DeFiはDecentralized Financeの略。分散型の金融市場のこと
- □ スマコンは誰でも再利用できるのでマネーレゴ化している
- □ DeFi市場のTVLは伸びてきており、ピーク時は1,000億ドルの市場に成長
- □ DeFiには魔界と呼ばれるAPY200％を超える高金利のものもある
- □ DeFiにはDEXやレンディングなどの種類があり、年々進化している

5-2

DeFiの革新性と課題

ここではDeFi（ディーファイ）が実現する革新性について解説します。

前節では、DeFiの市場規模とDeFiの種類を説明しました。ここではDeFiの革新性と課題について解説していきます。

1 DeFiが遵守する価値観

DeFiを生み出したブロックチェーンイノベーション

DeFiは、過去10年間に発生した**ブロックチェーンイノベーションの3つの大きな波**のもとに構築されています。1つめがBitcoin、2つめがEthereum、3つめがトークンです。Bitcoinによりブロックチェーンが誕生し、Ethereumがスマートコントラクト（スマコン）を実装し、トークンの流動性（取引高）の高さがDeFiを生み出して、市場に新しい金融サービスを提供しています。

誰にも支配されないオープンな金融市場の構築を目指すDeFi

DeFiプロトコルは、Ethereumの「分散性を重視する価値観」を反映しており、原則的に**「Permissionless」**（P.104参照）と**「透明性」**を遵守しています。そのため、スマートフォンさえあれば、世界中の誰もが銀行や証券会社などに口座を持っていなくても金融市場にアクセスできます。

この「**誰もがPermissionlessに利用でき、透明性がある**」という点が重要です。ユーザー目線で見ると、DeFiは民族、性別、年齢、資産、政治的立場などに関係なくサービスを利用できます。開発者目線で見ると、アクセス権を剥奪できる中央管理者が存在しないので、誰にも邪魔されることなくDeFiを構築できます。DeFiの取引の透明性については、ソフトウェアのソースコードが常に公開されており、かつオープンソースソフトウェアであるため、基盤となるコードはすべて永続的に検証可能です。すべての取引がブロックチェーン上に分散的に記録されることで、どの国にも所属しない非中央集権的な金融サービスを、世界中の誰もが公平に利用できるようになりました。

2 激化するDeFiの開発競争

マネーレゴ化するDeFi開発

DeFiのプログラムはブロックチェーン上に記述されるので、プログラムにバグがあると修正できません。そのため、すでに稼働実績のあるプログラムを再利用することが推奨されています。ブロックチェーン上のプログラムは常に公開されているので、**コードをコピーし、書き換えて使うこと**ができます。これにより、新規開発者の参入障壁を下げることができ、レゴを組み立てるように新しいDeFiを開発できることから「**マネーレゴ**」と呼ばれます。

たとえば、自社サービスに通貨交換機能を持たせようとしたとき、これまではその機能を自社で開発するか、他社と提携して開発する必要がありました。しかしDeFiであれば、Uniswap（ユニスワップ）のようなDEX（デックス）に接続し、自社サービスに組み込めます。この際、Uniswapへ**接続の許可をとる必要はありません**。これがPermissionlessであるということです。Uniswap以外にもさまざまな機能がレゴ化され、それらを組み合わせて新しいDeFiを開発できるので、競争が激化しています。

ユーザーのスイッチングコストの低さ

参入障壁が低く、DeFi開発がしやすいという環境の恩恵を受けるのは、主に最終ユーザーです。多くのDeFiがデータレイヤーとしてEthereumを使っているので、**アプリケーション間の資産移動が簡単**に行えます。それにより、ユーザーのスイッチング（切り替え）コストが低くなり、ほかのDeFiプロトコルに切り替えやすくなります。そのため、DeFiプロトコルは、熾烈な競争を強いられることになります。実際、Uniswapのソースコードは公開されているので、ソースコードをコピーしたDEXが無数に存在します。後発のDEXは、ユーザー数でUniswapに勝つことができないので、ユーザーから徴収する手数料を下げたり新しい要素を追加したりすることで優位性を出そうとします。

市場に無数のDEXが存在すると、ユーザーはどれを使えばよいかわからない状況になります。そのときに必要とされるのが、複数のDEXを参照し、最も効率よく通貨を交換してくれる**DEXアグリゲーター**です。DEXアグリゲーターが、最適なレートで交換するDEXを探してくれるので、非常に便利です。

また、DeFiは資産を扱うので、**資産管理のアプリケーション**も必要です。スマートフォンにも資産管理アプリがあり、クレジットカードや銀行口座などを登録して管理できますが、金融事業者によってはアプリで連携できない場合があります。これは従来のPermission型の例ですが、DeFiではこういった許可をとることなく、取引をまとめて参照し、実行できる点が革新的です。

3 DeFiとCeFiの比較

スイッチングコストの低い手続き

DeFiの競争力のある市場をCeFiと比較してみましょう。まず手続きについてです。CeFiの口座開設には一般的に数日はかかりますが、**DeFiはWalletをダウンロードすれば一瞬でグローバルなDeFi市場にアクセスできる**ようになります。

また、証券会社間での資産移動には、1週間以上かかる場合もあります。電話や申し込みなどの手続きをするのが面倒なので、ユーザーにとって現在のサービスが劣っていても、他社への資産移動を躊躇させるスイッチングコストになります。それに対して、**DeFiはボタンを数回押すだけで資産移動が完了**します。

透明性の高い会計情報

DeFiにおける資産の透明性は、**会計コストを劇的に削減**します。たとえば、MakerDAOやYearn.financeのようなDeFiプロトコルは、会計情報をすべて公開しています。取引データはブロックチェーン上で確認できるので、集計用のプログラムを記述すれば、ボタン1つで企業の決算資料を作成できます。その間に粉飾決算や帳簿改ざんなどが発生する隙はありません。「誰にいくらで業務委託したのか」などが明記されるほど明朗な会計です。

これは、**現在の金融サービスの不透明性とは対照的**です。一般的に国や証券会社、銀行などの財務状況を知るためには、定期的に発行される決算資料を見ることでしか把握できません。決済されてから公表されるまでの間に不正があったとしても、それを検知することは不可能です。DeFiは、**"Don't Be Evil"から"Can't Be Evil"へのパラダイムチェンジ**なのです。

リアルタイムのデータ共有

DeFiでは、透明性の高いデータレイヤーにDeFiを構築することで、関連するすべての取引データをリアルタイムで共有できます。たとえば、Uniswapであれば、

発生する手数料収益を秒単位で確認できます。銀行預金では、1年間の固定金利などで収益が還元されますが、リアルタイムであれば、秒単位で変化する金利を確認できるのです。

とはいえ、秒単位で金利が変化しても、人間が毎秒で確認できるわけではありません。状況によって調整が必要になるので、1年間の固定金利によって収益を受け取れるDeFiなどが、既存のDeFiと重なるようにして開発されています。

高効率な運営体制

DeFiプロトコルは、スマコンによって取引が自動化されています。そのため、従業員が少ないにもかかわらず、**圧倒的な効率性を生み出しています。**

下表はYearn.financeが発表した従業員1人あたりの収益ですが、BlackRockのような世界的なアセットマネジメント会社と比較して、圧倒的な収益性を叩き出しています。金融サービスを立ち上げるのに強固なインフラとセキュリティが必要という、参入障壁の高かった時代は終わりを迎えつつあるのです。

DeFiとCeFiの収益性の比較

プロトコル／企業	収益（百万ドル）	従業員	従業員1人あたりの収益（百万ドル）
Yearn.finance	$123	21	$5.86
Betterment	$50	293	$0.17
Wealthfront	$30	231	$0.13
BlackRock	$16,205	16,500	$0.98

出典：NFTonlineのnote「Yearn FinanceとBlackrockの比較」より

ユーザー自身で行えるリスク管理

DeFiユーザーは、自らリスクを評価して運用を調整できます。ブロックチェーンを見れば、自分の預けた資産が「何に使われているか」「流出していないか」「どれだけの金額の即時出金に対応できるか」などの情報が一目瞭然です。常に透明性が保たれ、市場の様子を把握できるので、預け入れる金額やレバレッジのかけ方を調整し、**リスクを管理**できます。

CeFiにこういった透明性はなく、自分の預けた資産が何に使われているかはわからないことが多いでしょう。資産管理を担当する人がミスをすると、出資者が損失を被ります。責任者が退任することはありますが、資産が補填されるわけではありません。それを考えると、突然、損失を被るリスクのある金融資産を保持し続けることは難しいかもしれません。DeFiユーザーなら、**自分で資産を管理し、リスクを直接負うことが可能**になります。

堅牢性の高いインフラ

資産運用は**シームレスであることが理想**です。具体的には、決済は瞬時に行われ、取引コストは最小限に抑えられ、サービスは24時間365日利用可能であるべきです。金融サービスが企業やシステムの都合で、止まったりメンテナンスに入ったりするのは生産的ではありません。筆者は暗号資産から投資の世界に入ったので、金（ゴールド）や投資信託など、ほかの金融商品に触れたときの不便さや不自由さには本当に驚きました。いまだに慣れることがありません。

DeFiが伸び続けていることから、**シームレスな金融インフラに対する潜在的な需要は明らかにあります**。最近では、Robinhood Marketsのプラットフォーム上の都合により、ゲーム小売であるGameStopの株式への買い注文を一時的に停止せざるを得なくなった事例があります。これ自体、「T＋2決済」（取引の決済に通常2日かかる業界標準）の副産物です。しかしDeFiでは、あるプラットフォームだけが決済できなくなるようなことはありません。

また**金融サービスの効率化には、強固なインフラも必要**です。ブロックチェーンは分散型なので、驚異的な障害耐性を持っています。特にEthereumが登場してから6年間は、ネットワークの稼働率100%を誇っています。しかし、中央集権的なシステムではそうはいきません。一元化され、規制されていても、取引所や決済ネットワークなどが一元化された事業体は、特に変動の大きい時期には信頼性に欠けることがあります。資産を引き出せない銀行に存在価値はないでしょう。

世界中でアクセスできるサービス

現在、開発途上国では、需要に比べて、現地で事業を立ち上げるコストが高いことや、インフラが整っていないことなどから、金融サービスの提供先として除外されることがあります。「世界で銀行口座を持たない人は17億人いる」ともいわれており、その人たちは貧困国に集中しています。

国を発展させるために金融の力は不可欠ですが、**既存の金融機関を利用した海外送金では、手数料に見合うだけの見返りを得ることが難しく**、断念されることが多いのが現状です。しかしDeFiは、インターネットを利用したサービスであり、ユーザーコストがかからないので、保険、国際決済、ドル建ての貯蓄口座、クレジットなどのサービスにアクセスでき、ボトム層にもサービスを提供できます。2021年にエルサルバドルがBTCを法定通貨として受け入れたことからもメリットは明らかです。DeFiやBitcoinなどの技術は、既存の権力者や富裕層から遠い**ボトム層にこそ恩恵のある技術**なのです。

4 DeFiの課題

スケーラビリティの拡張

DeFiには課題もあります。インターネットの黎明期は、ハードウェアが高価で、接続が遅く、優秀なイノベーターでさえ、画像や動画のアップロードに苦労しましたが、それと同じです。

第4章でも解説しましたが、まずEthereumには**スケーラビリティ（P.107参照）の課題**があります。そのため、BaaS（バース）機能を提供するほかのLayer1のブロックチェーン上でDeFiが発展し、高い金利を提供するものも登場しています。

利用の困難さの改善

DeFiの利用はまだまだ難しく、一般のユーザーにはハードルが高いサービスです。法定通貨を暗号資産に変換することも難しく、そこから自分のWalletに送金し、DeFiを利用するためには高いリテラシーが必要とされます。

まず、Ethereumのネットワークと直接取引するための専用のWalletをインストールしなければなりません。そのとき、Walletのパスワード、秘密鍵、シードフレーズを保管する必要があるのですが、この管理が難しいのです。

これは、Web2.0のサービスによくある**「パスワードを忘れてしまった場合」のバックアップ機能がない**ようなものです。中央集権的に誰かがパスワードを控えてくれるわけではないので、パスワードや秘密鍵を忘れてしまうと、資産を動かせなくなってしまいます。万が一、紛失した場合の救済措置もありません。

秘密鍵の管理は本当に難しく、BTCの供給量2,100万枚のうちの3分の1は、秘密鍵の紛失で二度と動かせないのではないかといわれるほどです。この例を見ると、秘密鍵の管理は人間にとって早すぎるかもしれません。

この状態では、**リテラシーの低い初心者の参入を促せない**ので、業界全体を通して良質なユーザー体験を求める傾向があります。この点は、時間の経過とともに競争が激化し、その結果、手数料や補償範囲、処理時間などが改善されていくことが期待されています。

適切なルールの策定

世界の規制当局は、技術進化が市場を破壊するなかで、多くの課題を抱えています。金融分野だけを見ても、規制当局はネオバンクやクラウドレンディング、ゲーム化された株式取引など、さまざまな形態のフィンテックに対応しています。

DeFi市場の成長により、規制当局は**技術や市場、参加者を評価し、適切なルールの策定**に動いています。その目標は主に不正送金の防止とユーザーの保護です。

しかし、多くの政策立案者や規制機関は、権力者に近いポジションにいるので、ユーザーにメリットがあるにもかかわらず、これまでの**暗号資産の波を押しとどめるような規制を提案するインセンティブ**があります。Bitcoinのような非中央集権的な通貨が一般化すると、彼らの保有する法定通貨の価値が揺らぐので当然でしょう。その結果、DeFiの本質を無視した、現行法をはるかに超える責任と負担を、ソフトウェア開発者に課そうとする規制の提案がなされる可能性があります。

これらの提案は、メールのプロトコルであるSMTPの開発者にスパムメールの責任を負わせようとしたり、WebのプロトコルであるHTTPの開発者に違法なWebサイトの責任を負わせようとしたりすることに似ています。Uniswapの開発チームに米国証券取引委員会（SEC）が立ち入ったり、DeFiプロトコルの開発者の口座を凍結したりするなど、すでにさまざまな軋轢（あつれき）が生まれています。

5 DeFiの未来

さまざまな分野での金融インフラになる可能性

DeFiはすでに存在しており、現代の便益にかなうものです。バブルやギャンブルの類のものではありません。決済の効率性、リスクの管理、アクセス性などの革新的な技術により、DeFiは暗号資産だけではなく、そのほかの**あらゆる分野の市場でも、中心的な金融インフラ**になる可能性があります。そう遠くない将来、人間はDeFiプロトコルを使い、チケットや株式、豚肉の先物、ゲームアイテムなど、今まで取引できなかったものを取引するようになるでしょう。DeFiには、あらゆる商品をトークン化し、モノの流動性を高くする可能性があります。

新たな選択肢としてのDeFi

DeFiをCeFiと比較しながら解説してきましたが、これらは対立構造にあるものではありません。**新しい選択肢の誕生**なのです。インターネットが印刷物を完全には消滅させなかったように、共存していくものです。0か1かといった話ではなく、**時と場合によって選択する自由度を持とう**という話です。

初期の懐疑論者はBitcoinについて、「**利用する人や価値を見出す人はいないだろう**」と言っていましたが、わずか10年余りで**Bitcoinは金（GOLD）と同等以上のリスクヘッジ資産**となり、いくつかの上場企業のバランスシートにも掲載されています。同様に、Ethereumについては「機能しない」「遅すぎる」「高すぎる」と反対派は主張していましたが、現在では何千ものDeFiをサポートし、何兆ドルもの取引を決済し、最先端の暗号技術の研究に多大な貢献を果たしています。

今後も多くのプロダクトが誕生して消えていくことになりますが、市場に流入した資産は、分散型のストレージやネットワークの相互運用性、不正を許さない透明性など、非常に重要な技術の開発に提供されることになります。重要なことは、これらの**暗号資産の波が何万人ものエンジニアや起業家を魅了**したことであり、これこそが未来のDeFiを構築する力となります。

新しい市場なので、ハッキングや詐欺などの話題も絶えません。しかし、Bitcoinが法定通貨のリスクヘッジとなったように、DeFiは既存の金融市場に黄色信号が点灯したときの将来的なリスクヘッジであり、暗号資産のスタンダードな運用手段になっていくでしょう。筆者としては、DeFiの「Decentralized」がとれて、ただの「Finance」になる日を楽しみに待ちたいと思います。

まとめ

- Permissionlessで透明性を持っていることがDeFiの利点
- マネーレゴ化とスイッチングコストの低さによりDeFi開発競争が激化
- DeFiは“don't be evil”から“can't be evil”へのパラダイムチェンジ
- 世界に開かれたDeFiは、ボトム層に金融を届ける手段になり得る
- DeFiは、国や企業に支配される既存の金融市場に問題が発生したときの、将来的なリスクヘッジとなり、やがてただの“Finance”になる

非中央集権の追求か、規制への順応か

DeFiは、過去の開発者たちのアイデアや歴史などの積み重ねによって誕生した、新しい金融プロトコルです。開発者の知的好奇心を止めることはできないので、開発者は純粋な気持ちでコードを書き、DeFiはマネーレゴ化されていきました。最終的にはサイファーパンク（P.56参照）の精神に則った分散型の金融システムとなっていくことが予想されますが、外野からは開発者たちが新しいおもちゃをつくったかのように見えるでしょう。

これがおもちゃであればよいのですが、現在のDeFiは、動かす金額が大きくなりすぎました。金額が大きくなると、ハッキングや詐欺などの被害が大きくなり、奪われた資金がマネーロンダリングに使われるリスクも高まります。そして、DeFiに対して規制を強化すべきだという論調が強くなるのです。

事実、DeFiは「De（Decentralized）」（分散型）といいながら、完全に分散しているものは多くありません。たとえば、DeFiで利用される、米ドルに価値が固定されたStablecoin（ステーブルコイン）（第6章参照）である「USDC」は、何らかの事件が起こった際、発行体がUSDCを凍結できます。

2022年8月、入出金者を匿名化してプライバシーを守るプロトコル「Tornado（トルネード） Cash（キャッシュ）」に対し、米国財務省の外国資産管理局（OFAC）が「マネーロンダリングのリスクが高い」として、米国での利用を禁止し、開発者を逮捕しました。マネーロンダリングの犯人ではなく、開発者が逮捕されたこの事件は、日本のWinny事件を彷彿とさせますが、このときUSDCの発行体は、制裁対象のUSDCを直ちに凍結しています。

管理者がいないはずのDeFiにおいて、発行体が介入可能な仕組みは、その思想に反するものです。一方で、マネーロンダリングのリスクを内包するDeFiが放置されれば、既存の金融システムに接続される可能性は低く、DeFiの成長が止まってしまいます。DeFiの成長を目指すのであれば、規制に順応すべきですが、そうすると分散性が失われ、思想を曲げることになります。そのため、米国の制裁は開発者を、「思想と成長のどちらを重視するか」を選択する岐路に立たせることになりました。

このコラムを書いている最中にも、暗号資産取引所の「FTX」が顧客の資産を流用したニュースが飛び込んできており、DeFi以外の領域でも規制は厳しくなる見込みです。

DeFiが将来どうなるかはわかりませんが、Bitcoinのように中央集権的な金融経済や、国家の規制を受けない完全に分散した金融経済が構築されることを、楽しみにしています。

第6章

Stablecoin 市場

1 価値変動のリスクを抑えた暗号資産 Stablecoin ―― 134
2 国が発行するデジタル通貨 CBDC ―― 143

6-1 価値変動のリスクを抑えた暗号資産Stablecoin

ここでは法定通貨に価値を固定させたStablecoin（ステーブルコイン）を解説します。

前章では、DeFi（ディーファイ）について解説しました。ここでは、暗号資産のボラティリティ（価値変動の度合い）の高さを解消しようとしてつくられた、法定通貨に価値を固定させたStablecoinについて取り扱います。

1 価値を固定させたStablecoin

法定通貨に価値を固定させた暗号資産

Stablecoinとは、法定通貨の「1ドル」や「1円」などに価値を固定させた暗号資産のことです。「Stable」の「安定した」という意味のとおり、価値を変動させないことを目的につくられており、発行主体や発行方法によりさまざまな種類があります。当時のFacebook（現Meta）が主導で発行しようとして断念したDiem（ディエム）（旧称Libra（リブラ））もStablecoinとして設計されていました。

▶ 価値が固定されている主なStablecoin

USDT

USDC

TerraUSD(UST)

Binance USD（BUSD）

JPYC

ボラティリティが高い暗号資産

暗号資産には、「**価値が変動しすぎて決済に使えない**」という批判があります。それは、基本的に「通貨」とは、次の3つの要素を満たす必要があるということが根拠になっています。

- **価値の交換手段**：モノと交換できるか（商品を購入できるか）
- **価値の尺度**：モノの価値を示せるか（商品の値段を表現できるか）
- **価値の保存**：通貨の価値は変わらないか（ボラティリティが低いか）

1BTCで購入できた商品がBTCの値下がりによって1.5BTCになったら、通貨として使えないのは当然です。「価値の保存」の要素を満たしていません。デジタルゴールドとして認められつつあるBTCですら、**一般的な決済に使うにはボラティリティが高すぎる**のが現状です。決済用の通貨として認められるためには、Stablecoinのような暗号資産が必要ですが、暗号資産の決済利用が一般化するまでには、まだまだ時間がかかるでしょう。

2 DeFi市場の需要に支えられるStablecoin

DeFiの盛り上がりとともに伸びるStablecoin

Stablecoinが使われるのは、**DeFi**市場に需要があるからです。

Stablecoinの勢いは、グラフ（次図）を見れば一目瞭然ですが、2022年3月時点で**発行枚数は1,800億枚を超えています**。需要は右肩上がりで高まっており、DeFiが盛り上がり始めた2020年頃から発行枚数が増加していることがわかります。

Stablecoinの市場シェアを見ると、現時点ではTether（テザー）の発行するUSDTが世界シェアの44%を占めていますが、低下傾向にあります。それに対して、Circle（サークル）の発行するUSDCが伸びてきているのがトレンドです。

DeFiと相性がいいStablecoin

StablecoinがDeFiで使われる理由は、暗号資産の高い**ボラティリティのリスクを避け、DeFiの高い収益性の恩恵を受けられる**からです。暗号資産で、かつボラティリティの低いStablecoinであれば、ブロックチェーンの利点である「改ざん耐性」「スマートコントラクト（スマコン）」「プログラマブルな要素」を生かし、CeFiより高効率なDeFiで資産運用ができます。

▶Stablecoinの発行枚数の推移（2022年3月22日時点）

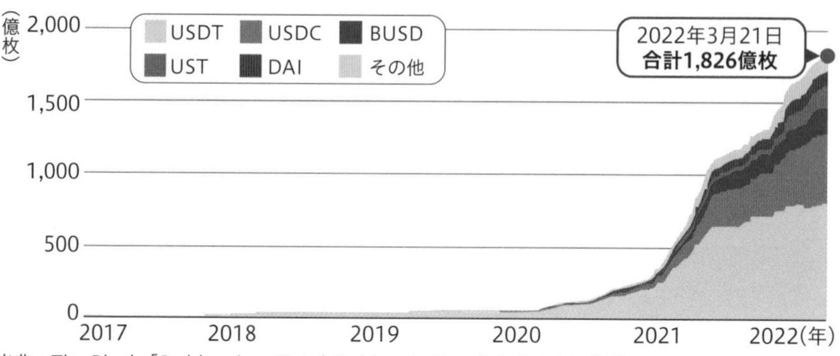

出典：The Block「Stablecoins - Total Stablecoin Supply」をもとに作成

たとえば、銀行の金利が0.01%、DeFiの金利が1%のとき、DeFiに預けたほうが得ですが、**暗号資産の価値が変動して元本割れするリスク**があります。その点、米ドル（USD）をUSDCというStablecoinに変えて預けることで、価値変動のリスクを抑えた運用が可能になります。

また、Uniswap（ユニスワップ）（P.119参照）のような流動性プールを持つDeFiの場合は、USDTとUSDCなどの米ドルに価値が固定された**Stablecoinのペアを預ける**こと（P.121参照）で、暗号資産のボラティリティの影響を受けずに手数料収入を得ることができます。

これは一例ですが、DeFiが発展し、DeFiの種類や金融商品などが増えていくとともに、Stablecoinの需要も高まっていく構造になっています。

▶ボラティリティの影響を受けない仕組み

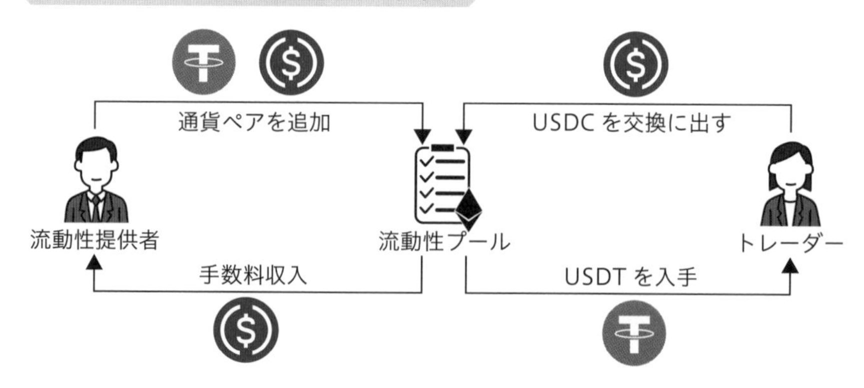

3 Stablecoinの種類と価値固定の仕組み

3種類のStablecoin

Stablecoinが「1ドル」や「1円」などに価値が固定される仕組みを見ていきましょう。Stablecoinには、大きく分けて「法定通貨担保型」「暗号資産担保型」「無担保型（アルゴリズム型）」の3種類が存在します。それぞれ、Stablecoinの価値を固定する方法が異なるので簡単に説明します。

法定通貨担保型

法定通貨担保型Stablecoinとは、文字どおり、**法定通貨を担保に発行されるStablecoin**のことです。金（ゴールド）を預けた分の紙幣を発行する金本位制と同じ構造になっています。仕組みが単純なので、市場に流通しているほとんどのStablecoinは法定通貨担保型に該当します。

代表例としては、前述のUSDTやUSDC、Diemなどがあります。これらは米ドルに固定されているStablecoinですが、日本でも日本円に固定されているJPYC（P.148参照）というStablecoinが存在します。

JPYC

Suicaやnanacoなどと同じ決済方式である前払式支払手段（プリペイド式）のStablecoin。日本円に価値が固定されており、1JPY＝1円として扱われる。前払式支払手段では、未使用残高の50％の供託金が義務付けられていることから、USDCやUSDTと異なり「法定通貨部分担保型」となる

法定通貨担保型のリスクとしては、**発行主体の信用**の問題があります。実際、Tetherの発行するUSDTは、「預かっている法定通貨以上に発行しているのでは？」という噂があり、米国証券取引委員会（SEC）からも指摘を受けています。その懸念は現在では解消されつつあるようですが、発行主体への不安からUSDTの市場シェアは徐々に低下し、USDCが選択される機会が増えてきています。

USDCは、Circleと、米国市場に上場しているCoinbaseが共同で設立したコンソーシアム「CENTRE（センター）」が発行するStablecoinなので、Tetherより信用できるとされています。「分散」が重視されるWeb3.0の世界において、**通貨の発行主体を信用しなければならない**点が法定通貨担保型の課題です。

暗号資産担保型

暗号資産担保型Stablecoinとは、法定通貨ではなく、暗号資産を担保に発行されるStablecoinのことで、DAI(ダイ)が有名です。DAIは、MakerDAO(メイカーダオ)によって発行されていましたが、MarkerDAO自体がすでに解散しており、管理者の存在しない状態になっています。MakerDAOの場合は、法定通貨担保型にあった**中央集権的なリスクはありません**。ただし、担保となる**暗号資産にはボラティリティのリスク**があるので、安定した状態を保つための仕組みが必要です。

その仕組みについて、DAIの場合は、DAI発行の際に預かる**暗号資産を過剰担保させる設計**にしています。たとえば、ETHを150万円分預けると、最大100万円分のDAIが発行できます。100万円のDAI発行のために預けたETHは150万円分なので、このときの担保率は150%になります。ETHの価値が上がり、預けたETHが200万円分になると、担保率は200%になります。

ETHの価値は常に変動しているので、価値が上がれば担保率は高くなり、下がれば担保率は低くなります。発行した100万円分のDAIより、担保に入れたETHの価値が低くなると、担保としての役目を果たせないので担保は没収されます。DAIの場合は、担保率が150%を下回った段階で**担保資産は強制的に精算され、市場に売却される**仕組みになっています。いったん精算されると、担保に入れたETHが減ってしまいます。そのため、担保率が低下した場合、債権者は発行した**DAIを返済するか、ETHを追加で担保に入れるか**を選択する必要があります。

これらの取引はすべてスマコン上で行われ、常にDAIの発行金額の1.5倍以上のETHが担保されることで、DAIの価値は固定されるようになっています。

▶ **DAIの仕組みのイメージ**

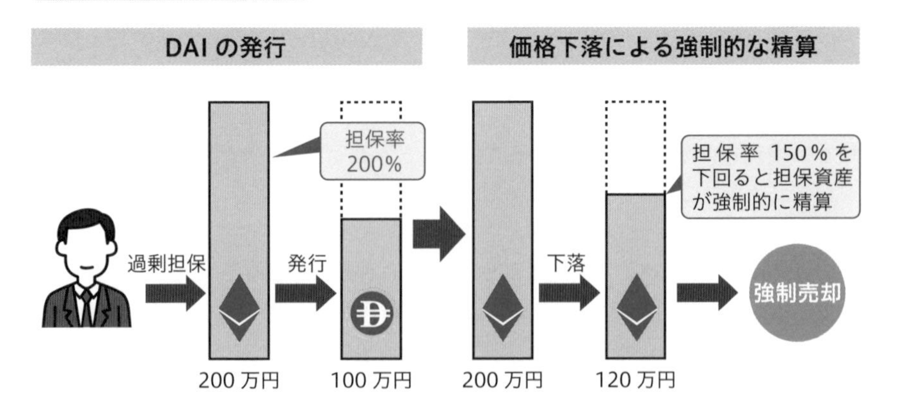

通常、銀行などからお金を借りる際は、その人の経歴や収入などに応じて貸し出される金額が決定しますが、スマコンはプログラムなので、**経歴や収入などから定性的に返済率を算出できません。**その人が貸したDAIを返してくれるかどうかわからないので、万が一、全額返済されなくても問題がないように、過剰担保を要求する設計になっています。これが中央集権的な仕組みと異なる部分です。

「お金を借りるために、多めにお金を預ける」という仕組みは不思議に思われるかもしれませんが、借りたDAIはDeFiなどで、保有する資産以上の金額を運用する**「レバレッジ」をかけた利用**などに使われます。たとえば、上級者向けの使い方では、ETHを担保に入れてDAIを借り、借りたDAIをDeFiで運用することで、資産にレバレッジをかけた状態で運用できます。

暗号資産担保型の課題は、**暗号資産の過剰担保が要求されるので、資産効率が悪い点**です。自分の資産にレバレッジをかける使い方ができるとはいえ、過剰に預けたETHは運用できません。DeFiの高いAPYを考えると、過剰担保が必要なStablecoinは資産効率が悪いと捉えられます。

無担保型

無担保型Stablecoinは、法定通貨担保型や暗号資産担保型とは異なり、**担保する資産を必要としません。**その分の資産を運用に回せるので、資産効率がよくなります。担保資産がなくても価値を固定するためのロジックがスマコンで構築されているのですが、無担保型の歴史は浅く、**ロジックの実証が不十分なものが多いので、価値を固定することが難しい**点が課題です。実際にサービス開始後に価値を固定できず、無価値になったプロトコルも多くあります。これから紹介するTerraUSDもその1つです。

2022年5月頃、無担保型として最も勢いがあったのは、Terra Protocolが発行するStablecoinのTerraUSDでした。Terra Protocolは、TerraUSDのほか、StablecoinではないLUNAという暗号資産を発行しています。暗号資産であるTerra（LUNA）は、2020年9月の誕生以降、急速に人気を集め、時価総額はわずか数か月で35億ドルに達するという指数関数的成長を記録しています。この規模は、暗号資産の時価総額ランキングのトップ10に入るほどです。無担保型のTerraUSDの価値固定の仕組みを詳しく見てみましょう。

このTerraUSDはLUNAとの**「アービトラージ」**により価値を固定しています。アービトラージとは、**同じ価値を持つ金融商品の価格差を利用し、利益を得る取引手法**です。たとえば、米国で500万円で買ったBTCを、日本で510万円で売ると、

10万円の利益が得られます。これと同じことを行って利益を得る人が増えると価格差がなくなるので、この価格差が発生しているうちに手早く取引を行う必要があります。

TerraUSDの事例でいうと、TerraUSD＞USD（たとえばTerraUSD＝1.1ドル）の場合、TerraUSDの**需要が供給より高い**ことになるので、供給を増やす必要があります。このとき、投資家はTerraUSDと同じ価値のLUNAを使い、TerraUSDを新規に発行させるアービトラージを行うことで利益を得ます。TerraUSDの供給が増えることで、1ドルとの価格差は是正されていきます。

逆に、TerraUSD＜USD（たとえばTerraUSD＝0.9ドル）の場合、TerraUSDは**供給過多で需要が低い**ことになるので、供給を減らす必要があります。このとき、先の例とは逆のアービトラージを投資家に行わせることで価格差を是正します。

こうした2つのアービトラージのプロセスを、TerraUSDの価格が1ドルになるまで継続して繰り返すことで、価値は一定に保たれるようになります。

▶TerraUSD＞USD（米ドル）の場合

1. 100ドル分のLUNAを市場から調達（LUNA価格の上昇）
2. LUNAを使って110ドル分のTerraUSDを新規発行（TerraUSD価格の下落）
3. TerraUSDを1.1ドルで売却
   → **10ドルの利益**

TerraUSD(UST)

Terra(LUNA)

▶TerraUSD＜USD（米ドル）の場合

1. 90ドル分のTerraUSDを市場から調達（TerraUSD価格の上昇）
2. TerraUSDを使って100ドル分のLUNAを新規発行（LUNA価格の下落）
3. LUNAを1ドルで売却
   → **10ドルの利益**

TerraUSD(UST)

Terra(LUNA)

この仕組みは、TerraUSDの法定通貨への固定が外れたときに、**LUNAで買い戻せることが重要**です。つまり、LUNAが無価値になると破綻します。

このLUNAの価値を上げるために一役買っているのがDeFiです。Terra Protocolの場合、TerraUSDを預けることで高い金利を得られるAnchor（アンカー）と呼ばれるDeFiがあり、2022年4月時点では約20％のAPYを得ていました。

LUNAの価値を上げるサイクルは次のとおりです。

1. AnchorでTerraUSDを預けると高い収益を得られる
2. TerraUSDの需要が高まるので、TerraUSD＞USDとなる機会が増える
3. アービトラージによりLUNAの価値が高まる

これが繰り返されることでLUNAの価値が高まり、短期間で時価総額ランキングのトップ10に入るほどに成長しました。LUNAの時価総額が高まるほど、米ドルへの固定が外れたときに買い戻せる金額が大きくなるので、TerraUSDの安定性が高まる設計となっていました。

また、Terra Protocolを運営するTerraform Labsは、**LUNAの一部をBTCに変えて分散させる**ことで有事に備える方針を発表しており、TerraUSDのStablecoinとしての安定性はより高まるはずでした。しかし、この見込みは崩れることになります。きっかけはTerra Protocolの仕組みを利用して行われた攻撃でした。攻撃者は数千億円相当のTerraUSDを、取引所でレバレッジをかけて売却し、短期的に大きな価格差を誘発しました。この攻撃は、TerraUSDの流動性が極端に下がるタイミングを狙ったものであり、攻撃者の意図どおり、TerraUSDの固定は外れることになります。このとき、Terraform Labs側はBTCを大量に売却してTerraUSDの買い支えを行いましたが、BTCの大量売却によって市場全体に混乱が波及しました。その混乱は投資家たちに伝播し、TerraUSDの投げ売りが始まります。Terra ProtocolではTerraUSDが売られると、価値維持のためにLUNAが発行されるので、今度はLUNAでインフレが起こり、価格が下落していくループに陥ったのです。

結果、LUNAの価格は99.9%下落、StablecoinであるTerraUSDも96%下落しました。一連の騒動で消失した価値は、日本円で総額6兆円以上ともいわれています。これは「Terraショック」と呼ばれ、2022年を象徴する事件となりました。

P.136のグラフを見ても明らかなように、Stablecoinの普及率は、先行者優位に

Stablecoinの総括

	主なStablecoin	担保資産	分散性	リスク
法定通貨担保型	USDT、USDC	法定通貨	中央集権	発行主体の信用
暗号資産担保型	DAI、FRAX	暗号資産	分散	過剰担保による資産効率の悪化
無担保型	TerraUSD	なし	分散	十分に実証されていない

より**法定通貨担保型が圧倒的**ですが、徐々に暗号資産担保型や無担保型も発行枚数が増えてきています。法定通貨の課題を解決する暗号資産担保型、さらにその課題を解決する無担保型、といったようにStablecoinは進化してきたのです。しかし、TerraUSDの時価総額は一瞬で消え去ってしまいました。

一度信用を失った通貨は、誰も使いたがりません。しかし、**Web3.0の発展にStablecoinは必要不可欠**です。Stablecoinは、DeFi市場では価値を媒介する血液として、dApps市場では決済手段として機能していくでしょう。現在は法定通貨担保型がそのポジションを確保していますが、時価総額や影響力が高まると、発行主体が中央集権的な構造を持つため、国の規制リスクが伴います。

Stablecoinが順調に成長し、市場が国家規模に膨れ上がり、米国経済に近づくと、分散型Stablecoinの重要性はさらに増していくでしょう。そしてStablecoinは、**安定状態を評価するプロジェクト**になっていくと考えられます。

多くのStablecoinは米ドルに価値が固定されていますが、これは**世界で最も安定している（と信じられている）通貨が米ドル**であるからです。どこを基準にするか、何を信じるかにより、安定（Stable）の考え方は変わります。「BTCはボラティリティが高すぎる」とよくいわれますが、BTCの価値を信じ、日常的に決済に使って生活している人からすると、BTCはStablecoinともいえます。

日本円も円安に見舞われ、**必ずしも安定しているわけではない**ことを実感した人は多いでしょう。信じる人の数が逆転すれば、BTCやDAIのような暗号資産が世界共通の法定通貨となる可能性もあるのです。虚が実に成り代わる瞬間があるかもしれないと思わせるこの対立構造は、ボトムアップから発展するブロックチェーン業界らしいです。通貨発行権は国の既得権益なので、この領域は規制と隣合せであり、新興Stablecoinの暴落は珍しいことではありません。しかし、発展すべき方向性と課題が明確なこの領域は、引き続き伸びていくことが予想されます。

☑ まとめ

- □ Stablecoinとは、価値が固定された暗号資産のこと
- □ Stablecoinの発行枚数は増加中で、DeFiの需要とともに増加見込み
- □ Stablecoinには法定通貨担保型、暗号資産担保型、無担保型がある
- □ 法定通貨担保型は発行主体の信用、暗号資産担保型は過剰担保による資産効率の悪化がリスク
- □ 無担保型が注目されているが、まだまだ実証が不十分であり検証が必要

6-2

国が発行するデジタル通貨CBDC

ここでは国が発行するデジタル通貨であるCBDCについて解説します。

前節では、Stablecoin（ステーブルコイン）市場の概観と、Stablecoinの種類について解説しました。ここでは、国が発行するデジタル通貨CBDCと、日本版CBDCの実現性、基軸通貨の転換の可能性について解説していきます。

1 中央銀行が発行するCBDC

現在の電子マネーの不自由さと暗号資産の誕生

CBDCとは、国の**中央銀行が発行するデジタル通貨**のことです。

CBDC

Central Bank Digital Currencyの略。中央銀行が発行するデジタル通貨

「デジタル通貨」と聞くと、Suicaやnanacoのような電子マネーを思い浮かべるかもしれません。電子マネーが普及し、さまざまなお店で決済できるようになりましたが、電子マネーは企業が決済アプリを中央集権的に管理しており、**サービスごとの相互運用性がありません**。たとえば、Suicaに残った数百円の残高をnanacoにチャージすることはできません。同じ日本円で、かつ自分の資産であるにもかかわらず、相互に移動させることが困難なのはおかしなことです。

この中央集権的に管理されたデジタル通貨の不自由さを解決しようとして誕生したのが、BTCに代表される暗号資産です。暗号資産はブロックチェーンという共通のデータレイヤーを利用するので、決済アプリごとに通貨を管理する必要がなく、**Web3.0のアプリ上の通貨は相互運用性を取り戻しました**。暗号資産はアプリ間で自由に送金できますが、課題は**ボラティリティが高い点**（P.135参照）です。通貨の機能である「価値の保存」ができず、決済への利用には不向きです。

ボラティリティの高さを解消するためのStablecoin

この電子マネーと暗号資産の両方の性質を持つものとして誕生したのがStablecoinです。そのStablecoinも、中央集権型から分散型、無担保型へとシフトしていることを前節で解説しました。このように進化しているStablecoinがこのまま普及していけば、すべて丸く収まるように思えるのですが、Stablecoinの課題は「**普及していないこと**」です。

それでは「普及させればよいのでは？」と単純に考えてしまいがちですが、Stablecoinを普及させる行為は、**国の利害と対立する構造**を持っています。たとえば、当時のFacebook（現Meta）がDiem（ディエム）（旧称Libra（リブラ））というStablecoinの発行を目指し、フィンテック大手とコンソーシアムを立ち上げ、意気揚々とプロジェクトを開始しましたが、これは米国政府によってけん制されています。

国との対立を解消するためのCBDC

Bitcoinの誕生により、誰でもデジタル通貨を発行できるようになりましたが、通貨発行はこれまで国の独占的な権利として長年守られてきた聖域です。

現在の中央集権型の経済システムでは、**国の上にそれより巨大な企業を存在させることができない**のが現状です。第2章（P.59参照）でも解説しましたが、巨大になりすぎたGAFAは、米国の独占禁止法を改正させ、企業の影響力を分散させる方向で規制の検討が進んでいます。

国には「Stablecoinの利便性は利用したいが、国の主権である通貨発行権は守りたい」という葛藤があります。このような状況で実装が期待されているのがCBDCです。そして、世界で先行しているCBDCが、**中国の「デジタル人民元」**です。デジタル人民元は、**中国の中央銀行が発行するデジタル通貨**で、国が進めているものなので、これを抑制しようとすると戦争になってしまいます。米国も手が出せない領域で、中国は本格的にCBDC導入を進めています。

2 中国のCBDCであるデジタル人民元

CBDC推進の狙いとメリット

中国は、中国版のCBDCであるデジタル人民元の導入を、世界に先駆けて進めています。中国がCBDCを推進する狙いの1つは、**人民元の影響力を高め、国際社会での発言力を高めること**にあります。

CBDCはデジタル通貨の一種なので、現金に比べて、国境を越えて資産を送ることが簡単にできます。また、データ化による次のようなメリットもあります。

1. 国外に経済圏を拡大できる
2. 金融政策による影響力を持てる
3. 決済の利用データが入手できる

CBDC普及による経済圏の拡大

デジタル通貨はスマホアプリなどで操作できるので、その国にいなくても**スマートフォンがあれば利用できます**。グローバル化が進む世界において、デジタル通貨の普及は必然であり、その価値を媒介させるものとして自国のCBDCを選択させることで、**自国の経済圏を拡大させることが可能**です。

「デジタル人民元」と聞くと、「誰が使うの？」と思われるかもしれません。しかし、アプリによる決済が圧倒的に便利だった場合、中国の膨大な人口とネットワーク効果により、**中国に国境の近いエリアから徐々に普及率が高まっていくでしょう**。「友人がLINEを使っているから自分のスマートフォンにもLINEを入れる」というのと同じ構図です。

また、経済力の弱い国からすると、価値の不安定な自国通貨より、大国である**中国のデジタル人民元のほうが「価値の保存」が利く可能性**があります。また、インフレのリスクヘッジとして採用されるかもしれません。

2022年11月現在、円安が進み、1ドル約140円と日本円の価値が下がり続けている局面では、**他国のCBDCが普及する土壌が整いつつあります**。自国通貨を守ることは国の主権を守ることであり、国の生き残りに関わる重要事項なのです。

CBDC普及による国際的な影響力の強化

CBDCを国外に普及させると、**他国を自国の金融政策の影響下に置くことができ、自国の発言力が高まります**。米国は国際経済社会での発言力が強いですが、それは米ドルが強いからにほかなりません。

また、CBDCの決済データは中央集権的に管理されるので、デジタル人民元が普及すると、**中国政府が決済データを独占する**ことになります。データは分析され、さらなるCBDC普及のために最適化されていくことでしょう。そうして、「自国より中国のほうが自国の情報を持っている」という状況が生まれます。

中国は、国内での暗号資産の取り扱いを全面的に廃止し、暗号資産関連企業へのオフィス提供を禁止するなどの規制を敷いていますが、ブロックチェーン技術については国を挙げて推進する姿勢をとっています。中国が発行するデジタル人民元にブロックチェーン技術が採用されていくことはほぼ間違いなく、Alipayのような電子決済の文化も育っているので、今後もCBDC導入の最先端をひた走っていくことでしょう。

このように、**CBDCを国際的に普及させた国が、権力や情報、経済などを掌握しやすい構造**にあります。ここで、日本の状況についても触れておきましょう。

3 日本におけるCBDCの状況

CBDC実現における3つのハードル

日本のCBDCである「デジタル円」については、民間企業主導での勉強会や、日本銀行による実証実験などが進められているものの、国からの正式な発表などは出されていません。デジタル円の実現には、次のような厳しい現実が立ちはだかっています。

1. キャッシュレス化が遅れている現状
2. 利害関係者が多いため調整が困難
3. システム開発を妨げる2次請け・3次請けの構造

キャッシュレス化の遅れ

日本は海外に比べて**キャッシュレス化が大きく遅れています**。これは、「日本円」という通貨の信用が高く、「現金」を利用し続けることが圧倒的に便利だったためです。偽札利用や犯罪などが多発する国であれば、現金を大量に保持することがリスクになるので、デジタル化された通貨を利用するインセンティブが高くなります。しかし、日本は安全なため、いまだに現金が主流です。

また、「〇〇Pay」のような**決済事業者が乱立した**ことも、混乱に拍車をかけています。事業者が乱立し、さらに**導入・決済手数料が高い**ことで、実店舗への導入が進まず、キャッシュレス化が普及しにくい状況が続いています。

利害関係者の調整の困難さ

次図は、**決済に使われる通貨を分類するための「マネーフラワー」**と呼ばれるものです。一口に「通貨」といっても、「デジタル化されているか」「直接送金ができるか」「銀行が発行しているか」「誰でも利用できるか」の４つの観点があり、分類は複雑になります。

▶BIS（国際決済銀行）の資料にある「マネーフラワー」

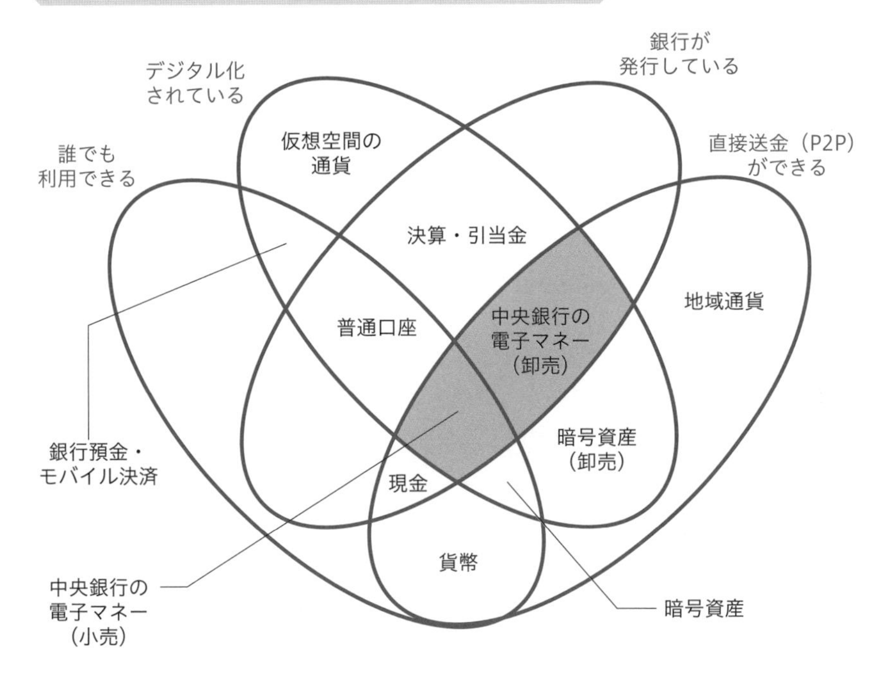

現在の銀行預金は、企業が中央集権的に管理しており、異なる銀行間での相互運用性がありません。同様に、「○○Pay」の残高も、相互に移動させることができません。このように、**各サービスの間には「マネーの壁」があります。**

一方、CBDCは、現金のようにあらゆる局面で使えることが条件とされるので、関係各所にこれらの理解を求め、調整していく必要があります。しかしCBDCの実現は、既存事業者の仕事を奪う可能性があります。そのため、**銀行や決済事業者などの足並みを揃える**のは並大抵の労力ではかなわないでしょう。

システム開発の下請け構造

また、デジタル円を扱うアプリを開発する際も、日本のシステム開発の構造がハードルになります。**日本のシステム開発の現場の多くは下請け構造**になっています。具体例としては、新型コロナウイルス感染者との接触を確認するアプリ「COCOA」の開発事例があります。このアプリの開発では、厚生労働省から委託された金額の94％が再委託され、２次請け・３次請けがされたことが問題視されました。この状態では、日本政府が委託する大手ITベンダーで、**国際競争力のあるアプリを開発することは困難**でしょう。CBDCのアプリ開発も同じ道をたどりかねません。

仮に日本版CBDCが導入されたとしても、紙幣や硬貨の持つ「匿名性」は犯罪に利用されやすいので、マネーロンダリング対策として「**送金金額の上限**」などの制限が設けられる可能性があります。また、CBDCは税金を合理的に徴収することも必要とされるので、「**本人確認**」が必須になり、「透明性」と「匿名性」が売りのブロックチェーン技術が採用される可能性は低いでしょう。

日本版CBDCの実現には、このような課題が山積みの状態です。ただ、金融庁が公開している分散金融や各国のCBDCに関するレポートは非常に網羅性が高く、日本政府が最新のトレンドを知らないわけではありません。また日本銀行は、CBDCの実証実験を2021年4月から開始するなど、導入に向けた検討は水面下で進んでおり、決して無策というわけではありません。今後の動向に注目です。

4 日本円のStablecoinであるJPYC

電子マネーの特徴を持つStablecoin

日本政府はCBDCの発行について明言していませんが、民間企業の主導で日本円のStablecoinの導入は進んできています。

JPYC社が**自家型前払式決済手段**により発行した、**ERC20準拠の法定通貨担保型のStablecoinが「JPYC」**です。自家型前払式決済手段とは、資金決済法上の区分の1つであり、Suicaのような電子マネーやクオカードと同じ区分です。

日本では、暗号資産の発行・販売の行為に制限があり、暗号資産交換業の資格を取得する必要があります。また、日本で償還可能なStablecoinを発行するためには、原則として銀行業の認可が必要とされます。これらの背景があり、日本円のStablecoinはなかなか登場しませんでした。そんななか、日本の現行法で実現可能なStablecoinとして登場したのがJPYCです。

JPYCはStablecoinでありながら、**「暗号資産」ではなく「電子マネー」**という特徴があり、銀行振込などでチャージして使うことができます。また、JPYCはEthereum上のERC20という、暗号資産と同じ規格で発行されるので、スマートコントラクト（スマコン）で取引できます。そのため、電子マネーでありながら、**日本円StablecoinとしてDeFiなどで利用できる**のです。たとえるなら、Suicaに日本円をチャージしてBTCと交換するようなものです。

日本の法律の壁

「暗号資産ではないのにDeFiで運用できる」という不思議なJPYCですが、「どうすれば現行法で日本円Stablecoinが実現できるか」を考え、適法の範囲内でギリギリ実現可能なリーガルハックをしてJPYCは誕生しました。日本の法律が壁となっているため、JPYC以外に日本円Stablecoinはほとんどありません。

日本でのStablecoin利用についても、海外発行により日本人が利用できなかったり、銀行が発行しようとしても現行法でできなかったりする現状があります。これは、日本の法律や規制がイノベーションを阻害している事例の1つです。規制の詳細は第10章で扱いますが、海外でできて日本でできないことがあると、**国際競争力のあるプロダクトの開発が難しくなります。**

5 基軸通貨の転換の可能性

米国が回す米ドルの経済

ここでは、中国のデジタル人民元やStablecoinについて説明しました。筆者としては、分散型Stablecoinが世界に浸透していけばよいと思っていますが、**現在の世界の基軸通貨は米ドル**です。新しく登場する「通貨」が順調に発展していけば、いずれ米ドルと戦うことになりますが、米国には基軸通貨の米ドルを死守しなければならない理由があります。

次表は世界銀行が公開しているデータで、左側が国別の黒字額、右側が国別の赤字額です。この黒字と赤字の数字を横並びに見て確認してもらいたいのが**米国の存在**です。世界トップの経済大国である米国が、**左側のトップ10に入っておらず、右側のトップに存在**します。これには不思議な感覚を持つのではないでしょうか。「赤字が続けば経済が破綻する」という構図は一般家庭と同じですので、容易に想像できるでしょう。しかし、そうなっていない理由は、米国が基軸通貨である米ドルを発行しているからです。

米国は、自国で発行した米ドルを使って他国から商品を購入することで、世界中に米ドルをバラまきます。バラまかれた米ドルは、他国で決済などに使われますが、最終的な持ち主は**米ドルをどこかで運用する必要**が出てきます。そこで選択されるのが**米国市場への投資**です。

米国が発行して他国に渡した米ドルを、**自国（米国）の企業や債権に再投資させ、自国経済を成長させる**という構図は、これまでの米国の経済成長の源泉となっていました。この構図があるため、米国は世界最大の株式市場と債券市場を持ち、

▶米ドル換算の経常黒字と経常赤字の上位10国（2020年）

国	経常黒字
中国	$273,980,396,750
ドイツ	$269,077,454,630
日本	$148,932,280,610
韓国	$75,275,700,000
イタリア	$71,983,874,880
ニュージーランド	$63,655,067,200
シンガポール	$59,785,684,520
オーストラリア	$36,212,053,240
ロシア連邦	$36,004,300,000
クウェート	$33,833,135,580
合計	$1,068,739,947,410

国	経常赤字
米国	$616,087,000,000
イギリス	$73,658,364,680
フランス	$49,060,184,400
トルコ	$35,536,000,000
カナダ	$29,215,726,800
ブラジル	$24,491,770,540
サウジアラビア	$21,565,341,700
アルジェリア	$18,221,431,880
ナイジェリア	$16,975,923,420
エジプト	$14,235,956,910
合計	$899,047,700,330

巨大な時価総額の企業を多く保有できるのです。

もし仮に、米ドルの価値が急激に下がったり、この投資が回らなくなったりすれば、**世界経済の崩壊**を意味します。米国に不満があっても、世界経済が崩壊しては自らの資産も失われてしまうので、現体制の維持に努めるでしょう。これが何十年もかけて世界が築き上げてきた経済の構図です。

新しい経済システムにおける通貨

この構図は限界を迎えつつあります。

企業という形態では、国より大きな組織をつくることができません。GAFAは国により解体されつつあり、米国企業の株価は伸び悩むことになるでしょう。これは**中央集権的な構造を持つ組織の限界**です。

世界は新しい経済システムへの移行が求められています。それが「Web3.0」というと大言壮語（たいげんそうご）に思われますが、少なくとも「**分散**」は1つのキーワードになるでしょう。新しい経済システムの基軸通貨が米ドルであるとは限りません。そして、世界の基軸通貨が変わる瞬間には、歴史的に戦争が起こってきました。1910年代、基軸通貨がポンドから米ドルに変わったときには、第一次世界大戦がありました。次の経済覇権を握ろうという国が現れれば、米国との戦争に突入していく可能性があります。限界を迎える世界経済を、「いかに戦争を起こさずに新しい経済システムへとソフトランディングさせるか」という至上命題を世界は突きつけられているのです。その**新しい経済システムの候補が、Web3.0による分散型のプロトコルたち**です。

BitcoinやDeFi、Stablecoinといった新しい経済システムは、まだ生まれたばかりですが、時間の経過とともに実証がなされ、実用に足るものになっていくでしょう。どこかの大国が仕切っているわけではなく、分散しているので、戦争に発展する心配はありません。Stablecoinに基軸通貨の地位を奪われないよう、米国を中心とした既存勢力から、さまざまな規制が入るかもしれません。しかし、これらのプロトコルの導入が個人の便益にかなうものであれば、**Web3.0の思想はボトムから伝播**していきます。

基軸通貨が米ドルから変わる瞬間がいつ来るのか、それが起こるのかを予測することは困難です。ただ、Web3.0が推し進める分散の流れが世界に伝播していくほど、その可能性は高まっていきます。筆者は分散型Stablecoinの発展により、戦争という手段を介さず、**基軸通貨が米ドルからStablecoinへと緩やかに移行し**ていくことを期待しています。

まとめ

- 国が発行するデジタル通貨がCBDC（Central Bank Digital Currency）
- CBDC導入が最も進んでいるのが中国の「デジタル人民元」
- CBDCを普及させた国が、権力、情報、経済を掌握する可能性がある
- 日本政府はCBDCについて明言しておらず、民間主導のJPYCという日本円Stablecoinが発行されている
- 米国には基軸通貨である米ドルを守る理由があるが、将来的に基軸通貨が変わる瞬間が訪れるかもしれない

通貨の歴史と、変化する「信用」の所在

通貨が存在しなかった時代では、野菜や魚、肉などを直接交換する物々交換が主流でした。しかし、物の価値は人によって異なるため、物々交換では取引を成立させるのが難しい側面があります。そこで、[価値交換] の機能を持つ通貨が必要になります。最初は生活必需品の米や塩、油などが通貨の代わりに使われました。これらは「商品貨幣」などと呼ばれます。

商品貨幣には、その文化圏で誰もが価値を認める物が使われましたが、自然物なので劣化しやすく、供給が不安定という難点があります。

そのため、きれいな石や貝殻が通貨として利用されるようになります。やがて、品質が落ちにくく加工しやすい、価値が安定した金や銀、銅などの鉱石が通貨になり、通貨に [価値保存] の役割が発生します。しかし、鉱石の純度はまちまちです。そのまま通貨として利用することは難しく、通貨は大きさや重さ、純度が決められた「鋳造貨幣」へと進化していきます。ただ、誰が鋳造したかわからない通貨では不安なので、通貨発行権は「信用」の高い、時の権力者に集約されていきました。価値の均一な通貨が市場に流通することで、通貨が [価値尺度] の機能を獲得し、「物の価値を計るものさし」として使われるようになります。

鋳造紙幣は鉱石を使うので、それ自体が価値を持ちますが、重く、かさばるため、大量に持ち歩くには不便です。そこで登場したのが金の引換券を「兌換紙幣」として発行する「金本位制」です。このあたりから、「金との交換」を保証する発行体の「信用」が重要になります。

兌換紙幣の欠点は、金：通貨＝1：1でしか発行できず、大きな金融政策を打つためのお金を集めにくいことです。米国は、自国が深刻な不況に陥った際に金本位制を停止し、「不換紙幣」を誕生させます。不換紙幣の価値は「国家の信用」です。通貨自体に価値はなく、自由に発行できるので、金融政策を打ちやすくなりました。しかし、信用の低い国家は自国の通貨価値を維持できず、紙幣が紙くずになってしまった事例もあります。エルサルバドルでは、価値の不安定な自国通貨を放棄し、価値の安定した米ドルを法定通貨に採用しましたが、この体制では自国経済が米ドルの影響を強く受けます。その状況を脱するため、エルサルバドルは2021年、BTCを法定通貨に採用しました。国家の信用をあきらめ、他国の影響を受けないBTCを信用する道を選んだということです。

これは、通貨の担保となる「信用」が、金→国家→BTCへと移動しているとも捉えられます。経済力や信用力が弱い国であるほど、BTCを採用するインセンティブは高くなるので、この流れはボトムから広がりつつあります。世界は今、国家の信用に依拠する不換紙幣を捨て、「BTC本位制」に緩やかに移行する入り口に立っているのかもしれません。

第7章

NFT市場

1 アートやスポーツなどに活用されるNFTの主な事例 ―― 154
2 巨大化するNFT市場とNFTの仕組み ―― 162
3 Flexな気分にさせるNFTの価値と用途 ―― 171
4 台頭するNFTブランドであるBAYCとLoot ―― 181
5 NFTの価値を高める要素 ―― 192

7-1 アートやスポーツなどに活用されるNFTの主な事例

ここではNFTについて解説します。

前章では、Stablecoin（ステーブルコイン）について解説しました。ここからはニュースなどで目にする機会が増えたバズワード「NFT」について解説していきます。NFTの仕組みを解説する前に、NFTの事例を紹介し、興味を持ってもらうところから始めます。

なお、この章におけるNFTは、特別な言及がない限り、Ethereum上のERC721やERC1155により発行されたトークンのことを指します。

1 アート分野で活用されるNFT

NFTブームの火つけ役となったアート作品

2021年3月、美術品オークションハウスの老舗であるChristie's（クリスティーズ）に出品された、beeple（ビープル）氏の『Everydays - The First 5000 Days』という作品が、**6,900万ドル（当時の円換算で75億円超）の価格で落札**されました。このニュースは、デジタルアートでの過去最高額として話題になり、NFTブームの火つけ役となりました。

beeple氏は毎日1点、10年以上にわたり、アート作品を制作し続けているアーティストです。そして、この作品は、彼の5,000日分のアート作品を並べたコラージュ作品です。beepleというアーティストの特徴を表す、**彼にしか制作できない唯一無二の作品**であること、**NFTとして世界に1つしかない作品**であることが証明されているので、これほど高額になりました。

出典：Christie'sのWebサイトより

beeple氏のNFTの落札事例を皮切りに、

著名なアーティストが次々とNFT販売を開始し、高額で取引されたのが2021年前半の出来事です。匿名画家であるBanksy（バンクシー）の作品もNFT化されて登場しましたが、匿名であるがゆえに贋作（がんさく）が先に登場し、贋作のほうが高く売れるという事態が起こりました。初期のNFTの混乱状況をよく表している事例といえます。

最古のNFTであるCryptoPunks（クリプトパンクス）

アート作品が高く売れるのは納得できるかもしれませんが、誰でも描けそうな**CryptoPunksというドット絵作品が1,180万ドルで落札された**ことが大いに話題になりました。CryptoPunksは、AIが自動生成した24×24ピクセルのドット絵作品です。**1万枚にも及ぶ種類があり、レアなものほど高額で取引**されています。1,180万ドルで落札されたものは、1万枚のうち9枚しか存在しない「宇宙人」という属性があり、そのレアさから高額で取引されました。

CryptoPunksは、**Ethereum上で最初に発行されたといわれるNFTシリーズ**です（厳密にはERC20規格のトークンですが、わかりやすく説明するため、便宜的にNFTとして扱います）。ブロックチェーンを参照すれば時系列で確認できるので、どれが最も古いNFTかがわかります。ブロックチェーンの歴史はまだまだ浅いのですが、人類が最初に描いた壁画に歴史的価値があるのと同じように、CryptoPunksもいずれ歴史的価値を持つNFTになっていくでしょう。

▶ドット絵作品のNFTであるCryptoPunks

出典：Larva Labs「CryptoPunks」のWebサイトより

高額で取引されるCryptoPunksは、最も有名なNFTの1つです。そして、そのNFTを持っているということは、「早くからNFTの可能性に気づいた」という、**先見の明があるイノベーターであることを示す称号**となり、NFT界隈から尊敬を集めることができます。これは、現実世界での富の象徴とされるロレックスやランボルギーニなどを所有する感覚に近いものです。

Twitter創始者の最初のツイートの落札事例

NFTの事例としてよく取り上げられるのが、**Twitter創始者の最初のツイートが300万ドルで落札された事例**です。しかし、これはNFTを正しく理解することを難しくしている事例といえるでしょう。

中央集権的なサービスであるTwitter上のツイート自体がNFTで取引されるようになったわけではありません。ツイート自体はデータベース上に保存されたデータであり、サービスが停止されれば消失してしまうものです。

ツイートのNFT化は、NFTマニアの集団がネタとして行ったものです。ツイート自体に300万ドルの価値があるわけではなく、「ツイートをNFT化したらおもしろくない？」というネタ的な発想で生まれたNFTに、周囲がおもしろがって高額を付けただけにすぎません。メディアからすれば、「**ツイートが300万ドルで落札！**」という見出しはインパクトがあるので、こぞって引用され、NFTの代表事例になりました。この事例が有名なので、最初にこの話を聞いた人が疑問を抱くようになり、NFTの説明に苦慮するという事態になってしまいました。現在、このツイートの販売サイトは、サービスを停止しています。

ツイートのNFT化自体に価値はないと筆者は考えますが、投稿する文字数の制限から万葉集に近いものと捉え、その最初の1ページ目なので価値があるという考え方もあり、価値の捉え方は人それぞれです。

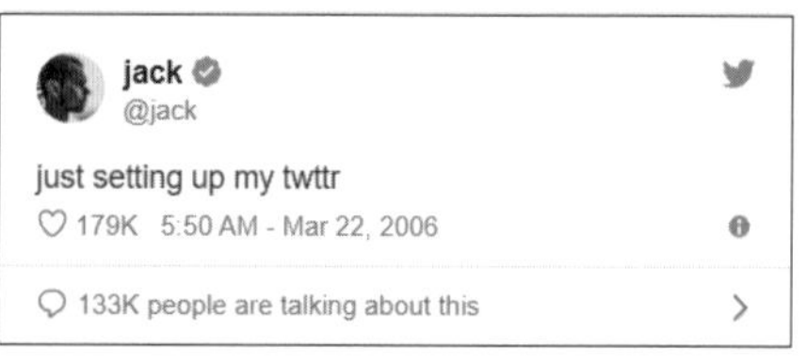

出典：jack氏のTwitterより

現代アートの巨匠とのNFTブランドのコラボ

コラボレーション事例として、**村上 隆氏と、NFTブランドのRTFKT（アーティファクト）が共同で制作したNFT**がリリースされています。村上氏は、業界でもトップクラスの早さでNFTに参入し、多くの人に期待されています。当初はbeeple氏のように、自身のアート作品をNFT化して販売するものと思われていましたが、村上氏はRTFKTと「CloneX（クローンエックス）」というNFTを販売しました。

RTFKTは、バーチャル空間でアバターなどが履くスニーカーの制作から始まったバーチャルファッションブランドです。2020年1月に3人の若者が立ち上げ、デジタルアイテムのNFT販売や、そのアイテムをAR（Augmented Reality：拡張現実）の技術でリアルに試着する機能の開発など、実験的な試みを続けています。

CloneXはCryptoPunksのように、**さまざまな見た目を持つ3DアバターのNFT**

です。２万体が１体3ETHで販売され、即完売しました。当時の1ETHが約40万円ほどでしたので、円に換算すると一瞬で約240億円を売り上げた計算になります。現代アートの巨匠とNFT最高峰ブランドとのコラボレーションで非常に注目されていたので、1体100万円を超えても飛ぶように売れたのです。

▶村上氏とRTFKTのコラボレーション

出典：RTFKT「CloneX」のWebサイトより

▶RTFKTが販売したCloneX

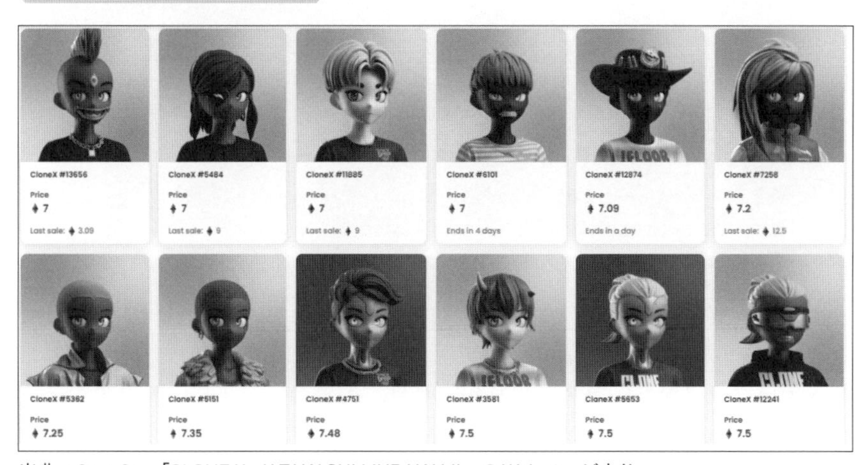

出典：OpenSea「CLONE X - X TAKASHI MURAKAMI」のWebページより

さらに、販売後にNIKEがRTFKTの買収を発表したことで、CloneXの２次流通価格が跳ね上がることになりました。2022年４月時点では、CloneXの最低２次流通価格は14ETH、発行数は２万体であり、時価総額1,120億円を超えるプロジェクトとなっています。日本でもVRアーティストの１点ものの作品が1,300万円で落札されるなど、高額の取引事例が相次いでいます。

2 そのほかの分野で活用されるNFT

スポーツ分野での活用事例

米国では、スポーツ分野でのNFTの活用がすでにビジネスになっており、新しいトレンドとなっています。たとえば、NBA選手のスーパープレー動画をNFT化し、トレーディングカードとして取引可能にした「NBA Top Shot」というサービスがあります。2018年頃にローンチされたサービスでありながら、2021年1月頃からブームに火がつき、**直近1年足らずで７億ドルを売り上げています。**

▶NBA Top Shotのマーケットプレイス

出典：NBA Top ShotのWebサイトより

当時の売上を実感するために、定量的なデータを見ていきましょう。NBA Top Shotと、先ほどのアート作品の流れで紹介したCryptoPunksとの売上を合算した積み上げグラフが次図です。2021年前半は、**世界のNFT市場の売上の大半をNBA Top ShotとCryptoPunksで占めていました。**NFTの売上のほとんどがアートとスポーツでの活用であったということです。

▶NBA Top ShotとCryptoPunksのNFT売上の推移（週別）（2021年6月20日時点）

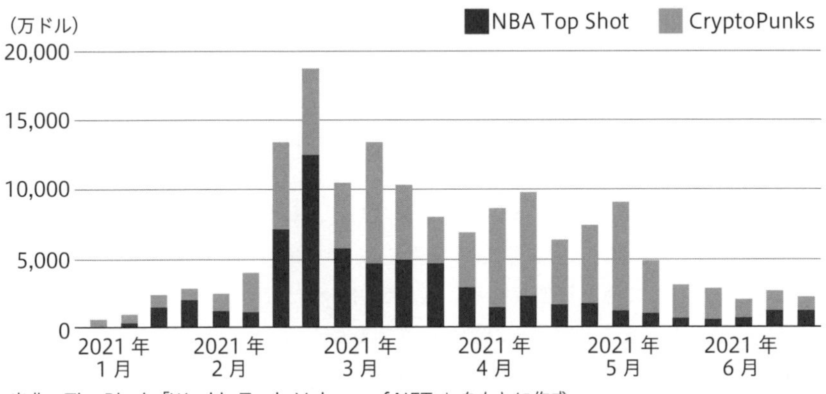

出典：The Block「Weekly Trade Volume of NFTs」をもとに作成

売上の次は取引量を見てみましょう。その積み上げグラフが次図です。CryptoPunksの取引量が見えないほど、NBA Top Shotが多いことが確認できます。アート作品は1点1点が高額で取引されているのに対して、スポーツ分野では安くて多量のNFTが取引されていることがわかります。

▶NBA Top ShotとCryptoPunksのNFT取引量の推移（週別）（2021年6月20日時点）

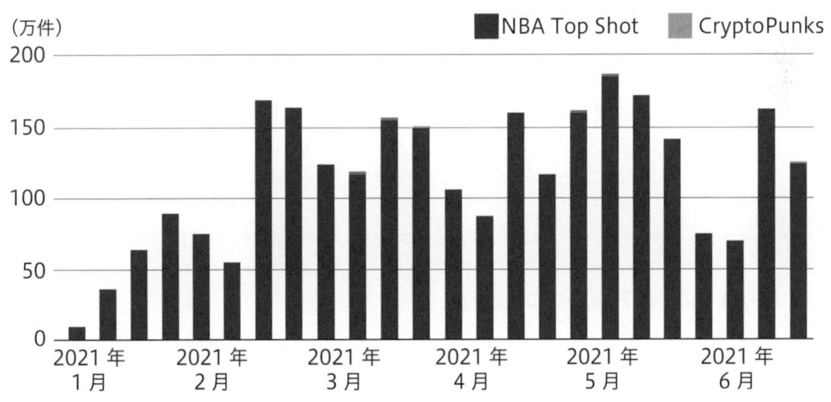

出典：The Block「Weekly NFT Transactions」をもとに作成

スポーツ分野のNFTの特性

NFT関連のニュースでは「NFTが○○万ドル！」などと高額取引を報道するものが多いですが、NBA Top Shotの実態では、過去数か月の約450万件の取引のうち、**300万件以上は50ドル以下**です。実際、NBA Top Shotの**ユーザー数は100万人に達し、DAU（Daily Active Users）では15万人〜25万人ほど**が、NBAの動画のNFTをトレーディングカードとして購入したり交換したりしています。

前図は2021年のデータですが、2022年もNBA Top Shotの取引量は圧倒的であり、この傾向は変わりません。その背景には、NBA Top Shotの**NFTをクレジットカードで購入できること**があります。通常、NFTは暗号資産で取引されるので、暗号資産を持たない大多数にはハードルとなります。NBA Top Shotはそのハードルを、利用するUI/UXを変革することで乗り越え、純粋なNBAファンを取り込んで飛躍的な成長を遂げました。この事例により、NFTが富裕層の道楽ではなく、ビジネスでも利用できる技術であることが証明されたのです。

成功の前例があることで、その後、日本でもNBA Top Shotのアイデアを野球やサッカーに転用した事例などが続々と登場しています。

ファンが真に「欲しい」と思うコンテンツか

多くのファンを抱えるコンテンツの担当者にNFTの話をすると、「ファンのリテラシーは高くないのでNFTは難しい」とおっしゃる方が必ずいます。これに対して筆者は、「コンテンツの価値を高める努力が不足している」と考えます。これは経験談ですが、筆者の子どもが生まれたとき、これまでかたくなに携帯電話を使い続けてきた母は、「孫の顔が見たい」という一心で即座にスマートフォンに切り替えました。

コンテンツを「好き」な気持ちは、ハードルを乗り越えるモチベーションを与えてくれます。ファンのリテラシーを言い訳にするのではなく、何をコンテンツとして提供し、どんなUI/UXの変革を行えば、ファンに「欲しい」と思ってもらえるかを考え抜くことが重要なのです。

そのほかのNFT関連のニュース

beeple氏やCryptoPunksのニュースをきっかけとして、「NFT」という言葉がバズワード化し、よく耳にするようになりました。メディアでは高額NFTの取引事例ばかりが取り上げられるので、NFTはアート分野で活用されるものと考えられがちですが、**NFTはさまざまな分野に応用できる技術**です。

日本でも大手企業らが続々とNFTの販売や実証実験などを始めています。たとえば、次の事例などがありますが、これらはほんの一部で、まだまだたくさんの事例があります。

- VISA：CryptoPunksの購入を発表
- adidas：Sandbox（仮想環境）上の土地を購入
- 集英社：マンガアートをブロックチェーン技術の利用で販売開始
- スターダストプロモーション：ももいろクローバーZのNFTトレーディングカードの販売開始
- マイアニメリスト：漫画の名シーンを切り取ったNFTを販売開始（第1弾『北斗の拳』）
- X（エックス）クリエーション：よしもとNFTやJO1ファンアプリにNFTを実装
- スクウェア・エニックス：決算報告でブロックチェーンゲームに注力することを明示
- 手塚プロダクション：手塚治虫の原画をもとにランダムに生成したジェネレーティブアートNFTを販売
- 新潟県長岡市山古志（やまこし）地域：限界集落を救うためにNFTを販売し、購入者を「デジタル村民」にする施策を実施

ジェネレーティブアート

アルゴリズムによってランダムに生成されるアート作品。見た目が幾何学的に変わる
（イメージはQRコードからArt Blocksへ移動して参照ください）

まとめ

- NFTはアートなどへの高額取引事例によりバズワード化し、急速に広まった
- ドット絵作品のCryptoPunksは最古のNFTといわれ、所有していると先見の明があることの証（あかし）となる
- アーティストとNFTブランドによるコラボレーションも生まれている
- アート作品は「高額」「少量」の取引であるのに対して、スポーツ分野は「安価」「多量」な取引がされている
- 日本でも大手企業らが続々とNFTの販売や実証実験を開始

7-2 巨大化するNFT市場とNFTの仕組み

ここでは急激に拡大し、成長を続けるNFT市場について解説します。

前節では、NFTの導入として、具体的なNFTの事例を見てきました。ここからは定量的な情報として、NFT市場の取引量や流通総額など、市場規模や推移を見ていきましょう。また、主なNFTプロジェクトの特徴や、日本のNFT市場、NFT自体の仕組みについても触れます。

1 グローバルな視点で見たNFT市場

NFT市場の驚異的な成長

NFT市場全体を定量的に見てみましょう。世界的なNFTの取引量は、ブロックチェーンを参照すれば誰でも確認できます。NFTが話題になった2021年８月がピークかと思いきや、その熱は冷めやらず、2022年1月に再び波が押し寄せました。多い日では**1日に3億ドルの取引が成立**しています。

▶NFTの日別取引量（OpenSea）

出典：Dune Analytics「Opensea - Daily USD volume」をもとに作成

この市場規模を、既存産業で個人間売買を行うメルカリと比較してみます。メルカリの2021年Q3（第3四半期）の売上高は286億円なので、**メルカリの3か月分の金額を数日で超えるほどの流通量**ということになります。2020年以前は全く盛り上がっていなかったことを考えると、2021年のNFT市場の成長率が驚異的であることがわかります。

取引されているNFTの特徴

どんなNFTが取引されているのかも見てみましょう。データは古くなりますが、次表は2021年10月当初のNFT流通総額ランキングです。注目してもらいたいのは金額の大きさと、トップの**Axie Infinity**（アクシー インフィニティ）**以外すべてがEthereum**であることです(Axie InfinityだけRonin)。2022年4月になっても、価値の高いNFTのほとんどがEthereum上で流通している傾向は変わりません。

▶NFT流通総額ランキング（2021年10月）

R Ronin　E Ethereum

	サービス		売上高	購入者数	取引件数
1	Axie Infinity	R	$499,361,142	347,759	1,917,293
2	Art Blocks	E	$228,497,929	5,889	14,788
3	CryptoPunks	E	$200,398,592	314	490
4	CrypToadz	E	$107,484,422	3,082	6,406
5	Bored Ape Yacht Club	E	$85,853,851	460	571
6	MekaVerse	E	$82,535,402	2,379	4,109
7	Cool Cats	E	$65,472,402	1,278	1,996
8	Sneaky Vampire Syndicate	E	$53,594,659	4,598	10,485
9	CyberKongz	E	$51,590,413	789	1,122
10	Mutant Ape Yacht Club	E	$47,403,978	2,037	2,878

▶ブロックチェーン別のNFT流通総額

	ブロックチェーン	売上高	購入者数	取引件数
1	Ethereum	$463,068,942	14,775	29,030
2	Solana	$9,918,790	11,627	20,527
3	Polygon	$1,430,244	4,992	5,732
4	Flow	$759,398	14,626	35,536
5	Avalanche	$535,332	791	2,614
6	Ronin	$390,741	7,213	16,022

Ethereumは、圧倒的な時価総額とステークホルダー数を抱えていて**市場が最も大きいこと**と、**セキュリティが高く**、先行者優位なポジションです。後発ブロックチェーンはノードが十分に分散していないので、Ethereumに比べてセキュリティリスクが高く、高額なNFTほどEthereumを使うメリットが強くなります。

NFTはまだ登場したばかりの新しい技術です。「NFTをどう扱うべきか」について試行錯誤をし、特定のNFTプロジェクトが**NFTの価値を生み出す**と、それを最初に実現したプロジェクトが成功していく傾向があります。ここではトップ3のNFTプロジェクトがどのような価値を生み出しているかを紹介します。

2 代表的なNFTプロジェクトの特徴

「Play to Earn」の文化を築いたAxie Infinity

Axie Infinityは、NFTを組み込んだ新しいゲームです。詳細は次章で解説しますが、**Game（ゲーム）とFinance（金融）を掛け合わせた「GameFi（ゲームファイ）」**の分野を開拓し、ゲームでお金を稼げる「Play to Earn」の文化を築いたプロジェクトです。

これまでのゲームは、コインやアイテムといったゲーム内資産を実際の資産や法定通貨に変換できませんでした。しかし、Web3.0のゲームは、**ゲーム内のコインが暗号資産、アイテムがNFT**になっており、ゲーム外でも取引してお金を稼げます。ダンジョンやクエストに出向き、ゲーム内資産を入手してお金を稼げるので「Play to Earn」と呼ばれ、ゲームが仕事になりました。

新しいデジタルアートを築いたArt（アート） Blocks（ブロック）

Art Blocksは、特定のアルゴリズムによって自律生成されるデジタルアート、いわゆるジェネレーティブアートをNFT化して販売するマーケットプレイスです。スマートコントラクト（スマコン）との相性がよいジェネレーティブアートに焦点を当て、**新しいデジタルアートの概念を築いたプロジェクト**です。

Art Blocksのアート作品のなかには、色、グラデーションの変化率、波線の形状などが発行時にランダムに生成され、購入するコレクターにも「**どんなアート作品になるかわからない**」という特徴を持つものがあります。

改ざんができないブロックチェーン技術、スマコンの特性、プログラミングにより生み出されるジェネレーティブの相性のよさを最初に取り入れ、**ジェネレーティブでしか生まれ得ないデジタルアートを実現**しようとしたことが評価され、世界的に話題となりました。

新しいデジタルアートを築いたCryptoPunks（クリプトパンクス）

前節で紹介しましたが、Ethereum系NFTの元祖がCryptoPunksです。**1万枚を発行してNFTに流動性を持たせたコレクティブルNFTが誕生**し、ブランド化していきました。

NFTランキングを見渡してみても、ほとんどがCryptoPunksに一手間加えた作品であり、その影響力は非常に大きいものでした。ドット絵ではなく、アニメ調のイラストとコレクティブルを掛け合わせたものや、コレクティブルNFTにコミュニティへのアクセス権を紐づけたものなど、さまざまな派生作品へとつながるもととなったNFTです。

> **コレクティブルNFT**
> 同系統、かつ個性の異なるNFTを発行するプロジェクトの総称

ランキングには、このほかにもプロジェクトがありますが、それぞれが試行錯誤をしながら、新しい文化を追加する形式で進化してきています。そして、その文化が短期的であったり、狭いコミュニティでの共通認識であったりしても、**その文化が歴史として積み重なっていくことに意味があります。**NFTのトレンドは数か月ごとに変化し続けており、常に流れを追えるようなものではありません。もしNFTに関心があれば、専門のニュースサイトやランキングのチェック、Twitterでの情報収集などを行い、トレンドを探ってみることをお勧めします。

3 日本のNFT市場

盛り上がり始めたばかりの日本市場

NFTは通常、暗号資産でやり取りされるので、日本に限定して論じる意味はあまりないのですが、**日本のシェア率は世界全体の３%ほど**と考えられます。たとえば単純計算で、世界人口が約70億人、インターネット人口がその半分、日本人口が約1億人（インターネット人口が約９割）と考えると、おおよそのシェア率を把握できます。このシェア率はWeb3.0プロトコルが発表している国別ユーザー数と比較しても、それほど外れている数字ではありません。

また日本のNFT市場は、**2021年９月頃から盛り上がり始めたばかりの新しい市場**です。NFTトレンドを追う少数のイノベーターコミュニティしかなかったところに、インフルエンサーが現れ、参入者が急激に増えていきました。

クリエイターのNFT作品の事例

事例として、兼業イラストレーターのおにぎりまん氏のNFT作品を見てみましょう。おにぎりまん氏は、日本でランキング上位のNFTクリエイターです。かわいい女の子のイラストをNFT化して販売しており、総流通量は2022年４月時点で268ETH（約１億円）、NFTの最低価格は30万円ほどです。昔からブロックチェーン界隈では有名なクリエイターで、以前からNFT販売を行っていましたが、**2021年９月頃から取引量が急激に伸びた**ことが次図からわかります。

▶おにぎりまん氏の作品の取引価格と取引量の推移

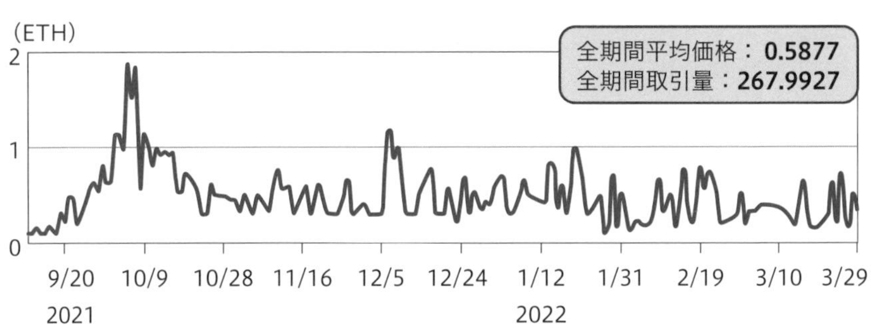

出典：OpenSea「onigiriman's cute girl Collection」のWebページより

▶おにぎりまん氏の作品の一部

出典：OpenSea「onigiriman's cute girl Collection」のWebページより

作品のかわいさはもちろんですが、**日本でのNFTの話題の波に乗って売れたこと**がうかがえます。「NFTが〇〇円で落札！」といったニュースがたびたび流れ、そのニュースをきっかけにNFT参入者が増加する「正のサイクル」が回り始め、その影響により需要も増加するという構造は、基本的に暗号資産などと同様です。

NFTを高く売るためには、もとから**フォロワーが多く、影響力のあるインフルエンサーが有利**です。特に日本のNFT市場はその傾向が強く、NFTは誰でもつくれるので、マーケティング勝負になっている側面があります。日本市場は3％ほどのシェアしかないため、マーケティングの力でNFTを売るとしても、**NFT価格が海外と日本で0が2つほど違う**のが現状です。

4 NFTの仕組み

3種類のデータが入れ子構造になっているNFT

第2章でも解説しましたが、「NFT」は「Non-Fungible Token」の略であり、「**代替できないデジタル上のモノ**」全般を指します。ゲーム上のアイテムやデジタルグッズ、チケットなどがイメージしやすいでしょう（P.62参照）。「NFT＝画像」と誤解されやすいのですが、NFTの表現方法として画像が用いられることが多いというだけです。ここでNFTの仕組みについて説明しておきましょう。

まずはNFTの構造からです。NFTは**インデックスデータ**、**メタデータ**、NFT化される**コンテンツデータ**（画像や動画など）の3種類から構成されます。インデッ

▶NFTの構造

オンチェーン
（差し替え不能）

オフチェーン
（差し替え可能）

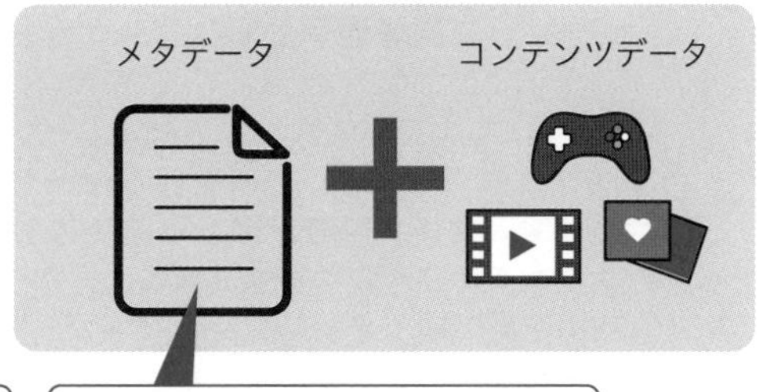

トークンID：******
保有アドレス：0xから始まる42桁の文字列
トークンURI：メタデータの参照先

name：NFTの名前
description：NFTの説明の文章
image：コンテンツデータの参照先

クスデータにメタデータの参照先が記録され、メタデータにコンテンツデータの参照先が記録されるという入れ子構造になっています。そして、この構造のうち、**ブロックチェーン上に記録（オンチェーン）されるのはインデックスデータのみ**です。メタデータやコンテンツデータはオフチェーンデータなので、通常は誰かが管理するデータベースなどに保存されています。NFTの構成要素のうち、すべてがブロックチェーン上に記録されるわけではないことを知っておきましょう。

NFT化されるコンテンツデータには、画像以外に動画や音楽などがありますが、それらは容量が大きく、Ethereumブロックチェーン上のブロックに格納できません。そのため、ブロックチェーンにはデータの参照先だけを記録する仕様になっているのです（例外として、容量の小さいSVG形式で画像データを直接ブロックチェーン上に記録するフルオンチェーンNFTもあります）。

オンチェーンデータからオフチェーンデータを参照しているだけなので、コンテンツデータの保存先のサーバーが停止したり、コンテンツデータがサーバー管理者に差し替えられたりすると、NFTを確認できなくなるリスクがあります。

「NFTは複製できず唯一無二」という説明をよく聞きますが、**NFT自体はコピー禁止の技術ではありません**。コンテンツデータは通常のWebと同様、右クリックで保存できます。つまり、NFTにおける唯一無二とは、「**『インデックスデータ＋メタデータ＋コンテンツデータ』の単位で唯一無二**」ということです。コンテンツデータをコピーした第三者が同じ見た目のNFTを作成しても、インデックスデータが異なるので別のNFTとなります。NFTの**「改ざんできない」とされる特徴もオンチェーンのインデックスデータのみにあてはまる特徴**です。見た目が同じNFTを見分けるためには、このデータの中身を確認する必要があります。

二次流通手数料はマーケットプレイスのおかげ

「NFTは二次流通手数料がとれる」という話をよく聞きますが、これはNFT自体ではなく、取引を行うマーケットプレイスが実現しているものです。今後、開発が進む可能性はありますが、現時点でNFT自体にクリエイターへ収益を還元するような仕組みは実装されていません。

そのため、取引されるマーケットプレイスが変わると、二次流通手数料がとれなくなります。マーケットプレイスは複数あるので、それぞれに手数料を設定する必要があり、マーケットプレイスにより手数料の還元方法や支払いのタイミングなどが異なります。

所有者の興味や関心を表すNFT

「コンテンツデータ自体はコピーできる」と聞くと、少し残念な気持ちになりますが、**NFTの本質は「所有の証明」**にあります。NFTの参照や拡散は自由にできますが、**「所有者が誰か」が明らかになっているのがNFT**なのです。

「あなたがこの本（モノ）の所有者である」ということは理解できると思いますが、「デジタルデータを所有する」という感覚はイメージしにくいかもしれません。「所有できるから何？」と思うでしょう。そこで、いくつか例を挙げてみます。

たとえば、すべてがNFT化されたバーチャル空間で、高額なNFTアバターを着ていたとしましょう。有名で高価なNFTを身に着けていれば、友人から「それ、とても高いNFTブランドだよね!?」と言われることは想像がつくはずです。

そのほか、デジタルデータとしては次のような例が考えられます。

・好きなアイドルのコンサートに行くためのデジタルチケット
・ゲーム中で特別に使えるスキル
・純粋なコレクションアイテムや大会の優勝トロフィーなど

このような、所有していることで特別な行為ができたり、証明書として機能したりするモノがNFTです。所有を証明するだけでは価値はつきませんが、所有を証明すると**「自慢できる」「うらやましがられる」「満足できる」といった特別な経験ができる**ことは価値といえます。つまり、NFTは、画像をNFT化するだけでは価値がなく、**NFTを介した体験までセット**であることが重要なのです。高額なNFTは、それだけ特別な体験を購入者に提供できていることになります。そして、特別な体験とは「人とのコミュニケーション」です。NFTは、所有者の興味や関心を表すフラグとなり、同じ興味や関心を持つ人同士がNFTを介して引き寄せ合って、マッチングアプリのような機能を果たします。

NFTは**デジタルに適したコミュニケーションツール**です。所有しているNFTを見れば、その人がどんな嗜好や思想を持っているかがわかります。NFTを所有した経験のある方なら、そのNFTの素晴らしさを人に伝える難しさがわかるでしょう。「同じシリーズのNFTを所有している」ということは、NFTについての説明が不要で、共通の興味や関心を持っているということです。コミュニケーションコストが劇的に下がり、いきなり本題から話を始めることができます。また、NFTは**思想のフィルタリング**としても機能します。もしあなたが画像をNFT化しただけのものに価値を感じないとすれば、それは思想が異なるか、理解するだけの知識や体験が足りないということです。

人にとっての最大の娯楽は、人とのコミュニケーションです。人は人との会話を通じて心理的安心感や社会的充足感を得ることができます。NFTはただの技術ですが、**その先には人がいて、コミュニケーションが存在し、さらに感情が紐づいています。**NFTは一時期のバブルともいわれますが、それが一向にはじけないのは、コミュニケーションを通じてNFTの価値に気づいた人が、NFTコミュニティに定着し続けているからだと考えています。

最初はおもちゃに見える大きな変化

NFTはまだ発展途上の新しい技術です。「ドット絵を数十億円で取引するなんて理解できない」と一蹴する人もいるでしょう。今はそれでもかまいません。**大きな変化の最初はおもちゃに見える**ものです。JPG画像に大金を支払う人を笑っていられるのは今のうちです。Appleが最初にスマートフォンをつくったときもそうでした。周りに1人ぐらいしか持っていなかったときは全く欲しいと思わなかったのに、少しずつ増えてほとんどの人が持ち出したとき、スマートフォンが欲しくなったはずです。これが、**これから訪れるNFTの潜在的な未来**なのです。

まとめ

- □ NFTの取引量は1日3億ドルを超えるほどで、メルカリ3か月分の金額を数日で超える量がある
- □ NFTはまだ価値が定まっておらず、新しい価値を提案し、それを実現した最初のプロジェクトが成功する傾向がある
- □ NFTの本質は「所有の証明」にある
- □ NFTはコミュニケーションツールで、価値の源泉はコミュニティにある
- □ 次に来る大きな波は最初おもちゃに見える

7-3 Flexな気分にさせるNFTの価値と用途

POINT

ここではNFTの価値と用途について解説します。

前節では、NFT市場の市場規模やNFTの仕組みについて解説しました。ここからはNFTがどんな価値を持ち、どんな用途で使われているのかを見ていきましょう。

1 Flexの重要性

リアル空間でのFlex（フレックス）な機会の減少

NFTは**「Flexな気分にさせるモノ」**として普及し始めたという経緯があります。Flexとは、「見せびらかす」「かっこつける」「自慢する」といった意味のスラングです。もともとは「筋肉を見せびらかす」という意味でしたが、「今日は高い服でFlexだから（キメてきたから）見てくれよ」のように使われ始めました。これまで、個人が所有することでFlexな気分にさせたモノには、腕時計やスニーカー、ファッションブランドなどがあります。しかし、コロナ禍によってリアル空間でのコミュニケーションが減ったことで、**「Flexな機会」が失われつつあります。**

Flexな気分にさせるモノの価値

Flexな気分にさせるモノは、**Flexを感じる人が多く、コミュニティがあること**が価値になります。1万円の札束を持っていることを「すごい」と思うのは、その1万円札に価値を感じる「日本人コミュニティ」に所属しているからです。もしそのコミュニティが縮小し、価値を感じる人が減ると、価値は減衰し、朽ちた神社や廃墟のように変貌してしまいます。

NFTは、リアル空間でのコミュニケーションでしか得られなかった**「Flexな気分」を、バーチャル空間上でも体験させるモノ**として爆発的に広がりました。人間は社会的な生き物であり、一見無駄なモノにお金を支払うことで、承認欲求を満たそうとします。たとえば、アニメの熱狂的なファンは、“推し”の缶バッジを自分のバッグや洋服などに付けたり、応援グッズを自作したりすることがあります。これは、「好き」という気持ちのほかに「金銭的な余裕がある」ことを周りに見せつけ、**ほかのファンとの「差」を表現しようとする行為**です。

▶缶バッジや自作グッズで「差」を表現するファン

Flexな気分を体験させる価値の設計

高額なNFTが売れ続ける理由は、この**Flexな気分の追求**にあります。人は他人との「差」を表現したい生き物なので、その**「差分」を表現したい場面でNFTを利用すると**、所有者はFlexな気分になることができます。

NFTはこの「差分」を、誰もがわかる状態で証明できるので、熱狂的なファンは惜しみなくお金を出します。このとき、欲しいと思うファンが２人以上いれば、金額は上がり続けます。高額がよいというわけではありませんが、「差分」を表現したいポイントにNFTを供給すれば、高額になるということです。NFTの立案や設計の際は、「デジタルデータの販売」と単純に捉えるのではなく、**購入者にFlexな気分を体験させることまで考慮し、価値の設計を行っていく**必要があるのです。

2 Flexな気分にさせるNFTの条件

EtherRock（イーサロック）の事例

「差分」を表現し、Flexな気分にさせるNFTには、次の３つの条件があります。

1. 本質的に価値のない（代替品がある）モノ
2. Flexな気分を共有できるコミュニティがある
3. 希少性がある

右の画像は**EtherRock**という、岩の画像をNFT化したCryptoArt(クリプトアート)です。2021年８月は888ETHで取引されました。2022年４月時点でも200〜300ETHで取引されています。一見、ただの岩の画像にしか見えませんが、先ほどの３つの条件に照らし合わせて見てみましょう。

出典：etherrock.com のWebサイトより

1. 岩のPNG画像の集合体であり、人の創造力を駆使してつくられたものとはいえません。画像自体に本質的な価値はなく、デジタルアートとして見るなら、代替品がほかにいくらでもあります。
2. EtherRockのコミュニティにおいて、所有していることを宣言できます。「岩が○億円！」というワードがおもしろいので、たくさんのネタ画像がつくられ、コミュニティが盛り上がりました。その盛り上がりは「インビジブルロック」という透明な岩（ただの透明な画像）まで飛ぶように売れたほどです。
3. 100個しかつくられないので、非常に希少です。

PNG画像に価値がないことは明らかです。創造性にも欠けるので、なぜ多額のETHを支払ってまで購入しようとするのか、多くの人が疑問に思うでしょう。しかし、**NFTが明らかに無価値で、かつ高額なほど、得られるFlexな気分は大きくなります。**「え!?　この岩の価値がわからないの？　ロックじゃないね（岩だけに）」ということです。

価値が高まる要因

物理的なアートワークに価値があるのは、その**アートワーク自体が同時に２つの場所に存在できない**からです。モナリザはルーヴル美術館に1つしかないことで価値が高まります。NFTは同様の希少性をデジタルデータにもたらしました。Flexな気分になる体験が希少なほど、NFTの価値も高まっていきます。

バーチャル空間におけるNFTは、**その人やそのモノを表すアバターとしての役割**を持ち、「あの人はお金持ち」などとアピールするツールとなります。豊かさを表現する方法として、銀行の残高やBTCの枚数を見せびらかすのは直接的すぎるので、人はモノで抽象化したいのです。そういった意味でNFTは最適です。

3 NFTの用途

NFTの6つの用途

次に、**NFTの用途**を6つに分解して整理してみます。NFTによっては複数の用途にまたがるものもありますが、あくまで暫定的な分類です。6つの用途を右図のようなレーダーチャートで比較すると、そのNFTにどんな価値があるのかが把握しやすくなります。

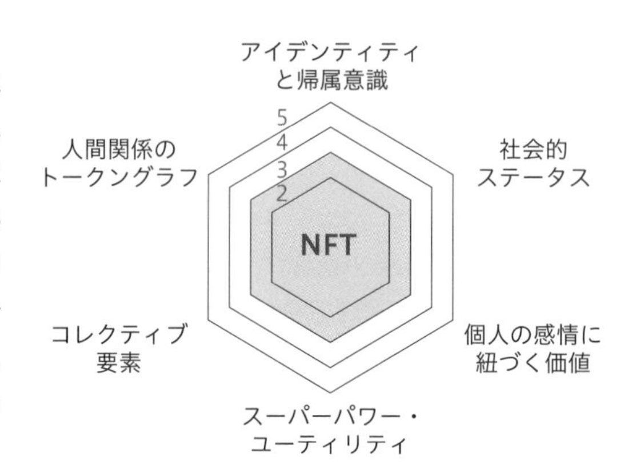

アイデンティティと帰属意識

アイデンティティと帰属意識は、**そのNFTが持つ歴史とコミュニティへの所属感**により育まれます。たとえば、CryptoPunks(クリプトパンクス)を所有することは、歴史的価値のある芸術品を所有することと同義です。この点を重視する所有者はCryptoPunksを売って暗号資産を大量に入手するより、**NFTを所有してコミュニティの一員であることを優先する**でしょう。所有者は、たとえばTwitterのプロフィール写真をCryptoPunksに変更することで、自分がそのコミュニティに所属し、歴史の一部を所有していることをアピールするのです。

出典：CryptoPunksのTwitterより

PFP
ProFile Pictureの略で、SNSなどの自分のアイコンのこと。顔型のNFTはアイコンに設定しやすく、そのようなNFTを「**PFP系NFT**」と呼ぶ

近年、コロナ禍などで在宅時間が長くなり、ゲームをする人が増えています。それにより、**リアル空間で減ったコミュニケーションを、ゲームなどのバーチャル空間で補おうとする傾向**が見られます。

Statistaの調査（2020年）では、ゲームユーザーは世界に約25.5億人いると推計され、平均プレイ時間は1日で約54分、1週間で約6.3時間にも及びます。ユーザーは**ゲーム内で所属するギルドやチームなどに強い帰属意識**を持ち、国や宗教などの垣根を越えたコミュニティを形成している事例もあります。ユーザーがメタバースのようなバーチャル空間で過ごす時間が長くなると、コミュニティの優先度が高まり、**オンライン上での自分を表すアイコンの重要性が増す**ことになります。最初は何気なく設定したアイコンが、いつの間にか自分を表すようになり、そしてそのアイコンにNFTを設定することで、そのNFTが自分のアイデンティティとなっていくのです。

出典：Zech氏のTwitterより

右図は、NFTがオンライン上での自分を表すアイコンの役割を担っている事例です。バーチャル空間では**リアルなモノを見せて自慢できない**ので、Flexな気分にさせるNFTがその役割を担っていくことになるでしょう。

また、バーチャルファッションブランドがNFT化されると、「このアイコン、かっこいい！」といったFlexな会話が生まれやすくなります。所有することで**自分のアイデンティティを保持**できるだけではなく、**コミュニティへの帰属意識も高まる**NFTが、良質なNFTといえるでしょう。

社会的ステータス

社会的ステータスは、所有する**NFTの価格と希少性**によって決まります。

たとえば、ルイ・ヴィトンのバッグやランボルギーニを「所有している」ということは、社会的ステータスを示す手段の1つです。NFTにもこれと同様の性質があります。また、SNSのフォロワー数や「いいね！」、シェア、リツィートなどのエンゲージメント指標も社会的ステータスを示すものの一部です。

近い将来、このSNSの**社会的ステータスが換金できる**ようになります。Web3.0ネイティブのSNSの登場により、ゲーム内のアイテムやトロフィーなどと同じ感覚で、新しい概念の**「Non-Fungible Like」**が生み出されます。

Web3.0ネイティブのSNSは匿名制です。自ら身分を明かさない限り、リアル空間での社会的ステータスを持ち込めず、Web3.0の世界での社会的ステータスは、オンチェーンに記録された過去の実績などのデータでのみ判断されます。

過去の実績は「レトロアクティブ」などと呼ばれます。その人のレトロアクティブを見れば、金に物を言わせて高額なNFTを買いあさるだけのミーハーか、価値のあるNFTを見極められるイノベーターかを見分けることができます。

金額のほかに「**寄付を行っているか**」という判断基準もあります。Web3.0はトークンによる経済圏を持つので、BitcoinやEthereumのように早くからコミュニティに参加していると、暗号資産に投資してお金持ち（Cryptoリッチ）になっていきます。Cryptoリッチになった人が、自分のためだけではなく、Web3.0の次世代を築くため、オープンソースソフトウェア（OSS）のプロジェクトに寄付をするのは自然なことです。多額かつ多数の寄付を行っている、**匿名でも「徳」の高い人**であることが、レトロアクティブから推測できます。

OSSのような公共財に近いプロジェクトが資金調達をしてトークンを配布することを「**レトロアクティブ・パブリックグッズ・ファンディング**」といいますが、過去の寄付者にさかのぼってトークンが配布された結果、寄付した金額以上の儲けになったという事例もあります。オンチェーンに「徳」を積んでおくと、いつかよいことがあります。Web3.0の世界では、高額なNFTでFlexな気分になることだけが重要なわけではないのです。

個人の感情に紐づく価値

たとえば、子どもの頃に遊んだおもちゃやトロフィーなどを自宅に飾っている方も多いでしょう。他人には何の価値もありませんが、本人には**思い入れのある大切なもの**です。Web3.0の世界でも近いうち、NFTがトロフィーのように授与され、個人の感情が紐づくようになっていきます。たとえば、「Rabbithole（ラビットホール）」というプロジェクトでは、主要なDeFi（ディーファイ）やWeb3.0関連アプリケーションを使って学習したりスキルを身につけたりすると、**特別なNFTやFTが受け取れるクエスト**を実施しています。これはトロフィーと同じ役割を果たします。

また、**デジタル上で飼ったペットの思い出**がNFTとして記録されていく可能性もあります。ブロックチェーン上で生きるデジタルペッ

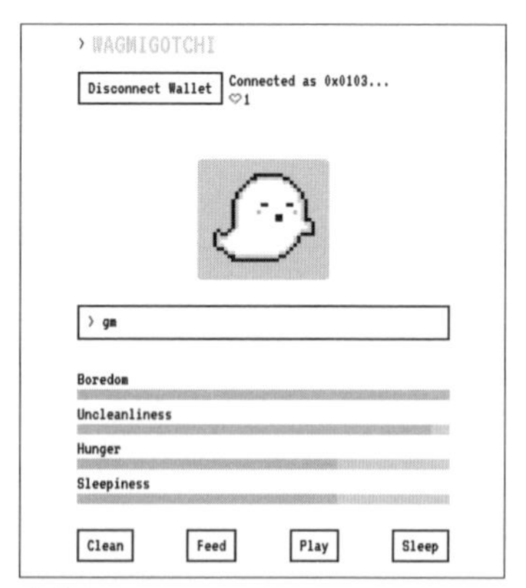

出典：wagmigotchi.vercel.appのWebサイトより

トに「WAGMIGOTCHI（ワグミゴッチ）」というものがあります。WAGMIGOTCHIは、1990年代に流行した「たまごっち」と同じように、「餌をあげる」「一緒に遊ぶ」「掃除をする」「寝かしつける」などといった世話をすることができます。「餌をあげないと死んでしまう」「眠らせないと死んでしまう」などがプログラムされており、ユーザーがGas（P.107参照）を支払うことで餌をあげられます。ローンチ後すぐ、コミュニティの誰かが、前図のようなWebページを制作しました。

リアルでもバーチャルでも、ペットを飼うにはお金がかかります。出費が増えるにもかかわらず、たくさんの人がこのペットの世話をしました。しかし、Web3.0の世界は移り変わりが早く、すぐに新しい話題が登場し、徐々にWAGMIGOTCHIへの関心が薄れてしまいます。そうして、WAGMIGOTCHIは死んでしまうのです。

そして、天国のWAGMIGOTCHIから、今まで世話をしてくれた飼い主たちに**NFTポストカード**が届きます。泣けますね。

▶死後に届いた手紙

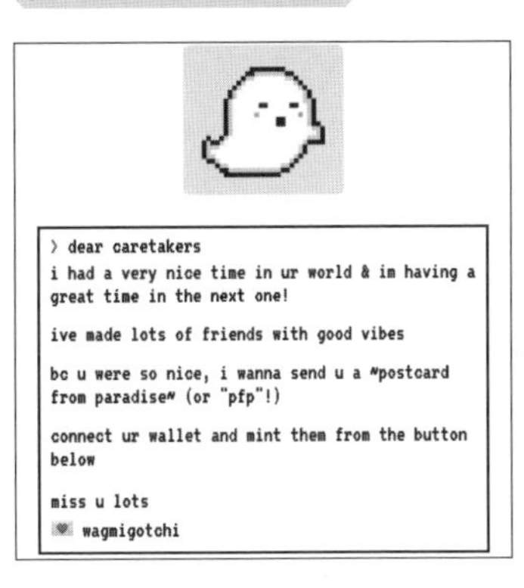

> dear caretakers
i had a very nice time in ur world & im having a great time in the next one!

ive made lots of friends with good vibes

bc u were so nice, i wanna send u a "postcard from paradise" (or "pfp"!)

connect ur wallet and mint them from the button below

miss u lots
wagmigotchi

▶優しさの証明となるNFT

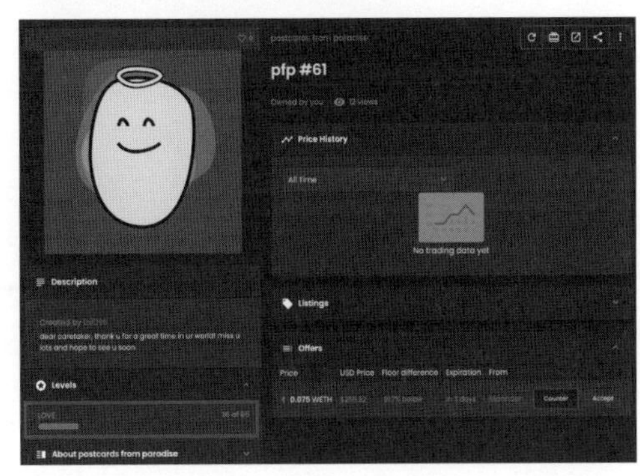

上図の左がそのポストカードですが、「**LOVE**」という変数があり、ここに飼い主の世話をした回数が記録されています。この変数は何を意味するのでしょうか。

まず前提として、このプロジェクトは実験であり、儲からないことが明言されていたので、投機家には見向きもされませんでした。それでもこのペットのためにお金を支払って世話をした人は「**優しい人**」です。そのため、このNFTは「**Proof of Kind**」と呼ばれ、オンチェーンでの「**優しさの証明**」（上図の右）となりました。変数「LOVE」は「優しさの度合い」を表し、今でも0.1ETHほどで取引されることがあります。しかし、この思い出を大切にしたい人は、いくらオファーがあっても手放すことはないでしょう。このように、NFTは感情に紐づく技術でもあるのです。

人間関係のトークングラフ

ビジネスでは、初めて面会するときに名刺を渡したり、よい仕事を行ってくれた人にチップを支払ったりします。Web3.0の世界では、チップやギフトはオンライン上での人間関係を証明する手段になる可能性があります。

Web2.0では、フォロワー数や「いいね！」数、コメント数など、SNS上のつながりや行動履歴などを表す「**ソーシャルグラフ**」が評価の中心でした。しかし、NFTが導入されたWeb3.0では、「ソーシャルグラフ」＋「経済的なグラフ」、つまり、購入したNFT、獲得したNFT、投資したプロジェクトなど、レトロアクティブ（P.176参照）な「**トークングラフ**」が重要になります。たとえば、ビジネスで名刺交換をしたあと、相手があなたのトークングラフを参照すれば、あなたが何をどれくらい好きで、仕事に役立つスキルがどれくらいあり、周囲からどれくらい称賛されているか、などがわかるようになります。人間関係を過度に数値化するリスクもありますが、**トークングラフを介した新しい関係性**が生まれるのです。

また、NFTがもたらす新しい関係性の用途に、**P2Pの信用の証明**があります。現時点での個人の主な信用情報は、学歴や職歴、ソーシャルメディアでの影響力、推薦状などですが、これらは具体的でなかったり、お金で数字を買えたりするので、不確実で虚偽の可能性もある情報です。一方、トークングラフを見れば、**過去にどんなプロジェクトを支援したり寄付したりしたかが明確にわかります**。そのため、Web3.0プロトコルでは、トークングラフが重視されるようになっていくでしょう。Web3.0が浸透すれば、トークングラフを採用に取り入れる企業も出てくるかもしれません。また、求人情報やコンテンツ、出会いなどの、よりよいマッチングシステムを構築するのに利用できるでしょう。

NFTの画像は複製できますが、**レトロアクティブを含めたトークングラフは複製できません**。「あなたのトークングラフを見せてください」と問われたときに対応できるよう、今から自分のトークングラフを育てておくことが大切です。NFTを投機と捉え、取引を積み重ねるのもよいのですが、**匿名の人物像とトークンの履歴が組み合わせられる**トークングラフにこそ潜在的なおもしろさがあります。

NFTの歴史は浅いので、履歴に価値を持たせるトークングラフの考え方は浸透していません。しかし、時間の経過により理解が追いつき、可視化ツールなども登場することで、徐々にトークングラフが注目されるようになっていくでしょう。

コレクティブ要素

人は収集癖を持っています。なかでも日本人はそれが強いといわれます。現在流行しているNFTの大半は「コレクティブルNFT」で、その人の持つ社会的ステータスや、他人との「差分」を表現したいという需要にかなった仕様といえます。

NFTでこれらを表現するには、コレクションを見やすく整えるビューワー機能が重要です。NBA Top Shotではショーケース機能がこれを実現しています。コレクションを作成し、自分のプロフィールページで一覧表示するシンプルな機能です。NFTは売って終わりではなく、売ったあとに「あの人の持っているNFTが欲しい！」と思ってもらうために、ビューワー機能は重要なのです。

▶ NBA Top Shotのショーケース機能

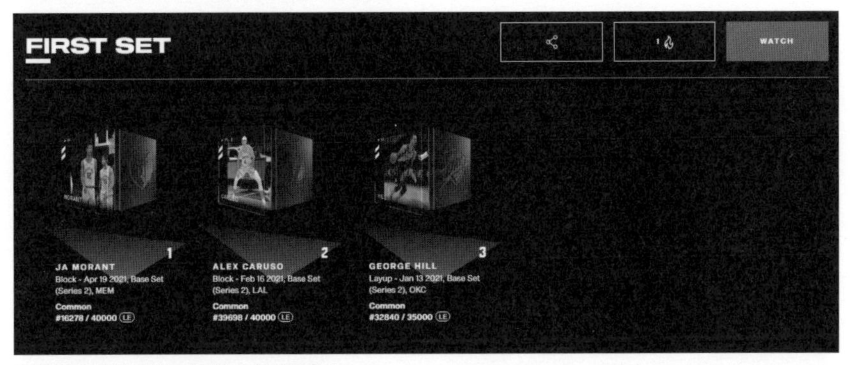

出典：NBA Top ShotのWebサイトより

コレクティブ要素は「集める」ことが楽しいですが、集めたものを「眺める」ことも楽しいものです。たとえば、模型や書籍などのコレクションは1人で眺めるだけでも満足できますが、他人に自慢したくなることもあります。コレクションを見ると、その人がどんな考え方や実績を持つ人なのかが推察できます。NFTクリエイターやNFTキュレーターにとって、コレクションの公開は個人のステータスに直結するため、非常に重要です。バーチャル空間でNFTを展示するサービスなども登場しており、Flexな気分を体験しやすい環境が整ってきています。

コレクティブルNFTは、NFTクリエイターの収益性を向上させるだけではなく、NFTのキュレーション経済の到来を予感させます。たとえば、Spotifyのリスナーがプレイリストに投票し、上位にランキングされたキュレーターが報酬としてトークンを受け取るということが考えられます。また、Pinterestがトップエンジニアに報酬を与えるのと同じように、トップピナーが報酬をもらうということも起こり得ます。これらは、トークンで実現できるキュレーション経済圏の1つです。

より多くのデジタルメディアでNFTが標準になると、キュレーターは、音楽、動画、ニュースレター、ポッドキャストなどに**NFTコレクションを組み合わせる**ようになります。そこから、ライセンシングやエンゲージメントに基づいてロイヤリティを得られるようになり、新しいキュレーション経済が誕生するでしょう。NFTを集めることで、**自身のキャリアの証明**になったり、**他人との「差分」を表現**したりすることができるかどうかが、NFTの評価基準になります。

スーパーパワー・ユーティリティ

これはシンプルに、その**NFTを所有することで「特別な力」を持てるか**が評価基準になります。たとえば、ゲーム内で空を飛べたり、マッチングアプリで多くのLIKEを送れたりすることで、スーパーパワーを表現できます。ゲーム内の特別な武器や魔法で無双したとき、スーパーパワーを実感できるでしょう。

すでに実現されていることとしては、「Bored Ape Yacht Club（BAYC）」（P.181参照）のNFTを持っていると有名アーティストのライブに無料で入れる、「CloneX」（P.156参照）のNFTを持っていると、所有しているNFTのグッズを作成してマネタイズできる、などがあります。

個人的に手に入れたいスーパーパワーの1つは、レッドブルの有名な「レッドブル、翼を授ける」のキャッチコピーのように、バーチャル空間で空を飛ぶことです。バーチャル空間の自動販売機で買ったレッドブルNFTを飲むと、空を飛ぶ能力が得られるとしたら最高ですよね。レッドブルの企業広告としても非常に相性がよいと思います。NFTは静止画として売るだけではなく、**「何に使えるか」のユーティリティ性が重要**ということも覚えておいてください。ユーティリティ性の高いNFTは必然的に価値が高くなります。

☑ まとめ

- □「差分」を表現し、Flexな気分にさせるNFTには、3つの条件がある
- □ NFTはアートやゲームで利用されているが、用途は大きく6つある
- □ NFTをアイコンに設定することで、コミュニティへの帰属意識が高まる
- □ NFTは投機だけではなく、レトロアクティブに本質的な価値がある
- □ NFTは売って終わりではなく、ビューワーやユーティリティ性が重要

7-4 台頭するNFTブランドである BAYCとLoot

ここでは現在、価値が高まっているNFTブランドについて考察します。

これまでに、NFTの仕組みと、NFTの価値の源泉がコミュニティにあることを解説しました。ここでは、Web3.0業界で影響力を増し、リアル空間にも飛び出していこうとしているNFTブランドを紹介していきます。

1 さまざまな活動によるBAYCの躍進

急激に人気が高まった猿のイラスト

NFTで最も有名なブランドといえば、「**Bored Ape Yacht Club（BAYC）**」という猿のイラストのブランドでしょう。日本人にはあまりなじみがない絵柄ですが、NFT界隈では知らない人がいないほど、人気ブランドの地位を確立しています。

▶ BAYCのNFT

出典：BAYCのWebサイトより

BAYCは最初、1万体が1体0.08ETHで販売されましたが、徐々に注目され、2022年4月末には**フロア価格（最低落札価格）**が**150ETH**に高騰しました。最低でも当時の価格で6,000万円支払わないと手に入らないNFTということです。多くの人は「この猿のイラストに6,000万円も支払うなんておかしい」と思うでしょう。

▶BAYCのフロア価格の推移（OpenSea）

出典：Dune Analytics「@anonfunction / Bored Ape Yacht Club Opensea Price Floor」をもとに作成

BAYCの実績

NFTブランドとしてトップの地位を築いたBAYCですが、その歴史は浅く、2021年4月、Yuga Labs（ユガラボ）によって発行されました。しかし、最初の1週間ほどはあまり伸びず、売れ残っていたというので驚きです。

BAYCは「Bored」とあるように、退屈している猿たちの物語を紡ぐNFTです。NFTのストーリーは次のようなものです。

> 2031年、お金を持て余した1万匹の猿たち。沼地でたむろし、何か変なことをし始めた。今、彼らはただ退屈しているだけ。
> 夢をかなえて裕福になったら……
> あなたなら、何をしますか？

たったこれだけですが、この書き出しのストーリーからBAYCのNFT所有者が集まり、コミュニティを形成しました。BAYCは**NFTにコミュニティ機能を組み込ん**

だ最初のプロジェクトといわれており、「NFTはコミュニティが重要」といわれるようになったのはBAYCの成功があるからです。BAYCには、BAYCのNFT所有者しか入れないコミュニティが用意されました。NFTコミュニティの居心地のよさは前節で説明したとおりです。BAYCの猿たちはそのなかで、自分たちがおもしろいと思う活動方針を提案し、運営元のYuga Labsが**今後の活動方針を示したロードマップを打ち出す**ことで、NFT所有の期待感を演出することに成功しました。

そのほか、BAYC関連の出来事としては、オークションハウスのSotheby's（サザビーズ）で、**101体のBAYCセットが約27億円で落札**されたことが挙げられます。これにより、「猿のイラストが27億円?!」というニュースが話題になり、BAYCへ注目が大いに集まりました。また、オークションハウスの老舗であるSotheby'sで取引されたことも、BAYCに箔（はく）を付けることとなりました。

▶BAYCのロードマップ2.0

出典：Bored Ape Yacht ClubのTwitterより

▶Sotheby'sでのBAYCの落札額

出典：Sotheby'sのWebサイトより

また、PFP（P.174参照）としては、NBAのStephen Curry（ステフィン カリー）選手やアーティストのEminem（エミネム）などの著名人が、おもしろがって**BAYCをSNSのアイコンに設定**したことも、BAYCの成長に大きく寄与しています。

「インタラクティブなコミュニティ」「猿たちの仲のよさ」「オープンな雰囲気」により、BAYCの文化が有機的に発展し、この文化に惹かれてNFTブランドの一部を所有したいと思う人がたくさん現れ、**Apesファミリーが誕生**します。

NFTコミュニティでは、BAYCが高くて買えないApesファミリーに対して、廉価版の「**Mutant Ape Yacht Club（MAYC）**」をつくったり、所有するBAYCを商用利用できるようにしたりすることで、NFTコミュニティを成長させました。そうした活動により、BAYCは**第2のCryptoPunks（クリプトパンクス）**と呼ばれるまでになったのです。

▶BAYCの主な活動

現時点で10,000人以上のコミュニティとなり活発な活動へ

DJ、バスケ選手、コレクターらアイコン変更

オラウータン保護団体に2,000万円の寄付

オンライン・オフラインでのイベントが開催

タトゥーやアップルウォッチにする人も

出典：miin氏のnoteより

2 ミーム文化に後押しされるBAYC

CryptoPunksとBAYCの対立構造

BAYCが成長するまで、NFTブランドのトップの地位にあったのはCryptoPunksでした。そのため、BAYCの成長に伴い、CryptoPunksとBAYCの対立構造は、NFT界隈でよく引き合いに出されるようになります。「NFTの価値が確立しているCryptoPunksを、後発のBAYCが超えられるか」というものです。イメージとしては、「最初のNFT」という揺るぎない称号を持つ、クールで賢い、ドット絵とはいえ人間のCryptoPunksに対して、何も考えていないような、CryptoPunksをまねた猿のBAYCという印象は「**スーツVSコミュニティ**」（P.60参照）の対立構造として成立します。

BAYCの見た目の「猿」から連想されるものに「猿まね」があります。実際、1万体という発行数やNFTのつくられ方は、CryptoPunksをまねたものであることは明らかです。NFTコミュニティ全体には「CryptoPunksの猿まねとして生まれた偽物が本物を超えたらおもしろくない？」という考えが広まり、これが**BAYCに価値を感じる人たちの踏み絵**として機能しています。

このような、模倣によって広まっていく「**ミーム文化**」は、アンチテーゼを好む文脈ではよくあることで、「**DOGE**(ドージ)**コイン**」などで顕著に見られます。DOGEコインはBTCをまねてつくられた、犬のロゴを冠したコインです。DOGEコインはジョークによってつくられ、特別な機能は何も持たないので、これらの暗号資産は「**ミームコイン**」と呼ばれています。

ミームの特性を持つブロックチェーン

ブロックチェーンはボトムアップの特性を持つ技術です。BitcoinもSatoshi Nakamoto氏からボトムアップ的に世界に広まり、今や金融資産と認められるまでに成長しました。筆者は当時のことを把握していませんが、生まれたばかりのBitcoinもミームのようなものだったと推察されます。

Bitcoinが初めて決済に使われた日として、「Bitcoin Pizza Day」という日があります。当時、1枚のピザは2万BTCで購入されました。これも「BTCでピザが買えた！」と話題になった時期があり、さまざまなミームがBitcoinの価値を喧伝する媒体として機能しました。これらのミームの多くは、文字を介さない画像や動画なので、言語や国境を越えて伝播しやすいという特徴があります。

Bitcoinで決済できることが珍しかった時代と比べて、今のBitcoinは絶大な信用を勝ち取りました。もうBitcoinで決済して笑う人はいません。ミームを楽しむ人が、既存の仕組みを利用する人より多くなれば、**ミームはミームでなくなり、虚が実になる**のです。ブロックチェーンに文脈を合わせると、**ミームは既得権益に対する「51%攻撃」に近い性質**を持ちます。51%攻撃とは、51%の人が正しいと認めれば、間違った取引も正しい取引として承認されることを狙った攻撃のことです。Elon(イーロン) Musk(マスク)氏は「人生は皮肉なものだ。ジョークでつくられたDOGEコインが、本当に通貨として使われるようになれば、これこそ最高の皮肉だ」と、ミームの性質を表す名言を残しています。

虚が実になることは、これまで虚をばかにしてきた人への最高のアンチテーゼになります。これを理解してDOGEコインを応援するMusk氏は、世界最高のミーム職人といえるでしょう。DOGEコインを王にしようとするMusk氏のミーム画像を見て笑える人は、これらの背景をよくわかっている人の証です。

国境を越えて伝播しやすい最高のミームをつくることができれば、マーケティングは成功したも同然です。あとはユーザーがミームをおもしろがり、さまざまなコミュニティやTwitterなどに貼り付けて広まるネットワーク効果が生まれます。

▶ Elon Musk氏が支持するDOGEコイン

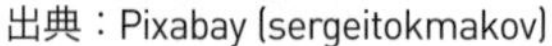
出典：Pixabay (sergeitokmakov)

出典：Elon Musk氏のTwitterより

ミーム文化の特徴

DOGEコインの事例から学べることは、主に次のことです。

1. ミームは意味がないように見えるが、私たちが誰であるか、何を信じているか、何を軽蔑しているかなどを**世界に伝える踏み絵**として重要な役割を担っている
2. 専門用語を多用した言語は「理解できる」人たちの特権的なクラブを生み出すだけだが、**ミームは言語を介さない共通語**になり得る
3. 支配的な既得権益の欠陥を攻撃し、信じれば簡単に手に入る、明るく充実した未来を示す、**シンプルで拡散性の高いミーム**をつくれば、成功は目前である

BAYCやCryptoPunksは、**世界で認知されたミームNFT**なので、これに関わりたいと思う人がたくさん集まってきます。それらの人々は何らかのスキルを持っているので、NFTコミュニティ内で仕事が完結することが強みです。たとえば、何らかの企画を立ててエンジニアが必要になったとき、NFTコミュニティに声をかければ人を集められます。声をかけた相手が企画を気に入れば、その時点で参加が決まり、**前提の説明やNFTの勉強などのコストが0で始められる**というメリットがあります。そのため、BAYCはコラボグッズの展開や各方面との共創などが多いことが特徴です。そして、NFTコミュニティの発するニュースが多いほどBAYCの価値が高まり、CryptoPunksを超えるための地盤が整っていきました。

こういった背景もBAYCを後押しすることで、2021年12月にはフロア価格がCryptoPunksに並び、BAYCはNFTブランドのトップの地位を勝ち取るのです。NFTの歴史が動いた瞬間といえるでしょう。

3 トップダウン型のNFTブランドとしてのBAYC

管理者の意思決定によるコラボレーション

Web3.0では「コミュニティ」と「分散」が重要視されますが、**たいていのNFTブランドには運営者が存在**します。BAYCの場合はそれがYuga Labsであり、Yuga Labsが**トップダウン型**で意思決定を行うのです。Web3.0は中央集権型のアンチテーゼとして発展してきましたが、トップダウン型にもメリットはあります。それは、分散型より**意思決定が早く、資金投入により急速に成長**できる点です。BAYCはトップダウン型のNFTブランドのトップなので、その地位を利用し、NFTの可能性を拡張させるためのさまざまな施策を展開し始めています。

その1つが**企業とのコラボレーション**です。BAYCとadidasのコラボNFTが販売されると、26億円相当のNFTが一瞬で売り切れました。BAYCの影響力の高さを物語る事例であるとともに、「世界的な大企業×NFTブランド」の取り組みとして考え抜かれた、現時点での理想的な施策の1つといえるでしょう。BAYCはハリウッドへの進出や、BAYCのNFT所有者による音楽バンドの結成なども試みており、企業とのコラボレーションは加速していくと考えられます。

▶BAYCとadidasのコラボのビジュアル

出典：adidasのWebサイトより

Yuga Labsのさらなる展開

Yuga Labsはさらに、ベンチャーキャピタルのAndreessen（アンドリーセン） Horowitz（ホロウィッツ）から550億円を調達しています。これも、トップダウン型だからできる施策です。この資金

7 NFT市場

を利用し、ライバルであったCryptoPunks、運営元が同じであったMeebits（ミービッツ）というNFTブランドを買収しており、NFT市場でアベンジャーズ化しています。

BAYCはNFTですが、「**ApeCoin**（エイプコイン）」という暗号資産も発行しています。このApeCoinで購入可能なメタバースの土地が売り出され、370億円で完売しました。今後、**メタバースへの進出**も示唆されており、メタバースの開発自体はバーチャル空間の構築を担う企業が中心となって実施していくと発表されています。Yuga Labsがどんな展開をしていくのか、まだまだ話題が尽きることがなさそうです。

Web3.0時代のGAFAになり得る筆頭候補の1つがYuga Labsであり、彼らは**株式ではなくNFTを発行**し、**NFT所有者が株主**になるという、株式会社とは異なる新しい企業形態をもってWeb3.0の一丁目一番地を狙っているのです。

4 ボトムアップ型のNFTブランドであるLoot

文字情報のみのNFT

トップダウン型のNFTブランドの対局に存在するのが、**完全分散型のNFTブランド**です。分散しているのでブランドと呼んでいいのかわかりませんが、Web3.0時代の新しいコンテンツをつくる試みとして非常に興味深いものです。

「**Loot**（ルート）」は**文字情報のみのNFT**です。EtherRock（P.173参照）のような岩のNFT、インビジブルロックという透明な岩のNFTと来て、ついに文字情報だけのNFTが登場します。このプロジェクトはショート形式の動画共有サービス「Vine（ヴァイン）」の生みの親であるDom（ドム） Hofmann（ホフマン）氏が、2021年8月27日にローンチしたNFTシリーズです。NFTはGas代（P.107参照）のみで0円で発行できるので、NFTイノベーターがこぞって発行し、3時間以内に8,000個のNFTが発行されました。ローンチされてから1週間ほどで、1日あたり1億ドル以上の取引量があり、フロア価格は15ETHで、当時600万円ほどの価値がついていました。

アイテムの入ったバッグを購入するイメージ

Lootを一言でいうと、「**アイテムの入ったバッグ**」です。NFTを1つのバッグと捉え、そのなかに入っているテキストがアイテムを指します。そして、そのバッグを入手したユーザーが「アイテムの使い道」を考えて遊ぶNFTなのです。

いうなれば、アイテムの設定資料だけを公開しているようなものです。そこから**ユーザーはコンテンツを制作**できる設計になっています。バッグの中身は基本的に、冒険用の装備として8つのアイテムや特性が入っており、武器や防具などがあります（次図参照）。特性に応じてレアリティの要素もあります。

▶発行されたLootのNFT

出典：OpenSea「Loot (for Adventurers)」のWebページより

コンテンツ制作の手法と価値の変化

これまでのNFTは、**トップダウン型のアプローチがほとんど**で、NFTクリエイターがプロフィール画像やゲームアイテム、アートなどを制作する必要がありました。住居にたとえれば、まずは家をつくってNFT所有者に売り、そのあとに家具や雑貨などをつくって売っていくイメージです。これをNFTクリエイターがすべて1人で行うのは、とても大変なことです。加えて、そのようなことができるNFTは少なく、需要はBAYCのような価値の高いNFTに集中し、価値の浸透していないNFTは見向きもされませんでした。一方、Lootが実現したのは、**ボトムアップ型のアプローチ**です。

▶ボトムアップ型によるNFTの変化

典型的なNFT＝トップダウン型

クリエイター

価値を生み出す

・無料トークンの配布
・アバターの制作
・メタバースの構築
・ストーリーの作成
など

NFT

Loot＝ボトムアップ型

NFT

価値を生み出す

・ゲームの開発
・アバターの制作
・メタバースの構築
・ストーリーの作成
など

コレクター

このアプローチにおいて、NFTの価値は単一の資産や個人などだけに結び付けられません。先ほどの住居の例で考えると、従来は家を売りましたが、Lootは「れんが」を売るようなイメージです。れんがを持っているユーザーは、れんがを集め、何をつくるかを考えることができます。家を建てることも橋をかけることもできます。Lootが用意したキャンバスに、ユーザーが設計図を描いていくのです。そのため、Lootの価値は**未来のNFTクリエイターのアイデアに極度に依存**することになります。実際にLootのバッグに入っているアイテムからキャラクターをつくり、新しいNFTを発行する派生プロジェクトが複数立ち上がっています。

▶ HyperLootの例

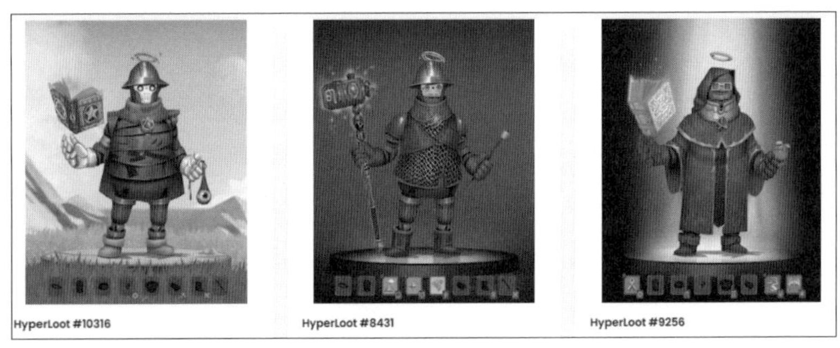

出典：OpenSea「HyperLoot」のWebページより

▶ Loot: Explorersの例

出典：OpenSea「Loot: Explorers」のWebページより

上図のような派生プロジェクトは、キャラクターを制作するものですが、Lootは設定資料なので、漫画でもアニメでも制作可能です。制作されたキャラクターは今後、その世界でのアバターやメタバースのキャラクターとして使用されるなど、**さまざまなコラボレーションが行われる**ことが期待されます。

Lootを取り巻くコンテンツの経済圏は、総称して「Lootverse（ルートバース）」などと呼ばれ、さまざまなプロジェクトが立ち上がっています。そして、**すべてのコンテンツの中心にあるのはLootのNFT**です。Fat Protocol（P.75参照）の仕組みをNFTで忠実に再現しているプロジェクトといえるでしょう。

▶Lootを取り巻くコンテンツの経済圏のイメージ

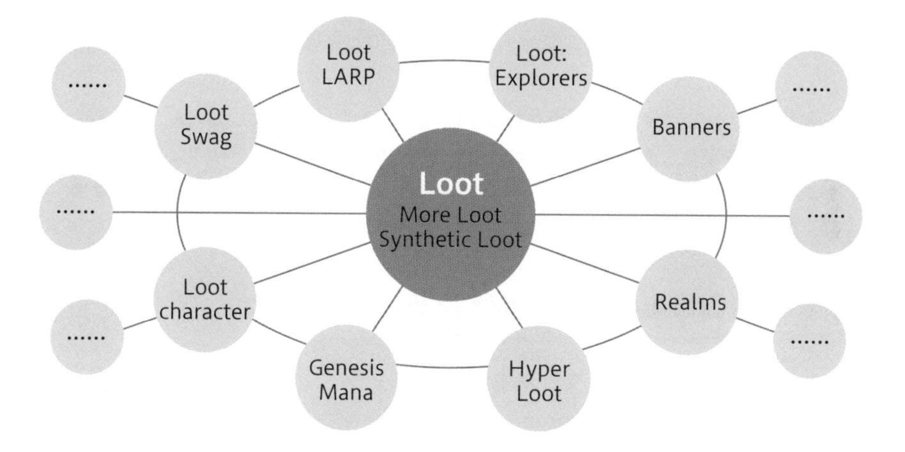

まとめ

- □ NFTブランドにはトップダウン型とボトムアップ型があり、トップダウン型はBAYC、ボトムアップ型はLootが代表的
- □ BAYCはコミュニティ機能を組み込んだ最初のプロジェクトといわれる
- □ 模倣によって広まる「ミーム文化」によりBAYCは成長し、第2のCryptoPunksと呼ばれるまでの地位を築いた
- □ ミームは私たちが誰であるか、何を信じているか、何を軽蔑しているかなどを世界に伝える踏み絵として重要な役割を担っている
- □ Lootは文字情報だけのNFTであり、ユーザーはその文字情報から自由にコンテンツを制作できる

7-5

NFTの価値を高める要素

ここではNFTの価値を高める要素について分析します。

前節では、NFTブランドの代表格であるトップダウン型のBAYCと、ボトムアップ型のLootの特徴を解説しました。ここでは改めてNFT自体に視点を戻し、「NFTにどんな要素があれば価値が高まるか」を考えてみましょう。たとえば、画像などのデータの保存場所、コンテンツの権利の問題、クリエイター中心の経済圏などの要素が挙げられます。

1 NFTの価値を高めるフルオンチェーン

データベース上のデータにある消失のリスク

NFTの価値を判断する基準の1つに、**データの保存場所**があります。一般的なNFTの画像などは、データ容量が大きいので、ブロックチェーン上ではなく（P.168参照）、NFT発行者のデータベースに保存されています。そのため、データが差し替えられたり消失したりするリスクがあります。したがって、**データの保存場所が強固であるほど価値が高いNFT**といえます。

ブロックチェーン上に保存できると価値が高い

そういった意味では、Lootはすべてのデータがブロックチェーン上に記録され、改ざんできないようになっています。そのため、価値が高いNFTといわれます。すべてのデータがブロックチェーン上に記録されたNFTを「**フルオンチェーンNFT**」と呼び、NFTとしての価値が高いものとして認知されています。

Lootの場合は、データ自体が容量の小さいテキストデータなので、スマートコントラクト（スマコン）に直接記録できるのです。**ドット絵なども同様にフルオンチェーン**のものが多く、NFTの価格が高い理由にもなっています。

フルオンチェーンNFTは、発行されたブロックチェーンがある限りデータも存続するので、NFTが残り続ける可能性が高くなります。また、スマコン上にすべてのデータが記録されているので、**データを読み込みやすくなります**。これらの特徴により、開発者が派生プロジェクトを構築しやすくなり、ネットワーク効果を得やすくなるというメリットもあります。

▶NFTの保存場所による違い

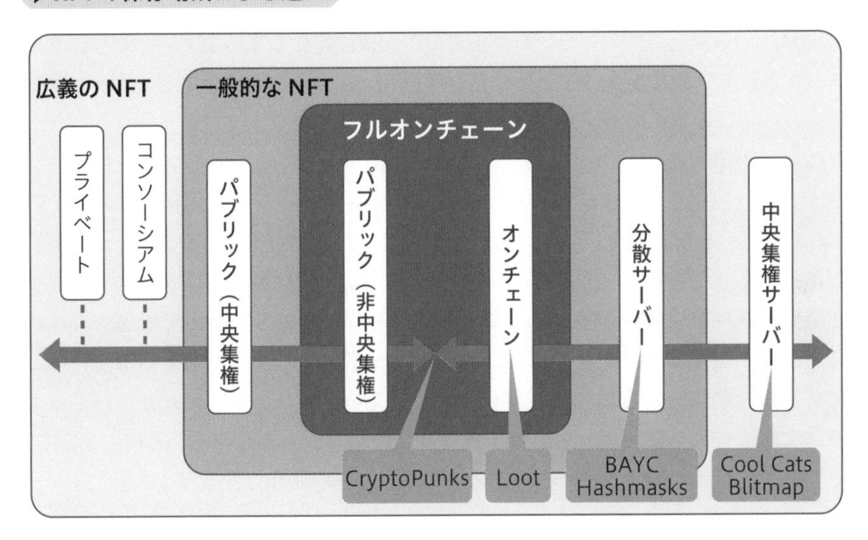

2 権利を放棄するクリエイティブ・コモンズ「CC0」

機能の追加や拡張、再利用などが自由

Lootをはじめ、コンテンツ制作を行う際に注意したいのが**権利の問題**です。Lootでは**クリエイティブ・コモンズ「CC0」のライセンス**を掲げています。

CC0とは、「コンテンツの作者や所有者が**著作権による利益を放棄**し、コンテンツを完全にパブリック・ドメインに置く」ことを宣言するものです。CC0により、ほかのNFTクリエイターが著作権による制約を受けず、自由にコンテンツに機能を追加し、再利用できるようになります。CC0であることで、**ミームや派生プロジェクトなどが構築しやすくなる**のです。

Web2.0とWeb3.0の考え方の違い

CC0に至った背景には、Web2.0とWeb3.0の考え方の大きな違いがあります。「**Web2.0思考**」ではソースコードを公開せず、自社内で保持します。これは、ソー

スコード自体や技術自体に価値があると考えているためです。反対に、「Web3.0思考」ではソースコードを公開し、オープンソースとして広く利用してもらうことが基本です。「コピーされて偽物ばかりになり、Web3.0プロトコルに価値がなくなるのでは？」と思われるかもしれませんが、そうはなりません。すでに世界中で利用されているBitcoinやUniswap（ユニスワップ）のようなプロトコルは、ソースコードが公開されており、それをコピーしたプロジェクトが大量に発生しています。しかし、プロトコルとしての価値を失っておらず、コピー元より大きな信用とコミュニティが加えられ、そこに多くの接続サービスが存在しています。

これらの事実から、Web3.0は「コードや技術ではなく、サービスを支援するコミュニティと、そこに連結されるサービスが提供する利便性に価値がある」ということが学べます。CC0についても「著作権ではなく、NFTやコミュニティに価値がある」という考え方で生まれたものの1つです。NFTに紐づくコンテンツデータがコピーされて偽物が現れても、コミュニティは模倣できないので問題なく、むしろ偽物が増えるほどそれが新しい広告となって本物の価値が高まる構造になっています。悪意のある偽物の登場は歓迎されることではありませんが、CC0による二次創作作品の出現は、もとになったNFTの新しい一面を描くことになります。そのため、作品が増えるほど、もとのNFTブランドの価値は高まります。

NFTプロジェクトの成長

もともとNFTは、高いコンポーザビリティ（P.78参照）があるので、「運営会社の異なる複数のゲームで同じNFTを使う」といったことが可能でした。これに対してLootは、このNFTの特徴を「究極にシンプルなかたち」に変化させ、さらに高い価値を生み出します。この変化は革命的であり、「NFTプロジェクトはCC0であるべき」という論調がNFT界隈に広まり、CC0を掲げる後発プロジェクトが増えました。Lootが新しい文化を築いたことで、Loot自体の価値も高まりました。

Lootには管理者がいません。コアの開発者もクリエイターもいません。ロードマップもありません。すべてが分散されています。だからこそ、どんなものに変化していくかわからない、限界のない広がりがあります。

トップダウン型が先行したことで、「NFTといえばBAYC」という印象が持たれやすいですが、Lootのようなボトムアップ型のNFTプロジェクトも着実に成長しています。また、CC0によって権利を放棄することで、ネットワーク効果が高まり、ボトムアップでつくられたコンテンツが増加しやすくなります。ここからWeb3.0時代に対応したIPコンテンツ（知的財産）が生まれるかもしれません。

3 Web3.0で実現されるクリエイター経済圏

Web3.0へのシフトによる経済圏の変化

NFTのCC0化は、**クリエイターにも恩恵**があります。

Web2.0はクリエイター搾取の世界でした。テックジャイアントはクリエイターにコンテンツを提供してもらう代わりに、「いいね！」を返していました。それにより、クリエイターの承認欲求を一時的に満たすことで、プラットフォームに滞留するコンテンツを増やし、企業から広告料を徴収していましたが、クリエイターには1円も還元されていませんでした。最近になり、YouTubeやSubstackなどのようなクリエイターがマネタイズできる仕組みを提供するサービスも登場し始めましたが、**クリエイターが制作したコンテンツを使ってプラットフォーマーが莫大な利益を得る構造**は、これまでの「当たり前」でした。

一方、**Web3.0はクリエイター中心の経済圏**になります。Web3.0ではクリエイターがP2P取引により直接マネタイズでき、プラットフォーマーに回っていたお金がクリエイターに回るので、「クリエイター経済圏」などと呼ばれています。

大きな変化としては、次の3つがあります。

1. クリエイターの収益性の向上
2. 体験価値に応じた柔軟なプライシング
3. ファンがコンテンツを自発的に宣伝するインセンティブ

クリエイターの収益性の向上

NFTのプラットフォームやマーケットプレイスなどは存在します。しかし、**コンテンツデータ自体はクリエイターが所有**するので、たとえばマーケットプレイスが手数料を上げると、クリエイターはほかのマーケットプレイスへ移るといった対処ができます。つまり、**プラットフォームへの依存度が下がる**のです。そうすると、後発プラットフォームは手数料を上げることが難しくなり、先発より手数料を下げることで、クリエイターを誘引しようとします。実際、世界トップのNFTマーケットプレイスであるOpenSeaの手数料は2.5%ですが、後発のLooksRareは２%の手数料となっています。プラットフォームの手数料を下げると、クリエイターの利益は数倍に増加します。たとえば（次図）、収益が20万円、制作費が８万円、手数料が10万円の場合、利益は２万円ですが、手数料がなくなると、制作費のみがコストとなり、利益は12万円（６倍）になります。

▶手数料が下がると利益が増加

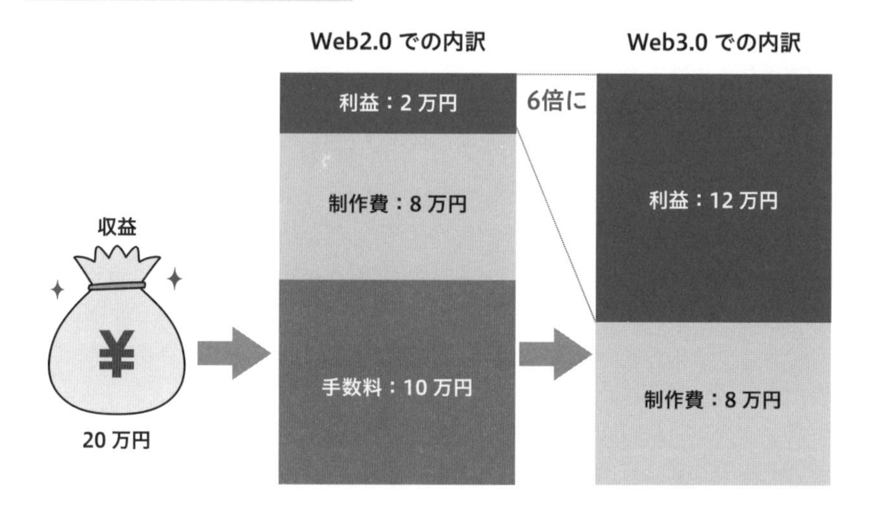

もちろん、これほど単純ではありませんが、クリエイターに回るお金が増え、収益性が改善されれば、クリエイターはたくさんの仕事をこなす必要がなく、制作に集中できるようになります。そうすることで、**よりよいコンテンツが生まれる可能性が高く**なっていきます。

体験価値に応じた柔軟なプライシング

クリエイター経済圏がもたらす効果の２つめは、**きめ細かな価格設定ができる**ようになることです。広告ベースのモデルでは、ファンの熱狂度に関係なく、ほぼ一律に収益が発生します。一方、NFTはデジタルコンテンツなので、熱狂的なファンが求める体験価値の高さに応じて、適切なコンテンツを提供できます。

これにより、価格を段階的に切り分けることができるようになり、収益を最大化できます。実際、NBA Top Shotは、10万円以上のものから1,000円程度のものまであり、BTCの場合は好みに応じて小数点第８位から購入できます。細かな粒度で価格を設定できるので、クリエイターは需要曲線の下に広がる、できるだけ多くの領域から収益を得ることができるのです。市場にはさまざまな価格のNFTがあり、ファンは**支払える予算と体験価値を考慮して最適なNFTを選べます**。このことも、コレクティブルNFTが流行している要因の１つです。

▶広告ベースのモデルと段階的な価格設定の収益の比較

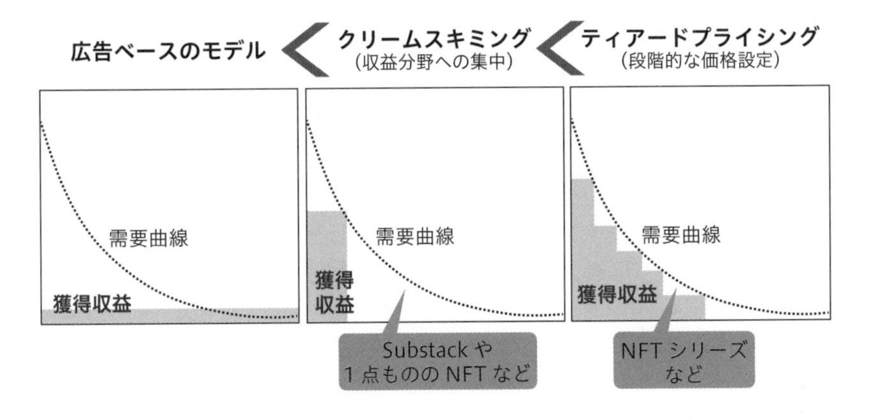

ファンがコンテンツを自発的に宣伝するインセンティブ

トークンには**株式と同じ特性**があります。トークンを保有したファンはクリエイターの株主（のようなもの）になるので、「トークンの値上がり」を期待する内発的動機により、コンテンツを広めるインセンティブが生まれます（P.65参照）。もし、これからNFTに参入するクリエイターなら、LootのようなCC0のプロジェクトに沿ってNFTを制作することで、**Lootコミュニティのメンバーがその作品を積極的にコミュニティ内で宣伝してくれる可能性**があります。既存コミュニティへの貢献度を高めながら、少しずつクリエイターとしての経験と実績を積み、徐々にクリエイター自身のファンを増やしていくことができるでしょう。

NFTはクリエイターにとっての「蜘蛛（くも）の糸」

「**クリエイターと1,000人の真のファン**」という考え方があります。「真のファン」とは、クリエイターのコンテンツにお金を支払い、支援してくれるファンのことです。たとえば、クリエイターのライブのために遠距離を移動して見に来てくれたり、クリエイターの制作したフィギュアをひと目見て購入してくれたりする熱狂的なファンのことです。「1,000人の真のファン」とは、クリエイターとして生きていくために、世界的に有名にならなくても、**1,000人の真のファンがいればよい**ということです。「1,000人の真のファン」の考え方は、クリエイターとユーザーがグローバルにつながり、仲介者の制約を受けず、アイデアや利益などを共有するという、インターネットの本来の理想に基づいています。

インターネットが登場した当初、インターネットが究極の仲介者となり、**クリエイター経済圏が構築され、どんなにニッチなクリエイターでも真のファンを見つけられるのではないか**という期待感がありました。しかし、そこには至らず、現在のGAFAのような中央集権型のソーシャルプラットフォームがクリエイターとファンをつなぐ手段として主流になったのです。

実際、Web1.0のインターネットでは、クリエイターとファンをつなぐ「信用」が担保されていませんでした。「お金を振り込んだら、クリエイターはきちんと商品を送ってくれるのか？」「商品を送ったら、ファンはきちんとお金を振り込んでくれるのか？」といった「**カウンターパーティリスク**（取引相手の信用リスク）」が常にありました。クリエイターやファンがそのリスクに対して**信用コスト（P.70参照）を負うには、まだコストが大きすぎた**のです。

Web3.0の到来によりWeb2.0の集権性がたたかれることがありますが、**「集権性の便利さ」により巨大な市場になった**のです。プラットフォームは便利さと信用コストを一手に引き受けることで、クリエイターとファンをつなぎ、代わりに広告やレコメンデーションなどを介在させることで、収益の多くを自分たちのものにする、といった経緯を経て新たな仲介者となった歴史があります。

一方、NFTは、**クリエイターがファンと直接つながる機会**を提供してくれるものです。まだ始まったばかりですが、Web3.0経済圏が整っていくことで、1,000人の真のファンを抱える小さなコミュニティがたくさん構築されていくことになるでしょう。NFTはクリエイターをWeb2.0から救うための「蜘蛛の糸」となる可能性があるのです。その第一歩として我々ができることは、まずはNFTを買ったり、本書を身近なクリエイターとシェアしたりすることです。それが、**クリエイターをWeb2.0から解放し、Web3.0を発展させるきっかけ**となります。

まとめ

- フルオンチェーンNFTはデータ消失のリスクが低く、価値が高いとされる
- トップダウン型は企業コラボや資金投入によって発展する一方、ボトムアップ型はCC0でコミュニティのネットワーク効果を成長させている
- クリエイターとファンが直接つながり、クリエイター経済圏が生まれる
- クリエイター経済圏では柔軟な価格設定ができ、収益性が向上する
- NFTはWeb2.0からクリエイターを救う「蜘蛛の糸」になる可能性がある

第8章

dApps 市場

1 dApps の代表といえる dApps ゲームの発展 ―― 200
2 Play to Earn を実現するトークン経済圏 ―― 210
3 Web3.0 から見たメタバース ―― 222

8-1
dAppsの代表といえるdAppsゲームの発展

ここでは分散型アプリケーションであるdApps（ダップス）について解説します。

前章ではNFTについて解説しました。ここからは分散型アプリケーションであるdAppsについて解説します。まずはdAppsの一領域であるdAppsゲームを取り上げ、dAppsゲームがWeb3.0に与えている影響や、dAppsゲームの歴史について概観していきます。

1 分散型アプリケーションであるdApps

dAppsの特徴と定義

「**dApps**」とは、**分散型アプリケーション**のことです。dAppsの特徴としては、次のようなものが挙げられます。

- ブロックチェーン技術を使った**オープンソース**のアプリケーション
- 管理・運営する中央管理者は存在せず、**分散的に管理**される
- トークンとスマートコントラクト（スマコン）によりオペレーション（決済や手続きなど）が**自動で実行**される
- アップデートの際にユーザーが**合意形成を行うガバナンス**の仕組みがある

dAppsは中央集権的ではなく、分散的に機能し続けるアプリケーションです。広義にはBitcoinやUniswap（ユニスワップ）のようなDeFi（ディーファイ）、分散型Stablecoin（ステーブルコイン）などを指し、狭義にはNFTなどのトークンを組み込んだゲームなどのアプリケーションを指します。後者は「**dAppsゲーム**」や「**GameFi**（ゲームファイ）」などとも呼ばれます。

分散といっても、開発された瞬間から分散させることは不可能です。最初はdApps開発者が存在し、少なからず中央集権的な部分が残っているので、**分散には度合い**があります。そのため、「dApps＝分散を目指しているアプリケーション」という程度に捉えておくとよいでしょう。

▶分散の度合いの例

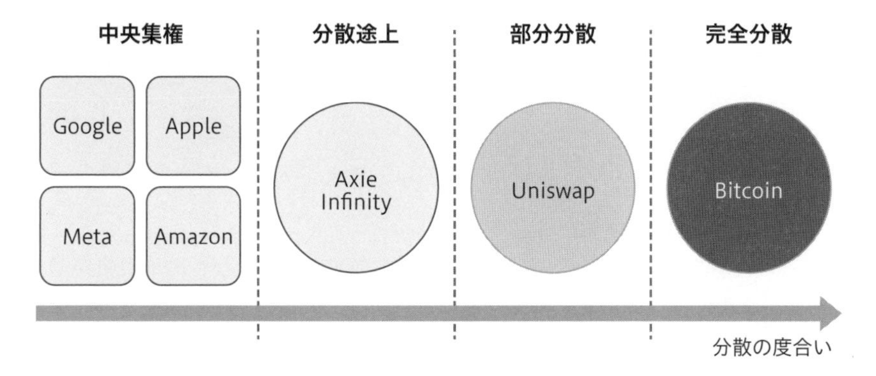

参考までに、2022年4月時点では、米国のSEC（米国証券取引委員会）が「人が動かしているアプリケーションではなく、完全に分散している」と認めるものは、BitcoinとEthereumだけです。

ユーザーが気軽に体験できるdApps

dAppsでイメージしやすいものは**ゲーム**でしょう。dAppsはアプリケーションなので、スマホアプリなどと同じレイヤーに位置し、**ユーザーが最も触れやすいWeb3.0サービス**です（P.50の図参照）。DeFiやStablecoinなどは金融の知識がなければ触ることができませんが、ゲームであれば誰でも気軽に触って遊べます。そのため、ゲームからWeb3.0に参入する人も多く、**ユーザー数が多い**という特徴があります。

2 Web3.0の入り口となるGameFi

GameFiへのリブランディング

2021年以前、FTやNFTの仕組みを取り入れたゲームは「dAppsゲーム」「NFTゲーム」「ブロックチェーンゲーム」などと呼ばれていました。それらは、ブロックチェーンがWeb3.0にリブランディングされたことに合わせ、「**GameFi**」と呼ばれるようになりました。これは、誰かがリブランディングしたわけではなく、社会的にそう呼ぶ風潮になったという程度の変化です。

GameFiは**「Game（ゲーム）」と「Finance（金融）」を組み合わせた造語**です。

ゲームを遊びながらお金を稼ぐ「**Play to Earn**」(P.58、P.164参照)という特徴により、新しいお金の稼ぎ方として話題になりました。

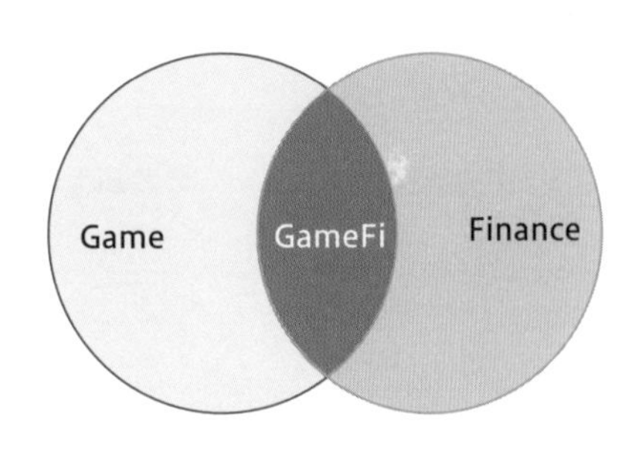

GameFiの直近の実績

ゲームの需要があることで、dAppsで使われるNFTやトークンの取引量が増えるため、まずはNFT取引量を見てみましょう。Ethereum上のデータを可視化するDappRadar(ダップレーダー)の、2022年Q1(第1四半期)レポートによると、NFT取引量は約120億ドル(1.6兆円)で、2021年Q4(第4四半期)から横ばいの年間6兆円ペースで成長しています。DeFiは2021年Q1に比べて8%ほど減少したものの、DeFi市場は約2,140億ドルのTVL(P.99参照)を保有しています。

ロシアのウクライナ侵攻による経済危機においても、dApps市場では**1日238万件のユニークユーザーの接続**が確認されており、その半分がゲーム関連とのデータが出ています。特にWeb3.0では、**ゲーム系プロジェクトへの投資が加熱**しており、2022年Q1で約25億ドル(3,300億円)以上が投資されています。

そもそも**Web3.0とゲームは相性のよい領域**です。ゲーム内にはすでに、ゲーム内通貨やギルド、アイテムなどの経済圏が存在しており、ユーザーはそれらに触れてきているので、トークンを組み込んだGameFiにも違和感なく参入できます。ゲームであれば、複雑なルールを理解したりインセンティブ設計を把握したりするのは普通のことです。Web3.0の複雑なUI/UXも、ゲームの要素を組み込むことで、ユーザーはゲーム感覚でDeFiの仕組みを知ったり、新しい技術のリテラシーを高めたりすることができます。GameFiがWeb3.0の入り口になり、**新規ユーザーへの学習機会を提供**しているのです。これがゲームの利点です。

GameFiの金融面でのメリット

続いて、Finance(金融)面のメリットです。具体的には、ゲーム内のキャラクターを貸し出して手数料を取ったり、ゲーム内でトークンを稼ぎ、それを売って収益化したりすることが可能になりました。たとえば、GameFiの1つである「Axie Infinity(アクシー インフィニティ)」(P.164参照)は、**自分のNFTを他人に貸し出す「スカラーシップ」**という機能を実装し、貸主と借主の両者にメリットのある仕組みを構築しました。

このスカラーシップにより、借主は借りたNFTを使い、ゲーム内でトークンを稼げます。他方、貸主はNFTを貸して手数料を取ることができます。

このメリットにより、1人で100人以上のスカラー（借主）を抱えるAxie富豪も現れたほどです。さらに、Axieユーザーの4分の1が銀行口座を持っていないというデータもあり、GameFiはこれまで**金融に縁がなかったユーザー層を獲得**することにも寄与しています。

GameFiにより、ゲーム内にトークンを組み込み、ユーザー間で経済を循環させ、コミュニティを拡大させていったのがAxie Infinityです。その拡大の速さはすさまじく、Axie Infinityの開発元であるSky Mavis（スカイ メイビス）が発行する暗号資産「**AXS**」の時価総額は、2021年10月時点で**約4兆円**になりました。これを世界的なゲーム会社の時価総額と比較すると、**世界第5位の金額**にあたります。GameFiがたった数年でこの規模にまで拡大したことが、世界に衝撃を与えたのです。

Axie Infinityが誕生した2018年頃、Sky Mavisはわざわざ日本で交流イベントを開催し、ゲーム内のキャラクターをビンゴの景品として配っていました。それがたった3年で世界的な大企業に成長し、ゲームで遊ぶ人が増え、需要が伸びたことで、景品になっていた初期のキャラクターの価値は数百万円に高騰しています。Web3.0の成長の早さを物語るエピソードです。

▶ 時価総額上位のゲーム会社（2021年10月時点）

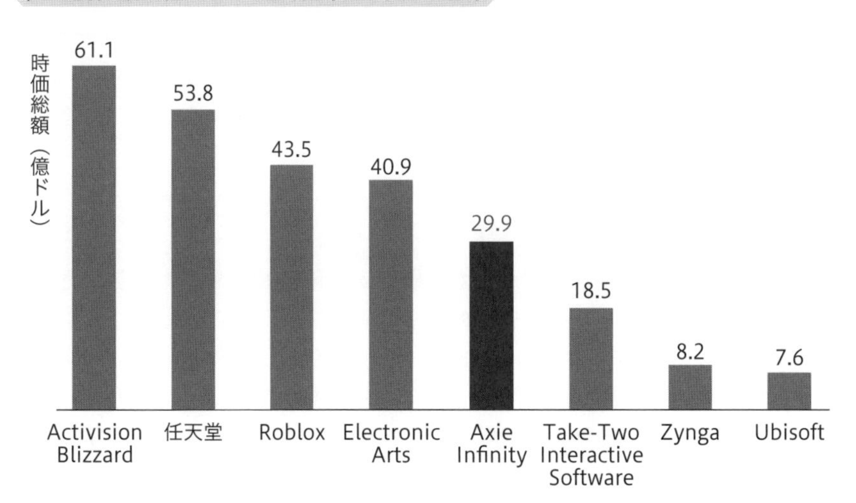

※Axie Infinityは暗号資産「AXS」の希釈後時価総額であり、それ以外は株式の時価総額
出典：Messari「Video Game Companies by Market Capitalization」をもとに作成

3 dAppsゲームの歴史

「1,300万円のデジタル猫」の登場

Axie Infinityについては次節で詳しく取り扱いますが、その前にdAppsゲームがどんな経緯で現在に至っているのか、その歴史を紐解いてみましょう。

NFTを語るうえで外せない事例に「**CryptoKitties**（クリプトキティーズ）」があります。CryptoKittiesはさまざまな姿をしたデジタル猫を収集するゲームで、**ゲーム内の猫がNFT化**されています。現在のNFTやGameFiの元祖ともいえるプロジェクトです。珍しい柄や特性を持つ猫は価値が高く、OpenSea上で頻繁に取引されました。そして2017年11月、猫が1,300万円で落札されたというニュースが世界を駆け巡りました。

▶CryptoKittiesのトップページ

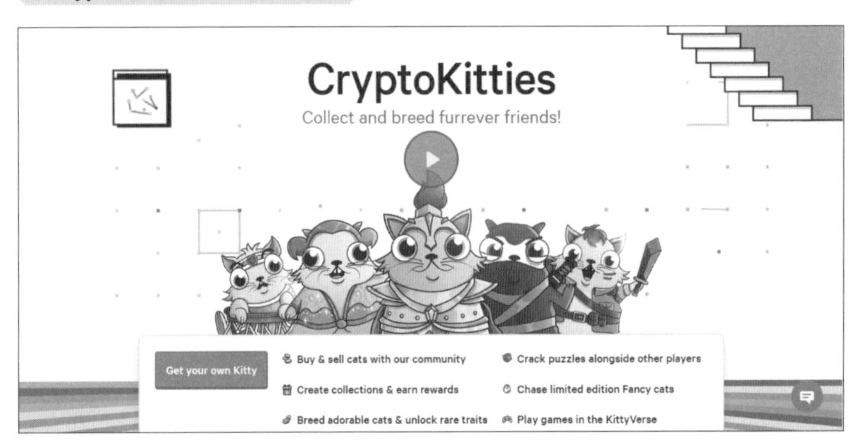

出典：CryptoKittiesのWebサイトより

筆者は当時、お金を稼ぐ「投機」が中心だった暗号資産にあまり興味が持てませんでしたが、このニュースは衝撃的で、いまだに記憶に残っています。ニュースを見た瞬間、「なぜデジタル猫に1,000万円ほどの価値がつくのか？」と思い、そこからNFTの存在を知り、「**世界を変える可能性のある技術**」と感じました。その頃、日本はソーシャルゲームの全盛期でしたから、その流れをすべて塗り替えるようなムーブメントが起こることを予見させました。見事に、Web3.0プロトコルの成長サイクル（P.37参照）である「価格高騰」→「興味」→「気づき」→「ファン化」の流れに乗り、ブロックチェーン技術のファンになったわけです。

なかでも、ゲームで遊ぶことで、**ゲーム内のキャラクターやアイテムなどがNFTとして手に入り、それらを育て、売却して稼げる**点に筆者は感動しました。ゲーム好きなら誰もが思い描く「ゲームだけをして生活したい」という夢を実現する技術と思えたからです。**Web3.0とゲームの相性のよさ**を実体験で感じました。

CryptoKittiesの開発チームは、のちにDapper Labsと名乗り、NBAと提携してNBA Top Shot（P.158参照）を開発し、2021年のNFTブームの火つけ役も担っています。

暗号資産バブルの崩壊に伴うdAppsゲームの低迷

初期のdAppsゲームには、インターネット黎明期のフラッシュ動画感のあるゲームが大量に登場しました。その1つが「**Etheremon**（現Ethermon）」です。ポケモンのような見た目のモンスターがNFT化されているゲームで、Axie Infinityと同様、NFTを集めたり、育てて戦わせたりすることができるものです。

Etheremonは2018年前半に誕生し、dAppsゲーム市場に一大ムーブメントを起こしました。Ethereum上の取引の大部分をEtheremonが占めるほどの人気と勢いがありましたが、2018年前半といえば**暗号資産バブルが崩壊**した時期です。これにより、dAppsゲーム内で使われるETHが下落し、dAppsゲーム市場が低迷する「冬の時代」となり、徐々にユーザーは減っていきました。運営会社も資金難により潰れ、2019年6月に開発が頓挫してしまいます。

▶Ethermonのトップページ

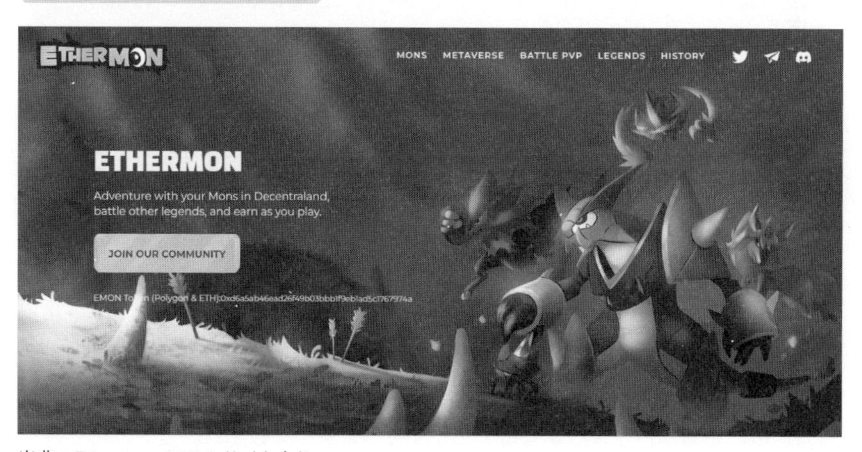

出典：EthermonのWebサイトより

dAppsゲームが通常のゲームと異なるのは、ゲーム内のキャラクターがNFT化され、データがユーザーの手元に残る点です。Etheremonには熱狂的なファンがいたので、そのファンが運営を引き継ぎ、今はEthermonとして開発が進められています。**運営会社の潰れたゲームが、ファンに引き継がれ、運営が継続される**というのは胸を打つ話です。現在は「**Decentraland**（ディセントラランド）」のバーチャル空間上で、Ethermonと散歩ができる程度には進化しているようです。これまで2D画面で育ててきたキャラクターと散歩ができるというのは、非常に愛着が湧きます。

スマホゲームのサービス終了により、今まで課金して育ててきたキャラクターや、集めてきたアイテムなどがすべて無価値になってしまった経験のある方は、この素晴らしさに共感できるのではないでしょうか。**NFTであればデジタルアイテムを「真」に所有できる**ので、それまでの課金が無駄にならず、いつまでも「思い出」として残しておくことができます。

初期のdAppsゲームは、試行錯誤をしながらゲームを開発し、遊んでいたので、非常に混沌としていました。しかし、そんななかでも、**NFTを介した遊び方**の片鱗は現れていたといえます。

フェアなギャンブルゲームが多く誕生

比較的簡単に開発できて楽しいゲームといえば**ギャンブル**です。dAppsゲームの初期は、ギャンブルゲームが大量に現れ、消えていきました。なかでも「**Bitpet**（ビットペット）」というゲームには、筆者もとてもハマりました。

Bitpetはウサギのようなキャラクターをレースに出場させ、レースに勝ったキャラクターの所有者が総取りするという単純なゲームです。キャラクターのかわいさとルールの明快さにより、多くの人が遊んでいました。何がよかったかというと、**キャラクターのステータスとレース結果がブロックチェーン上に記録**され、改ざん不能な状態で公開されていたことです。これにより、「チートキャラをつくって勝つ」といったことができなくなります。

dAppsゲームは、ブロックチェーンにより公平性と透明性が担保されていれば、「努力すれば勝てる」ことが証明されているのが特徴です。ちょうどその頃、ソーシャルゲームなどでは、ゲーム運営者の理不尽なステータス変更や、ガチャ排出率の虚偽などが露見する事例が多くあったので、筆者にはその**フェアな特徴が非常に魅力的**に見えました。ブロックチェーン上のデータを分析すると、レースに勝つために最適なパラメータを導くことができます。そして、データ分析を深めるほど、勝ちやすくなる点が「フェアなゲーム」といえる所以（ゆえん）です。このdApps

ゲームでの気づきを通して、ブロックチェーンの特性を「言葉」ではなく「心」で理解できました。知識としての理解より、体験に勝る学びはありません。琴線に触れるものがあれば、ぜひ触ってみることをお勧めします。

NFT前売りなどによる詐欺の横行

ただし、ギャンブルと詐欺は紙一重です。当時のdAppsゲームのユーザーがあまりに簡単にETHを支払うので、その資金を狙った詐欺プロジェクトが横行しました。詐欺プロジェクトのことを「**Scam**（スキャム）」、集めた資金をゲーム運営者が持ち逃げすることを「**RugPull**（ラグプル）」などと呼びます。

当時は「プレセール詐欺」が多く発生しました。プレセール詐欺とは、豪華で美麗なティザーサイトや動画だけを先につくって期待感をあおり、その後、ゲーム内で使えるレアアイテムなどのNFTを売り出して、そこで集めた資金をゲーム運営者が持ち逃げする詐欺のことです。仮にゲーム運営者が、詐欺目的ではなく、きちんとゲームを開発しようとしていても、開発前にNFTを売るだけで数億円の資金が手に入れば、その後の**ゲーム開発に対するインセンティブは失われます**。目の前に大金があるのに、わざわざ面倒なゲーム開発を行う必要はありません。

これは、トークンを発行して資金調達を行う「ICO」（P.67参照）にも同じ構造があります。Web3.0では、トークンを発行することで簡単に資金調達ができてしまう側面があります。したがって、まだリリースされていないdAppsゲームのNFTや、DeFiが発行するトークンなどは購入しないほうが懸命です。詐欺にあわないようにするために、Web3.0では過去の活動に基づいて資金を支払う「**レトロアクティブ**」（P.176参照）が基本になっています。

当時、筆者が購入したNFTのなかで、まだ価値を保っているものはAxie Infinityのキャラクターのみです。そのほかのNFTの多くは電子ゴミとなりました。その頃にかなり多くのゲームで遊んだ結果なので、**プロジェクトが生き残る確率は相当低かった**と想定されます。

2022年代はAxie Infinityの成功により、**GameFi開発の機運が高まっています**。2018年当初と同じことが繰り返される可能性もありますので、参入の際には注意が必要です。

国産dAppsゲームの発展

日本で開発されたdAppsゲームでは、double jump.tokyoから「My Crypto Heroes（マイ クリプト ヒーローズ）」が2018年11月頃にローンチされました。ゲーム内のドット絵のキャラク

▶ My Crypto Heroesのトップページ

出典：My Crypto HeroesのWebサイトより

ターがNFT化されており、ゲーム内外でのNFT取引や、ゲーム内でのクエストによるNFT獲得など、まさに「Play to Earn」を体感できるゲームです。

当時のゲームユーザーは、詐欺プロジェクトの多さに疲弊していましたが、My Crypto Heroesが2017年末にテレビCMを打ったことや、ゲームでお金を稼げることが話題になり、国産の信頼できるゲームとして世界に広がっていきました。その勢いは**DappRadarのゲーム部門でトップ**になるほどでした。Ethereum上でトップということは、世界でナンバーワンということです。2018年当時のdAppsゲームは、日本が市場を牽引していました。当時のMy Crypto HeroesはAxie Infinityよりゲーム性が豊かで、ユーザーも多かったのです。

2018年、暗号資産バブルの崩壊により市場は低迷していきましたが、ユーザー主催のイベントなどは頻繁に行われ、NFTを所有するユーザーが新規ユーザーを呼び込むネットワーク効果は機能していました。その後、国産dAppsゲームは海外勢に大きく差をつけられることになるのですが、その理由は後述します。

4 dAppsゲームの目指す世界

dAppsゲームに関わるユーザーには「dAppsゲームはこうあるべき」という理想があります。それが2018年に公開された映画『READY PLAYER ONE』です。これは、VRゲームを題材にしたSteven Spielberg(スティーヴン スピルバーグ)監督によるSF映画で、ガンダムやゴジラなど、創作上のキャラクターがてんこ盛りに出てきます。

この映画はSFなのですが、ゲームでも現実でも使える共通通貨や、世界に1つしかない希少なアイテムなどが登場します。ブロックチェーンやNFTを学んだ人であれば、この映画を見た瞬間、「これ全部、ブロックチェーン技術で実現できる！」と思うはずです。

『READY PLAYER ONE』のおもしろい点は、単なるSFではなく、「既存の技術が発展すれば将来こうなる」という、手の届きそうな現実を描いていることです。この映画の公開以降、この業界に関わる人の合言葉は「**『READY PLAYER ONE』の世界をつくろう！**」になりました。

まとめ

- ブロックチェーン上のアプリケーションがdApps、ゲームがdAppsゲーム
- 2021年、dAppsゲームはGameFiへとリブランディングされた
- Web3.0とゲームの相性はよく、ゲームはWeb3.0の入り口となっている
- dAppsゲームが伸びていた2018年は、日本が市場を牽引していた
- dAppsゲームは映画『READY PLAYER ONE』で描かれた世界を実現しようとしている

8-2 Play to Earnを実現するトークン経済圏

ここでは具体的なGameFiのトークン経済圏について解説します。

前節ではdAppsゲームの影響やその歴史について解説しました。ここではAxie（アクシー）Infinity（インフィニティ）を見本として、具体的なトークン経済圏について解説していきます。

1 急激に収益を伸ばしたAxie Infinity

Axie Infinity（以下Axie）は、NFT化されたキャラクター「Axies（アクシーズ）」を収集・育成するdAppsゲームです。ユーザーはゲーム内でバトルやタスクを行ったり繁殖させたりして、価値の高いAxiesを増やし、**ゲームを遊びながらお金を稼ぐ**ことができます。この仕組みは「**Play to Earn**」などと呼ばれ、「Game（ゲーム）」と「Finance（金融）」を組み合わせた造語である「**GameFi**」を生み出しました。今やAxieを開発したSky Mavis（スカイ メイビス）の時価総額は約30億ドルに達しています。

▶ **Axie Infinityのトップページ**

出典：Axie InfinityのWebサイトより

▶Axie Infinityの収益の推移

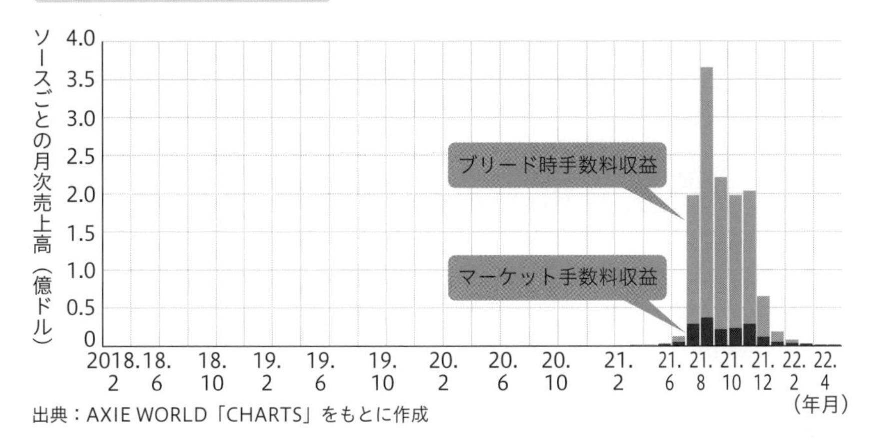

出典：AXIE WORLD「CHARTS」をもとに作成

2021年夏、NFTの盛り上がりに乗じてAxieも話題になり、７月には２億ドル、８月には3.6億ドルの収益を上げ、Sky Mavisは**世界第５位のゲーム会社**にまで上り詰めました。2022年現在、その勢いは衰えてきましたが、2021年10月にはAndreessen（アンドリーセン） Horowitz（ホロウィッツ）などの世界的に有名なベンチャーキャピタルから170億円の資金を調達し、ゲーム改善を行っている最中です。

上図を見れば、Axieの収益が急激に伸びていることがわかると思いますが、どんな仕組みによるものなのかを具体的に見ていきましょう。

2 Axie Infinityの収益の仕組み

Axieには、おたまじゃくしに足が生えたような見た目のキャラクター「Axies」が登場します。AxiesはNFT化されており、Axiesを使ってゲーム内でバトルをして、ゲーム内通貨である「**Smooth Love Potion（SLP）**」を稼ぐことができます。

SLPは**暗号資産として発行**されるので、ゲーム外に持ち出し、Uniswap（ユニスワップ）のようなDEX（デックス）（P.118参照）でほかの暗号資産に交換できます。また、その暗号資産を日本の暗号資産取引所に送れば、日本円に換金することも可能です。バトルに勝つとたくさんのSLPを稼げるので、強いAxiesを所有していると有利です。

強いAxiesを入手するためには、ゲーム内に併設されたマーケットプレイスで購入するか、Axiesに子どもを産ませる「ブリード」を行います。当初はユーザーがAxiesを揃えてゲームをすることで、1日数万円を稼ぐことができました。

▶キャラクター「Axies」の例

▶バトル画面の例

Axieの運営は、**マーケットプレイスの取引手数料**と**ブリード時の手数料**で収益を上げており、ゲーム内の取引が活発になればなるほど収益が上がる構造になっています。そのため、**おもしろいゲームをユーザーに提供するインセンティブ**が機能しているといえます。

▶Axie Infinityの収益の仕組み

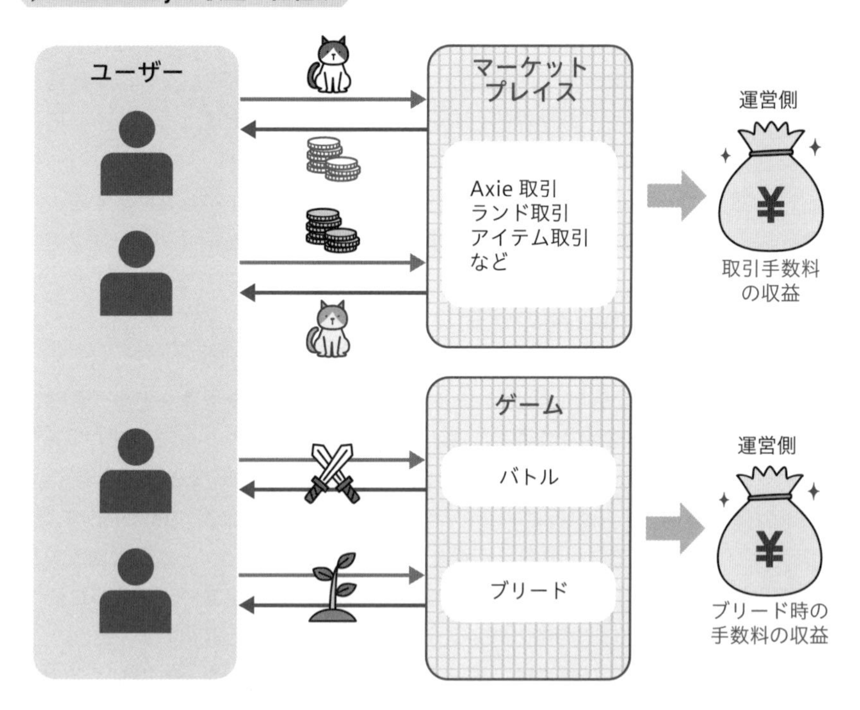

出典：KOZO Yamada「ゲームして稼ぐ『Axie Infinity』の衝撃」を参考に作成

3 Axie Infinityが成長した理由

Axieが急激に成長した理由は、NFT市場の盛り上がりもありますが、それとは別に**3つのポイント**があります。1つずつ見ていきましょう。

1. スカラーシップの導入
2. FTによる金融機能の導入
3. 垂直統合型戦略の導入

1. スカラーシップの導入

Axieはゲームでお金を稼げますが、その仕組みが少し難しく、継続的にお金を稼ぐためには**リテラシーがある程度必要**になります。また、ゲームを始めるためには、最初にAxiesを数匹購入する必要があり、当初の金額で**初期投資に10万円ほど**かかりました。そのため、誰でも気軽にすぐ始められるというわけではなく、多少のコストが必要とされます。そこで、自分のAxiesを他人に貸し出せる**スカラーシップ**（P.202参照）を利用すると、既存のユーザー（貸主）からAxiesを借りられるので、**初期投資を少なくする**ことができました。また、貸主と借主の間で遊び方を教え合うことにもつながり、ゲームを快適に遊べるようになっていきます。

また、ゲームをするだけで月に数万円が稼げるとはいえ、日本でそれなりの生活を送ろうとすれば、少し心もとない金額です。そのため、日本ではAxieで生計を立てようとする人は少ないかもしれませんが、もし月に数万円でも十分に生活できる国があれば、**仕事を辞めてAxieをする経済的合理性**が成立します。

そんな背景があり、Axieはアジア圏、特にフィリピンを中心に爆発的に広がりました。当時のAxieの1日あたりのアクティブユーザー数は約50万人、その**約60%がフィリピンにいる**といわれました。フィリピンの平均月収は5万円弱なので、当時は仕事をするよりゲームをするほうが稼げる状況でした。

さらに2021年のコロナ不況が、このトレンドに拍車をかけました。コロナ禍で仕事を失い、ロックダウンで外に出られない人たちが、Axieで生活費を稼いだのです。Axieで稼いだ人たちは「ゲームで生活している」「借金を返した」「家族に薬を買えた」など、Axieへの感謝を表しています。

つまり、このスカラーシップは**「お金はないが時間がある人」と「お金はあるが時間がない人」をマッチング**させる機能ともいえ、Axieが爆発的に普及するきっかけになりました。スカラーシップが経済を世界規模でつなげたことで、Axieはただの「ゲーム」ではなく「仕事」になったのです。これまで、国際送金を行うには、複数の銀行を介する必要があってコストが高く、このモデルは成立しませんでした。それが、銀行口座がなくても直接送金が可能なブロックチェーンの特徴を利用することで実現できた**全く新しいビジネスモデル**といえます。

2. FTによる金融機能の導入

Axieが躍進する以前のdAppsゲームは、NFTのみをゲームに組み込んだものが主流でした。AxieのSLP（P.211参照）のような暗号資産を組み込んだゲームはあまり多くなかったのです。

NFT販売がビジネスとして難しい点は、NFTが発行数を制限する技術であるがゆえ、**最初に販売した時点で売上の上限が決まってしまう**ことです。ソーシャルゲームのガチャ課金システムはガチャが回るほど売上が増大しますが、NFTは増やせないので、売り切ってしまえばそれ以上の売上が見込めません。

また、NFTは取引の**二次流通手数料が還元**（P.168参照）されますが、発行数が少なければ二次流通量も少なくなり、獲得できる手数料も少なくなります。

▶一次流通と二次流通の不振

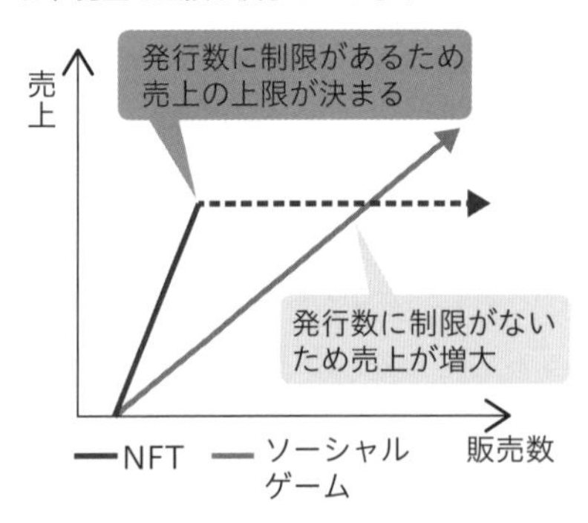

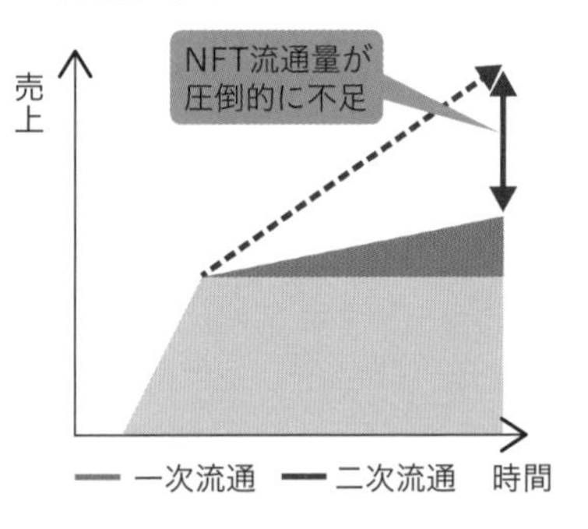

この課題に1つの答えを出しているのもAxieです。AxieはNFTをブリード（P.211参照）で無限に増やせる仕様とし、SLPというFTを導入しました。FTを導入したことで、**ゲーム内の価値の流動性**が高まり、マーケットプレイスやブリードで収益化しやすくなります。

「流動性」というとわかりにくいかもしれませんが、NFTを「1万円札」と考えてみてください。サービスをしてくれた人にチップを渡したくても、1万円では大きすぎて支払うことができません。そんなときに便利なのが千円札や硬貨です。これらを使えばサービスに応じた適正な対価を細かく支払えるので、ゲーム内の流動性が高まります。

Axieはゲーム内通貨のSLPのほか、**AXS**という「**プロジェクトトークン**」も発行しています。プロジェクトトークンは、株式会社の「株式」に相当する権利を有するので、「**ガバナンストークン**」とも呼ばれます。AXSを所有すると、Axieの方針を決める投票に参加できたり、DeFiに資産を預けることで配当としてAXSをもらったりすることができます。

またAXSには、**SLPのインフレを防ぐ役割**もあります。たとえば、一般的なゲームで「終盤にゲーム内通貨が余った」といった経験のある方も多いでしょう。ゲーム内でレベルが上がり、装備が整うと、それ以上にゲーム内通貨をつぎ込む必要がなくなるので、ゲーム内通貨やアイテムなどが余ってくるものです。これが一般的なゲームであれば全く問題ありません。しかし、ゲーム内通貨が暗号資産になっているdAppsゲームでは、ユーザーが**余ったゲーム内通貨を売り始めると、ゲーム内通貨の価格が下がる「負のループ」**に入ってしまいます。こうなると、トークン経済圏がインフレを起こしてしまうので、ゲーム運営者はゲーム内通貨をつぎ込む新しい要素や、獲得した収益を再投資させる手段などを、ユーザーに提供する必要があります。Axieの場合、それがAXSなのです。

Axieのゲーム内通貨を余るほど獲得できるユーザーは、Axieのファンか、本気で取り組んでいる人であることは間違いありません。Axie経済圏が成長すれば、彼らの稼ぎも存続できるので、ゲームの運営者とユーザーのインセンティブが一致します。こうして余ったSLPがAXSに流れ、AXSの時価総額が成長するのです。

それぞれの経済圏のお金の流れを表すと、次図のようになります。「稼げる」「価格が高騰する」ことが最大の広告になり、人が流入する構造はBitcoinなどと同様です。流入した新規ユーザーに対しては、ギルドによるコミュニティがゲームの遊び方を教え、スカラーシップのマッチングを促進します。それにより、ユーザーの理解が深まり、熱狂的なファンになるサイクル（P.37参照）が生まれ、Axieは爆発的にユーザーを増やすことになりました。

▶ Axie Infinityのトークン経済圏

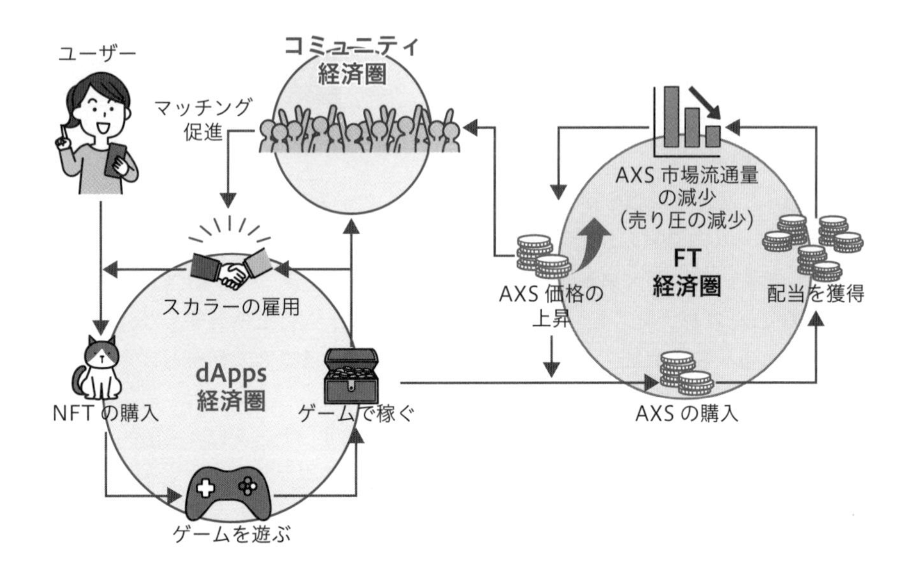

3. 垂直統合型戦略の導入

dAppsゲームが登場し始めた2018年、ブロックチェーンはEthereumが利用されていました。BaaS市場の解説（第４章）でも触れましたが、ブロックチェーンの処理能力には限界があることに加え、世界中の取引がEthereum上で行われているので、**取引が頻繁に詰まってGas代（P.107参照）が高騰**します。

CryptoKitties（クリプトキティーズ）（P.204参照）が流行したときには、Ethereumが頻繁に詰まり、ゲームをするのに多額のGas代がかかりました。これは、スマホゲームでキャラクターを編成したりクエストに出たりするたびに手数料がかかるようなものです。これではゲームを遊ぶこと自体が難しく、非常にUXの悪いゲームといえます。つまり、EthereumのGas代は、dAppsゲームの発展の課題になっていたのです。

Axieの開発チームは、Gas代の高騰を避けるため、BaaS系ブロックチェーン「**Ronin**（ローニン）」を開発し、ゲームに**必要な機能すべてを独自に開発**する垂直統合型の戦略をとります。BaaSとdAppsをすべて構築するのは大変ですが、自分たちの理想を実現できます。開発には数年を要しましたが、Ronin上にはAxieに関する取引しか発生しないため高速で、一般的なゲームに近い操作感で遊べるようになりました。DeFiのDEXに相当する機能もRonin上で開発することで、Axie経済圏の強化を図っていくというニュースもあります。

NBA Top Shot（P.158参照）のDapper Labs（ダッパーラボ）も、「**Flow**（フロウ）」という独自のブロックチェーンを開発し、Gas代の高騰を回避する戦略をとっています。この戦略で成功しているdAppsゲームが多いことから、追随する企業が登場してきているのが現在の状況です。日本ではdouble jump.tokyoが、dAppsゲームの垂直統合型戦略を展開し、ゲーム会社大手と提携しています。

4 dAppsゲームの批判と未来

GameFiは詐欺なのか

「GameFiは詐欺ではないのか？」という意見を持つ人もいます。その根拠になっているのが「**ポンジスキーム**」です。

ポンジスキーム（Ponzi scheme）

「資金運用により利益を出資者に還元する」などと公言して資金を集めながらも、実際には資金運用を行わず、新しい出資者から集めた資金を配当金として支払うことで、あたかも資金運用で利益が生まれているように装う詐欺

▶ 投資とポンジスキームの違い

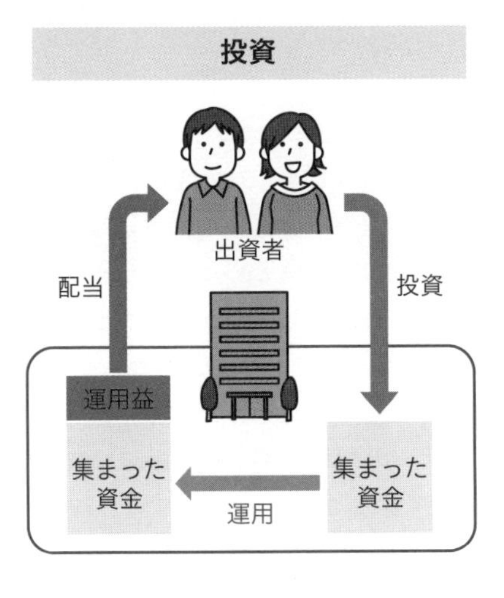

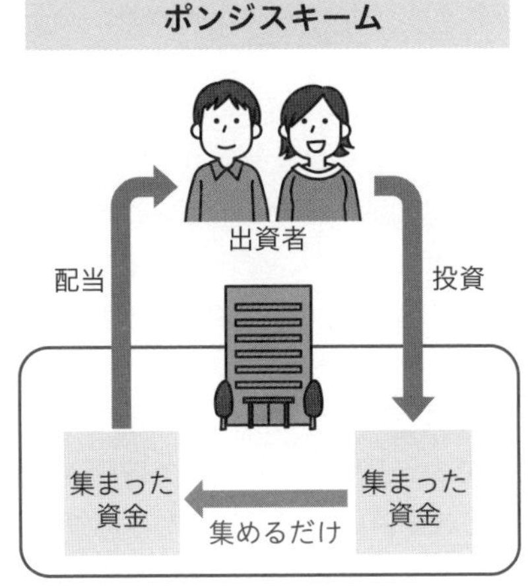

　Axieなどの GameFiは、最初にキャラクターのNFTを購入してから始める設計になっています。つまり、「NFTの購入資金を配当として渡しているだけ」のポンジスキームではないかということです。Axieの場合は、現時点も調達した資金で開発が続けられているので、ポンジスキームとは言い切れません。

ゲームの価値はコンテンツのおもしろさ

　GameFiのトークン経済圏は、**新規ユーザーが増加する限り、拡大と成長を続けることができます**。しかし、これは裏を返せば、**新規ユーザーの増加に陰りが見えると拡大が止まる**ことを示しています。

　たとえば、キャラクターのレベルを最大まで上げたユーザーが、貯めたゲーム内通貨を大量に売却すると、トークン経済圏が停滞し、暗号資産の価格が下がり、ほかのユーザーが離脱してしまいます。実際、2022年5月時点で、Axieのトークンは、SLPとAXSともにピーク時からかなり下がっています。

▶ Axie Infinityのトークン価格の推移（AXS）

出典：CoinGecko「Axie Infinity 価格チャート」をもとに作成

　こうならないようにするためには、「お金を稼ぎたい」という気持ちより、**「ゲームが楽しい」という感情が勝る**ようにする必要があります。たとえば、Nintendo SwitchやPlayStation 5などのゲーム機は、ゲームソフトの購入が必要になるので資金は減りますが、ゲームを楽しんだ経験が残るので、**損をしたとは思わない**はずです。スマホゲームでガチャ課金をしている人も、楽しみながら課金をしているので、その資金がもったいないとは思わないでしょう。

　「お金を稼ぎたい」という動機は、新規ユーザーを取り込むうえで非常に有効な手段です。しかし、そうして取り込んだユーザーの熱が冷めないうちに、**ゲームとしての本質的な価値を高める施策**を講じていく必要があります。

　ポンジスキームのGameFiの場合、ゲームとしての価値が低いので、次図左のようにいつかはバブルがはじけ、価値0に収束していきます。しかし、ゲームとしての価値が高ければ、それがトークンの需要となり、トークン価格の低下に歯止めがかかって、いずれ価格を押し上げるエネルギーになります（次図の右）。

▶トークン価格とゲームの価値の関係性

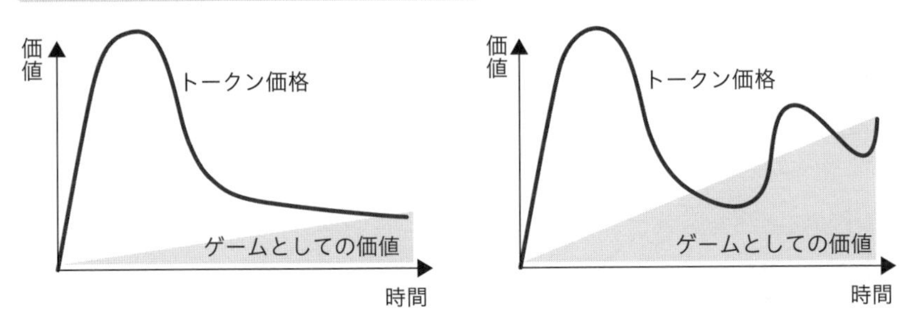

これは筆者の見解ですが、2022年5月時点で、GameFiは既存ゲームを超えるクオリティのゲームを市場に投入できていません。Nintendo SwitchやPlayStation 5のゲームのほうが圧倒的にグラフィックが素晴らしく、ゲーム性が高く、コンテンツがおもしろいです。GameFiのゲームは「お金が稼げる」という特徴があるものの、グラフィックが粗く、ゲーム性が単純で、おもしろみに欠けると感じます。

Axieは現在、ゲームの改善に努めています。Axieを遊んだユーザーに「お金はあまり稼げなかったけれど、**いっぱい楽しめたから満足**」などと思われるようなゲームへの改善を目指しているはずです。Axie経済圏はまだ低迷していますが、いつか再起してくれることでしょう。

GameFi発展の兆しとしての「STEPN（ステップン）」

Axieの成功を受け、次のAxieになろうとする新しいdAppsゲームが登場しています。その1つが「Move to Earn」を標榜する「**STEPN**」です。**歩くだけで稼げるゲーム**として、日本でコミュニティが爆発的に広がりました。

STEPNのトークン経済圏の構造もAxieと同様です。最初にNFTを購入し、NFTを所有した状態で歩くと、STEPNアプリがGPS情報を検知し、ゲーム内通貨の「**GST**」を稼げるという仕組みです。ゲームのルールを最初に覚える必要はなく、「歩く」という誰でもできる行為で稼げることが話題になり、市場に投入される情報が徐々に増え、コミュニティが形成され、日本語教材が制作されて、ゲーム人口が一気に拡大しました。「稼げる」ことを全面に打ち出したプロモーションで、

「まだ無料で歩いてるの？」というキャッチコピーによりテレビにも取り上げられるなど、広告費を支払うことなくユーザーが急増した点も同じです。

▶STEPNのトークン経済圏の構造

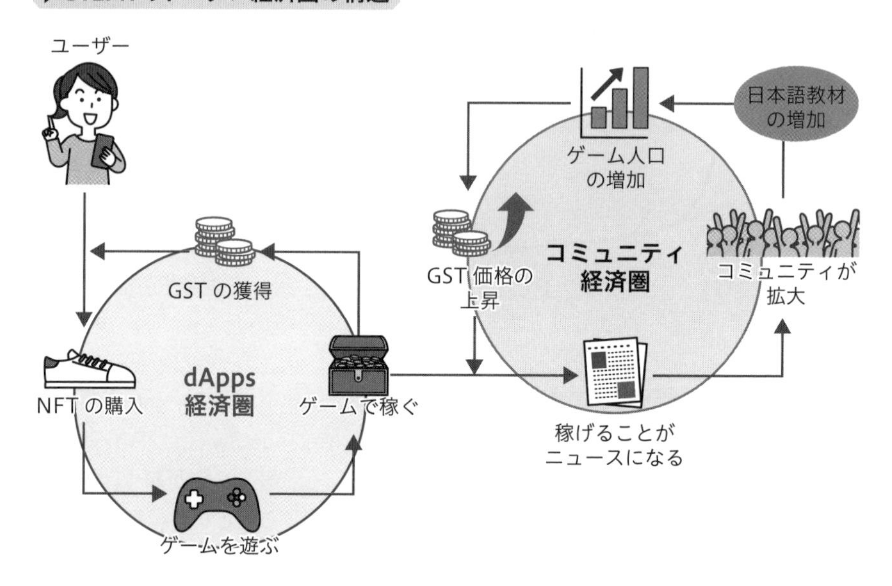

Axie経済圏の低迷やポンジスキームを知る人からすれば、「STEPNもいつか崩壊するのでは？」と考える向きもあり、実際にピーク時よりGSTの価格が下がっています。しかしSTEPNは、スマートフォンを持って歩くだけなので、**簡単かつ継続しやすい**ことがポイントです。

現在のSTEPNは、歩いたり走ったりすることが本当は好きではない、資金目的の人が多いため、金の切れ目が縁の切れ目とばかりにユーザーが抜けています。しかし、「歩いて健康になっている」という実需に注目する人が一定数残ると考えられるので、**価格低下は実需の釣り合うところで止まると**予想されます。STEPNを資金目的ではなく、健康アプリと捉える人が増えれば、Axieほど急激な流通量の減少は発生しないかもしれません。ニンジンをぶら下げて走るか、自分のために走るかの違いだけです。

今はまだGameFi自体が少ないので、新しい「**X to Earn**」が登場するたびに話題になりますが、いずれ**トークン経済圏を実装したdAppsが当たり前**になっていきます。そのとき、dAppsゲームやGameFiは単に「ゲーム」と呼ばれることになるでしょう。そして、これらの新しいゲームは、既存のゲームを駆逐するようなものではありません。同じ「ゲーム」なのですから、トークン経済圏のあるなしにかかわらず、ユーザーの気分でどのゲームを遊ぶかを選ぶだけの話なのです。

優劣の話ではなく、既存のゲーム市場がなくなるわけでもないので、トークンならではの体験を得られるゲームを開発してもらいたいと思います。

次世代のdAppsゲーム開発の動向

Axieが**GameFiの革新性**を世界中に知らしめたことで、次のAxieを目指し、dAppsゲーム開発に資金と開発力が投入されることは間違いありません。日本では、スクウェア・エニックスがdAppsゲーム開発に注力していくことを発表しています。海外では、トップゲーム企業を退職した多くの人たちが、さまざまなGameFiを開発し始めているというニュースもあり、この領域に人材が集まり始めているのは事実です。

トークンの登場により、銀行口座がなくてもスマートフォンがあれば、グローバルな金融市場にアクセスできるようになりました。**コンテンツに金融機能を追加できる**ということは、たとえば楽天証券や楽天生命保険などの楽天経済圏の「楽天」の部分にコンテンツ名を入れた経済圏を構築できるということです。将来、「ポケモン証券」や「ドラえもん生命保険」が誕生しているかもしれません。

Web3.0化する金融市場への入り口として、ゲームはその**市場を体験させるチュートリアル**として非常に優秀です。dAppsゲームの発展なくしてWeb3.0の発展はないともいえます。Web3.0はゲームやエンターテインメントの分野から世の中に浸透していくことは確実です。引き続きこの領域に注目していきましょう。

まとめ

- Axie InfinityがGameFiを広め、ゲームで稼げる「Play to Earn」を実現
- スカラーシップやトークンによるGameFi機能、垂直統合型戦略により、Axieは成功を収めた
- トークンは強力なネットワーク効果を生むが、コンテンツにこそ真の価値がある
- 次のAxieの座を狙い、膨大な資金と人材が市場に流れ込み、さまざまなゲームが開発されている
- ゲームはWeb3.0の入り口になり、ゲームの発展がWeb3.0の発展に影響

8-3

Web3.0から見たメタバース

ここではWeb3.0の観点から見たメタバースについて解説します。

前節では、Axie Infinity（以下Axie）のトークン経済圏を参考に、dAppsゲームが新しい経済圏を形成しつつあることを紹介しました。ここでは「GameFi」「NFT」と並ぶバズワードとなった「メタバース」を、Web3.0の観点から見ていきます。

1 Web3.0＝メタバース？

同時期に盛り上がり始めたWeb3.0とメタバース

2021年末頃、FacebookがMetaに社名を変更したことで、「メタバース」がバズワードになりました。ちょうど同時期に、ブロックチェーン業界がWeb3.0にリブランディングされ始めたため、定義の曖昧なもの同士が一緒に語られることが多くありました。なかには「Web3.0＝メタバース」といった論調の記事も見られ、その影響を受けて**メタバースをうたい文句とするプロジェクトのNFTやFTの価値が高騰した**のです。

▶ メタバース銘柄とされる時価総額の上位10プロジェクト（2022年2月）

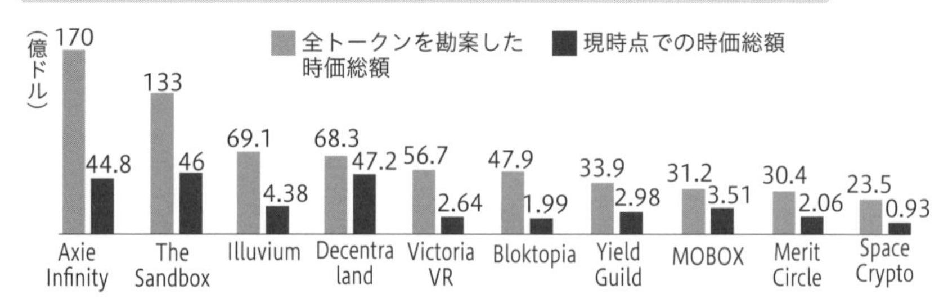

※時価総額2,000万ドル未満のプロジェクトを除く
出典：CRYPTORANK「TOP 10 Metaverse Projects by fully diluted market cap」を参考に作成

さまざまな分野からのメタバースへの参入

Web3.0から見たメタバースとしては、「Decentraland（ディセントラランド）」（P.206参照）や「The Sandbox（ザ サンドボックス）」などが有名です。バーチャル空間上の土地がNFT化され、高額で取引されています。Axieもゲーム上の土地を販売しているので、メタバース銘柄に数えられることがあります。「Axieがメタバース？」という点には疑問が残りますが、各銘柄はトレンドに乗って高い時価総額を付けているのが現状です。日本ではゲーム開発大手のバンダイナムコグループが、メタバース参入への150億円の投資を発表しています。

当時はメタバースをうたえば株式やトークンの価値が上がり、時価総額が伸びていきました。そうして、さまざまな分野で「メタバース」が連呼されたので、メタバースという言葉の定義や捉え方について激論が巻き起こったのです。

2 メタバースの解釈と世界観

さまざまな解釈を生むメタバース

筆者も当時、上司や先輩などから「これからはメタバースだ！」と聞きかじっただけの発言をされ、困った経験があります。メタバースという言葉が一人歩きをしすぎたせいで、あらゆるものがメタバースに紐づけされ、さまざまなミームが生まれました。

メタバースについて聞かれたときは、「どのメタバースか」を確認することが重要です。右表はメタバースを揶揄するミーム画像です。上のほうにはそれっぽい言葉が並んでいますが、下のほうにはポテトもあり、そんなメタバースは存在しません。「どのメタバースについての話か」を聞くことで、「共通言語が何であるか」を確認でき、無駄な行き違いを減らすことができます。

Technology terms used in startup descriptions and tech articles

2020	2021
Multiplayer game	Metaverse
Virtual Reality experience	Metaverse
Augmented Reality filter	Metaverse
5G Connection	Metaverse
AR Cloud	Metaverse
Digital Avatar	Metaverse
Digital Event	Metaverse
ML classifier	Metaverse
E-commerce	Metaverse
Blockchain	Metaverse
Internet	Metaverse
Social Media	Metaverse
Videocall	Metaverse
Porn	Metaverse
Potato	Metaverse

出典：Forbes「This Week In XR: You Say Potato, I Say Metaverse」のWebページより

メタバースという言葉は、さまざまな要素を含むので、メタバー

スの話は**認識のズレ**が発生しやすくなります。次図はメタバースを含む文章に出てくる言葉を分析（共起語分析）した結果ですが、右上のWeb3.0や左下のVRの文脈などで、**人によって連想するものが異なります**。

▶メタバースの共起語分析の例

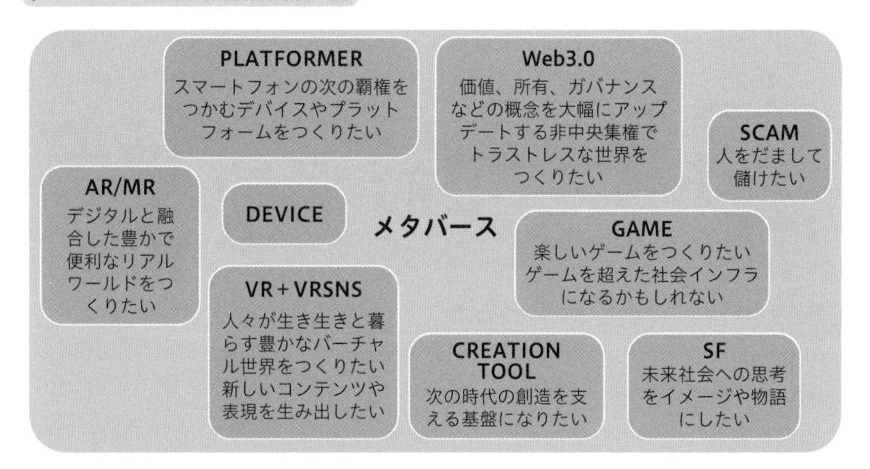

出典：Banjo_Kanna 氏の Twitter を参考に作成

理想とするメタバースの世界

メタバースは、映画『READY PLAYER ONE』(P.208参照）のような世界が理想であると、筆者は想像しています。現実と共通の通貨や希少なアイテムなどが使える世界には**ブロックチェーン技術**が必要ですし、圧倒的な没入感を提供する**VR技術**なども必要になります。

『READY PLAYER ONE』の世界は、さまざまな要素技術の複合により実現するものです。ただし、現時点ではそれぞれの市場ごとに最先端の技術や実現可能なレベルなどが異なるので、現在は市場ごとに別々の手段でその実現を目指しているような肌感があります。いずれこれらの要素技術は混ざり合い、理想が実現されるものと思いますが、現時点では各市場で分断されているのが実情です。

Web3.0以外の観点からのメタバースに関しては本書の主旨と異なるため、ここでは**ブロックチェーンやWeb3.0の観点から見たメタバース**のみ取り扱います。また、以降で取り上げる内容はあくまで筆者個人の考えに基づくもので、Web3.0市場全体の主張というわけではありません。この分野の説明にはまだまだ定まったものがありませんので、「こういう考え方もある」という程度に読んでください。

3 参入ハードルと匿名性のあるメタバース

メタバースの捉え方の違い

「メタバース」と聞くと、「VRゴーグルを使って入るバーチャル空間」というイメージがあるでしょう。しかし、Web3.0が実現しようとしているメタバースは、**バーチャル空間を前提に考えていません**。筆者の知る限り、Web3.0市場におけるメタバースは、メタバースの世界そのものというより、「**コミュニケーション手段の拡張方法の1つ**」と捉えられている感覚があります。

つまり、Web3.0市場で語られるメタバースは、VR市場などで語られるものに比べて、**含まれる範囲が広い**のです。そのため、「Twitterもメタバース」「NFTもメタバース」などの説明が飛び交うことがあり、「理解して発言しているのか」ということも相まって、発言者の意図が解読困難な状態になることがあります。

企業が提供するメタバースの中央集権性

メタバースの捉え方に違いが生まれる理由は、ロックイン（乗り換えの困難さ）を極度に嫌うWeb3.0の精神性にあると考えられます。Web2.0で苦い思いをしてきた人たちは、自分のデータを所有できることを喜び、Web2.0の中央集権性を変革する**「分散性」を重視**します。たとえば、「Metaが提供するメタバースを利用する」ということは「Metaに個人情報を渡し、その空間で入手した資産の生殺与奪権をMetaに預ける」ということと同義です。**メタバースを利用すればするほど、その空間からの離脱が難しくなり、ロックインの度合いが高まる**という構造になっています。そのため、Web3.0に傾倒する人ほど、企業が提供するメタバースを拒絶する傾向にあり、メタバースにも分散性を求めます。

また、メタバース上の土地がNFT化されて売買されていますが、バーチャル空間なのですから、本来**「土地」に縛られる必要はない**はずです。メタバースは、「超越した」「高次の」という意味の「meta」と、「宇宙」という意味の「universe」を組み合わせた造語です。リアルを超えた高次元の宇宙を実現しようとしているメタバースが、本来縛られる必要のない「土地」を基本とした空間設計になっているのは不思議な現象です。ユーザーがメタバースに求めているのは「リアル」ではなく「リアリティ」でしょう。

『機動戦士ガンダム』シリーズでは、宇宙空間に適応したニュータイプの人々が、地球に住む人々を「**重力に魂を引かれた人々**」と形容しました。バーチャル空間でも、「土地」に魂を引かれたままの人々を見て、「それがメタバースなのか」と揶揄する声があるのも事実です。土地を提供するのはメタバースを運営するプラットフォームですから、Web3.0が変革したい中央集権性がここにも登場します。そのため、Web3.0に傾倒する人たちはVR系メタバースを批判対象とするわけです。

こういった現象は、スマートフォンが登場したときにもありました。最初期のスマホアプリは、パソコン上のソフトウェアをそのまま載せ替えたようなものが多く、まだスマホアプリの正解がわからずに試行錯誤していました。今後、メタバースが普及していくにつれ、メタバースでしか体験できないUI/UXが開発されていくでしょう。

メタバースのメインはコミュニケーション

人々はメタバース上に自分の土地があるからアクセスしているわけではありません。そこに魅力的なコンテンツがあるからアクセスしているのです。そして、そのコンテンツのメインとなるものは「**人間同士のコミュニケーション**」です。

VR系とWeb3.0系のメタバースで共通しているのは、「**高い参入ハードル**」と「**匿名性があること**」です。VR系ではVRゴーグルが、Web3.0系ではNFTが必要になり、その場（メタバース）にいること自体が、それぞれの領域における**最低限のリテラシーを備えている**ことを示します。そのリテラシーにより、コミュニケーションのステップを省略し、アバターやNFTが同類を見つけるマッチング装置として機能します。そして、そこに匿名性が加わることで、リアルから解き放たれ、居心地のよいコミュニティが形成されるのです。つまり、メタバースは**人間同士がコミュニケーションを行う新しい手段**と捉えることができます。「人間が集まるところに生まれるのがメタバース」と考えることもできるので、Web3.0系メタバースは広い範囲で捉えられるのです。まとめると、次のようになります。

・Web3.0に傾倒する人ほどロックインを嫌う傾向がある
・バーチャル空間なのだから、土地に縛られる必要はない
・「土地」ではなく「人」がいる場所がメタバースなのではないか

メタバースにはコンテンツが必要であり、最高のコンテンツはコミュニケーショ

ンです。コミュニケーションが行われる空間は、そのときの気分や、集まっている人の属性などにより、適切に設定されていくべきです。

4 Web3.0系メタバースはNFTから誕生

コミュニティ形成に必要な文化（コンテンツ）

Web3.0系メタバースはVR系と異なり、**トークンによる経済圏**を持っています。「人が集まるところに生まれるのがメタバース」という考え方を示しましたが、トークンによるインセンティブで人を集めることはできますが、定着させるためには「**文化**」が必要になります。

たとえば、ドバイやドーハといった湾岸都市は、100年前は何の変哲もない都市でした。これらの都市には長年にわたる「文化」がないので、**滞在する目的**がありません。そこで、税金を安く抑えて国外から企業を誘致することで、都市を支える先進国の**資本家が訪れるインセンティブを提供**しました。しかし、資本家へのインセンティブは税金から捻出されるので、税金の安さが魅力の都市ではインセンティブを捻出できず、資本家が定着しません。「金の切れ目が縁の切れ目」というように、忠実な市民になることはなく、すぐにいなくなってしまいます。

現在の都市は、誘致された企業が利益を上げやすいよう最適化された結果、人口増加を果たし、定着した人々が休日を楽しむための娯楽が必要になりました。大人が好む野球のプロリーグや、お金持ちが好む現代アートはその一例です。そして、その娯楽は共通の話題（コンテンツ）となり、その都市に定着し続ける目的になります。「文化」というと大仰ですが、**「好きなもの」がそこにしかなければ都市からは離れたくなくなる**ものです。

NFTがコミュニティを形成してメタバース化

これをモデルとして考えると、メタバースがNFTの価値を爆発的に高める基盤となることは極めて明白です。メタバース化するデジタル経済都市においては、NFTを展示する空間がリアルの美術館と同じ役割を果たしていくことになるでしょう。すでにNFT周辺には、さまざまなコミュニティが形成されており、「都市」はなくても**「文化」が確実に積み上げられている**と感じます。

今までは都市ができてから共通言語となるコンテンツが生まれ、その結果としてコミュニティが形成され、都市への帰属意識が高まるという流れでした。これからは、**NFTが共通言語（コンテンツ）となり、コミュニティが形成され、それ**

が都市（メタバース）になっていく可能性があります（次図）。現在、流通しているNFTアートには美しいものもありますが、なかには創造性を欠いたものもあるでしょう。NFTの価格だけを語り合うようなメタバースプロジェクトもありますが、それらのノイズに惑わされず、NFTアートの所有により得られる**コミュニティへの帰属意識**を高め続けてください。

▶コミュニティと都市の形成の流れの違い

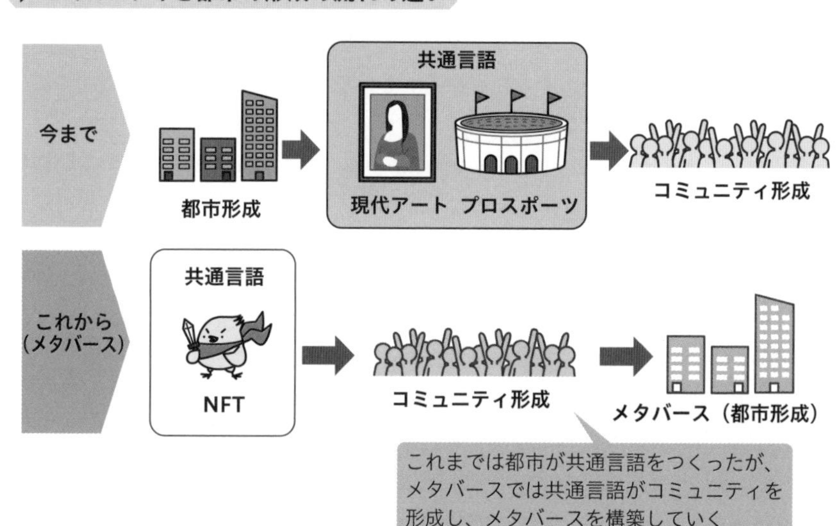

Web3.0系メタバースに求められるものは「**人間同士のつながり**」です。そのつながりは、ブロックチェーン上に記録され、自分の**トークングラフ**（**P.178参照**）に**蓄積**されます。そのトークングラフは、Web3.0上に遍在する**さまざまなメタバースで再利用可能**になるはずです。中央集権型の運営者にデータを所有され、あるメタバースでは利用できるものの、別のメタバースでは0からの蓄積が必要といったことは起こらないでしょう。

5 分散型メタバースの実現性

資本力のある中央集権型メタバースの発展

Web3.0系メタバースの実情を説明してきましたが、**実現するのはまだまだ先のこと**です。完全に分散されたバーチャル空間で、暗号資産を使って買い物をするのは数十年ほど先になるでしょう。

直近の数年であれば、**VR系メタバースの発展のほうが早い**と予想されます。Metaはこの領域に本気で取り組んでいますし、世界中のさまざまな企業がメタバース参入を表明しています。しばらくは企業が運営する中央集権型メタバースが一般的なものとなることは明白です。

分散型メタバースの重要性が認識されるのは、Cambridge Analytica（ケンブリッジ アナリティカ）のような事件が露呈したときです。この事件は、イギリス企業Cambridge AnalyticaがFacebookから収集したデータの一部を政治的に利用し、米国大統領選挙を有利に進めようとしたものです。自分の個人情報やプライバシー情報などはSNS運営企業が所有しているので、**それらを利用して投票先（個人の意見）が誘導されてしまう可能性**があるというのは恐ろしいことです。

Webサービスは現在、主にパソコンやスマートフォンを介して利用していますが、これがVRゴーグルを介してバーチャル空間で利用するようになると、**その空間内におけるすべての行動がトラッキングや分析の対象**になります。こうなると、企業はそのデータを使って利益を最大化しようとするので、Web2.0と同じ構造に陥る可能性があります。あくまで可能性の話ですが、メタバースやコミュニケーション手段が国や企業に支配されることになりかねません。

分散型メタバースの需要

Web3.0について知れば知るほど、中央集権的なものに疑念を抱くようになるものです。そして、そのコミュニティのレベルが高ければ高いほど、その思想は先鋭化されていき、分散を強制しようとする「**Web3.0マフィア**」が誕生します。

しかし、中央集権的なものが「悪」というわけではありません。むしろ、これまで**便利な側面が多かった**ことは事実です。分散は重要なムーブメントですが、すべての人が自分の暗号資産やNFTを完璧に管理できるとは思えません。

Web3.0に傾倒する人は、分散型メタバースが「すべての人に望まれるものか」を考え直すべきです。Web3.0系メタバースのプロジェクトで頻繁に話題にのぼるDecentraland（ディセントラランド）やThe Sandbox（ザ サンドボックス）も、バーチャル空間では中央集権的側面が強いです。

分散か中央集権かの論争は、0か1かではなく、**程度の問題**です。ユーザーがどちらかを選択するというものではなく、**分散の度合いを自分で決められるような設計**になっていくことでしょう。人間が最終的に「どのレベルの分散性を持ったメタバースを許容するか」は未知数です。現実的な落としどころを探っていくのが、この数年の課題になると感じています。

NFTの土地は買うべきか

よく聞かれることですが、あまりお勧めしていません。理由は先に述べたとおり、NFTが起点となってコミュニティと都市が形成されるのであり、**土地があるからコミュニティが形成されるわけではない**からです。もしかしたら事例はあるかもしれませんが、少なくとも世界的なムーブメントではありません。

また、DecentralandやThe Sandboxの土地は、発行数が決められたNFTとして販売されていますが、そもそもその希少性を決めたのは運営者です。バーチャル空間なので、あとから増やそうと思えばいくらでも増やせます。加えて、**「土地に魂を引かれたまま」のメタバースが真の答えではない**ように思えるからです。

筆者は「メタバースに土地を持っているんだ！」とFlex（フレックス）（P.171参照）な気分になるためだけに、土地のNFTを所有しています。Flexな価値を感じるか、その経済圏が中長期的に伸びると確信できるかは、よく調べたほうがよいでしょう。

知識不足や誤解によるメタバースの対立

SNSなどでは、VR系メタバースを推すユーザーと、Web3.0系を推すユーザーが対立している場面を見かけることがあります。Web3.0系の対比として、VR系が「**Web2.0系メタバース**」と記述されることがありますが、Web3.0系が発展してもVR系がなくなるというものではありません。メタバースは**コミュニケーション手段の拡張方法の1つ**であり、「NFTを介した新しいコミュニケーションが増えただけ」と考えるのが適切でしょう。

また、NFTはメタバースの起点になる可能性がありますが、**メタバースにNFTや暗号資産は必須ではありません。**具体的な事例としては、NFT事業者自身のポジショントークにより、「NFTはメタバースに必須」などと語ったことが拡散され、対立の溝が深まっているように感じます。全体としては、メタバースについての知識不足や誤解による、下記のループを続けている印象です。

1. NFT事業者が間違った知識や漠然とした定義のポジショントークを流す
2. メタバースとNFTをごちゃ混ぜにした投稿が乱立する
3. 「NFTはメタバースに必須」といった極論が展開される
4. もともとメタバースに住んでいたVR系ユーザーが怒る
5. 「NFTはダメ」といった広範囲を対象にしたバッシングが相次ぐ
6. 広範囲を対象にしたバッシングによりWeb3.0系ユーザーも怒る

メタバースやNFTに関する話題は誤解が多いので、過度なポジショントークは控えましょう。

6 メタバースは人類のDX

今後、メタバースを実現するための技術が発展すると、バーチャル空間に没入できる人が増えていくことが予想されます。YouTubeのキャッチコピーに「好きなことで生きていく」というものがありますが、「○○ to Earn」が誕生したことで、**メタバース内にも経済圏が生まれる**ことになります。

これまでのメタバースは、仕事終わりの余暇時間などに訪れるものでしたが、トークンによる経済圏が付与されることで、**メタバースで労働を行う**ようになるでしょう。これは衝撃的な変化であり、メタバースで消費する時間が爆発的に増えることにつながります。さらに近い将来、人類はメタバースに住むこともできるようになるでしょう。メタバースは人類のDXともいえます。

現在、人類がメタバースで生活することに対して、まだ明確なイメージはできていません。しかし数十年後、人類の歴史を研究したとき、「人類はデジタル上に存在する生物であり、メタバース以前の歴史は例外であった」と判断される日が来るかもしれません。

まとめ

- □ FacebookがMetaへ社名を変更したことでメタバースブームに火がつき、Web3.0のメタバース銘柄の時価総額が高騰している
- □ メタバースには多くの要素が含まれ、認識を整理して話す必要がある
- □ Web3.0系メタバースは、バーチャル空間のみを指すのではなく、新しいコミュニケーション手段の1つと捉えるべき
- □ Web3.0系メタバースではNFTが文化をつくり、文化が都市を形成する
- □ トークン経済圏とメタバースが融合することで、メタバースに住めるようになり、人類のDX化が進む

マーケティングが必要なNFTはノイズでしかない

NFTには多様な要素がありますが、重要なものは「Flex」「レトロアクティブ」「ネットワーク効果」の3つに集約されると筆者は考えます。

レトロアクティブがトークングラフ（P.178参照）に刻まれ、NFTを通してFlex（P.171参照）な体験を得ることができ、ネットワーク効果が機能する仕組みが整っていれば、口コミが自然と広まって認知されていきます。このとき、認知拡大を目的としたマーケティングに、多額の予算は必要ありません。逆に、この要素が満たされていないNFTの場合は、マーケティングに多大なコストを要します。たとえば、広告を打つ、NFTの価値を高めるコラボ先を探す、「〇〇で使えます！」とNFT所有者限定の新しい用途を発表する、といった施策を積極的に行っていく必要があり、多くの人間が動くことになります。「人間が動く」ということは「中央に人がいる」ということです。つまり中央集権型で、Web3.0の理想とかけ離れたものになります。人間が管理するプロジェクトは、権力者の意向で不正が行われる余地があり、利用者が不利益を被るリスクがあります。

暗号試算取引所の「FTX」は2022年11月、顧客の資産を流用し、経営破綻しました。FTXには世界的なベンチャーキャピタルが投資しており、社会的信用が高かったなか発生した事件です。利用者はFTXを信じていましたが、事件後は資産が出金できない事態に陥っています。

Web3.0の根幹にあるブロックチェーン技術を生み出したBitcoinは、誰の信用も必要なく、自律的に機能し続ける貨幣と送金ネットワークを構築しようとするものです。この思想を継承するNFTを扱うのであれば、「トラストレス」を追求する姿勢を持つことが自然といえます。

「有名インフルエンサーや大企業が運営しているから」「みんなが持っているから」という理由で「安心」だと思う発想は、Web3.0の対極に位置するものであり、誰かに信用を委ねた思考停止状態は「絆」と揶揄されます。始まりは中央集権的でもよいですが、人間より信用でき、確実に業務を遂行できる「スマコン」という手段があるにもかかわらず、仕組み化が進めないのであれば、NFTである必然性は薄くなります。

絆NFTは、無価値なものを価値があるように見せて売りつけようとする詐欺の可能性があります。スマコンによる仕組み化ではなく、NFTのマーケティングを熱心に行っている運営であれば、そのNFTの価値は疑ってかかるべきです。マーケティングを重視する絆NFTは、Web3.0の思想を阻害しようとする「ノイズ」でしかありません。しかし、現在の日本市場では、絆NFTが大半を占めます。ノイズが本流となる未来もミーム的でおもしろいですが、筆者としてはノイズを駆逐し、本来の思想を踏襲したNFTならではの仕組みの登場を期待してしまいます。

第9章

Web3.0が目指す組織DAO

1 組織の新しい形態であるDAO ―― 234
2 DAOとしての完成度が高いNounsDAO ―― 248
3 日本発のプロトコルであるAstar Network ―― 253

9-1

組織の新しい形態であるDAO

ここでは分散型自律組織を指す「DAO（ダオ）」について解説します。

前章ではdApps（ダップス）について解説しました。dAppsは企業が開発・運営を行う場合もありますが、多くはDAOが行っています。ここでは企業の上位互換ともいわれるDAOの概念や特徴、種類、働き方と、Web3.0が目指す組織の形態などについて解説していきます。

1 分散型の組織であるDAO

中央がプログラムで周りが人の組織

2021年後半頃から「**DAO**」という言葉を耳にするようになりました。DAOとは**分散型自律組織**のことで、Web3.0を語るうえで欠かせない要素の1つです。

DAO

Decentralized Autonomous Organizationの略で、分散型自律組織のこと

「分散型自律組織」という言葉は聞き慣れないかもしれませんが、言葉を分解して意味を捉えると、次のようになります。

分散型：人の意思を介在させない非中央集権的なプログラムが動く
自律　：外部からの支配や制約を受けることなく、ルールに従って機能する
組織　：目的の達成を目指し、複数の要素によって構成されたまとまり

最も有名なDAOはBitcoinです。Bitcoinはプロトコルに刻まれたルールに従って機能し、外部からの支配や制約を受けることなく、そこに人の意思が介在しない分散型プログラムです。そして、中央集権的な運営者に支配されない経済システムの構築という（Bitcoinの）目的を達成するために、複数の人が建てたノードによって構成されています。つまりBitcoinは、中央が「**分散型**の**自律**したプロググ

ラム」で、周りが「働く人」の組織といえます。類似するものとして、中央が「経営者（人）」で、周りが「働く人」の組織は企業、「働く人がいない」組織はロボットやAIに該当します。

▶DAOは中央がプログラムで周りが人の組織

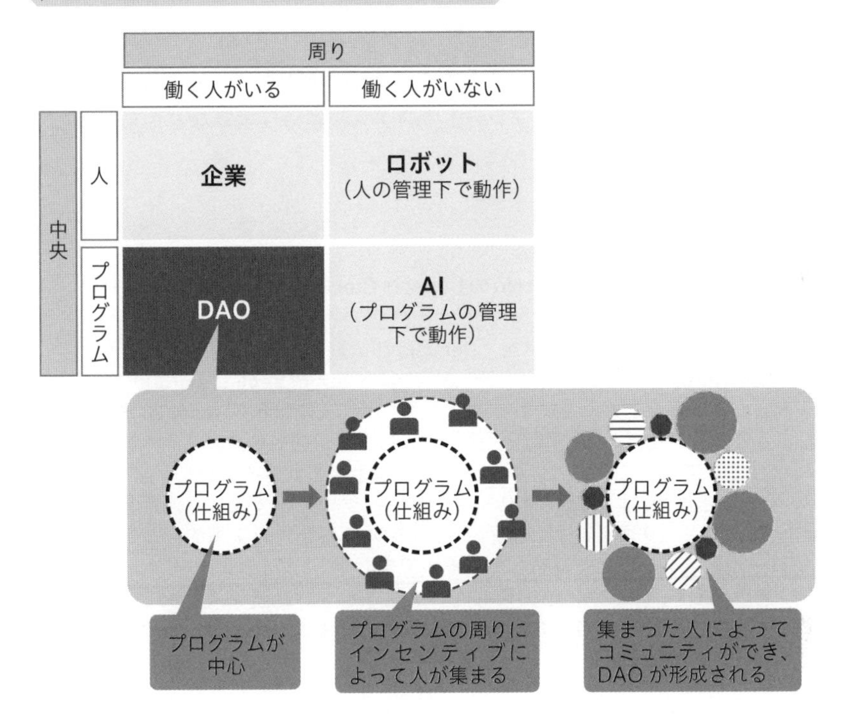

いきなりDAOと聞くと難しく感じますが、生物を構成する細胞や自然界の生態系もDAOです。これらは、それぞれが一定のルールに従って自律しており、人が介在しなくても機能する分散型の組織です。そのため、DAOは**「人がつくり出したソフトウェアを自然現象と同レベルにまで自律させたもの」**と捉えることができそうです。地球が何億年もかけて培ってきた生態系と同レベルのものをつくると考えると、DAOの構築は神の御業（みわざ）といえるかもしれません。

OSSと相性のよいDAO

DAOが誕生したことで、「公共性は高いが利益を出しにくい事業」なども運営できるようになります。DAOは**OSSプロジェクトと非常に相性がよい**のです。

たとえば、OSS開発を支援する寄付プラットフォーム「Gitcoin（ギットコイン）」では、集められた寄付金を流動性プール（マッチングプール）に一時的に貯め、公共性の高いプロジェクトに多く集まるよう、**人の意思を介在させない数学的な分配システム**により再分配する仕組みになっています。Gitcoinには、将来の「GAFAの卵」といえそうな組織がたくさん存在しており、寄付は少額から行うことができます。

Gitcoinは「**GTC**」というガバナンストークン（P.215参照）を配布しており、Gitcoinがその管理や分配、助成金の配布などを行うとともに、エコシステムの決定に参加するためのガバナンスフレームワーク（投票の仕組みなど）を提供しています。

BitcoinのGenesis（ジェネシス） Block（ブロック）

Bitcoinの最初のブロックを「Genesis Block」といいます。そこには「The Times 03/Jan/2009 Chancellor on brink of second bailout for banks」と書き込まれています。これはイギリスのThe Timesの2009年1月3日号の見出しの引用で、「銀行救済に2度目の公的資金注入へ」という意味です。この見出しからBitcoinの設計思想が読み取れます。

2009年当時、世界経済はリーマンショックの影響で大きく混乱していました。この見出しは、銀行が金融システムを中央集権的にコントロールしていることを批判しているのです。

Bitcoinはこのように中央集権的に支配されない経済システムを、分散によって実現することを目指して開発されました。そして、この思想はWeb3.0の根幹をなす概念として引き継がれています。

2 DAOと企業との違い

資金の利用経路が検証可能なDAO

DAOの主な特徴の1つは、**資金管理がすべてオンチェーンで行われ、検証可能**であることです。従来型の企業より透明性が高く、「集めた資金が何に使われたか」を検証できます。たとえば、DAOでは「国に徴収された税金が何に使われたのかわからない」といったニュースは発生しません。また、上場企業は定期的に監査を受け、財務諸表を提出する義務があるものの、株主がそれらを確認できるのは四半期や年度ごとの決算発表時のみです。対して、DAOの貸借対照表はパブリックブロックチェーン上に常に存在するので、**いつでも誰でも確認できます。**

2022年4月時点で、主要なDAOには総額約7,000億円が集められ、日本の大企業以上の資金を運用しています。その利用経路が公開されているのは驚くべきことであり、**会計処理に人的コストがかからない**点は革新的です。

▶時価総額上位のDAO(2022年4月時点)

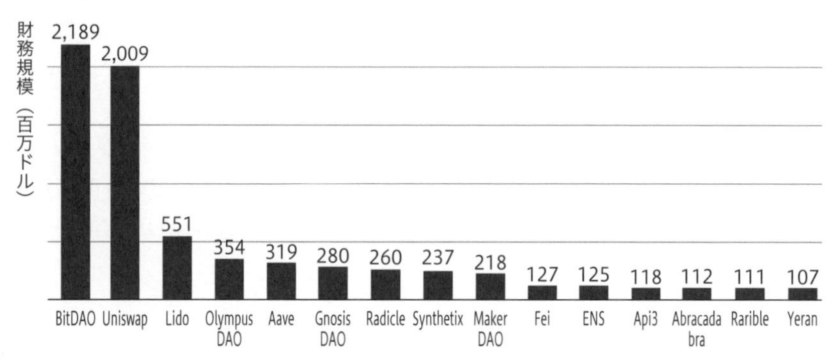

※合計70億ドル以上のDAO
出典：Messari「The 15 Largest DAOs Treasury Size Hold Over $7 Billion Combined」をもとに作成

またDAOは、トークンを介した取引が前提なので、グローバルにアクセスでき、誰でも参加可能です。そのため、DAOから別のDAOに乗り換えるスイッチングコスト(P.125参照)が低く、ロックイン(乗り換え困難に)される度合いも低いので、**雇用の流動性が高く**なります。

企業の利益追求の課題

資金の用途が不透明で、雇用の流動性が低い組織は**腐敗**します。

企業は株主のものですが、株主全員で経営することはできないので、経営は特定の人(経営陣)に任せることになります。経営陣の役割は、経営を通して株主の利益を最大化することです。しかし、「給料を上げたい」「地位と名誉が欲しい」「引退後の働き先を確保したい」といった**個人的な利益も追求される**ので、必ずしも株主の利益のみを最優先に活動が行われるわけではありません。

これは企業だけではなく、国の運営も同様です。人が組織を運営する以上、私的な思惑が介在する余地があり、それが行きすぎると組織は腐敗するのです。そして、雇用の流動性が低いと、人材を入れ替えることができず、組織は廃れていきます。これは特定の個人が悪いということではなく、**構造的な課題**です。

企業の流動性の課題

DAOも投票によって意思決定を行うので、行きすぎたリーダーシップが衆愚政治を招く危険性があり、実際にそのような事例も出てきています。しかし、DAOの場合はスイッチングコストが低いので、**腐敗した部分は交換すればよいのです**。企業の雇用は、DAOと比べると「入りにくく辞めにくい」構造になっており、**採用と転職に多大なコストがかかる**ことが大きな違いです。完成されたDAOの場合はPermissionless（P.104参照）であるため、「採用」の概念が存在せず、DAOで活動したい人は勝手に参加できるようになっています。

そして、DAO内の活動は、**匿名同士のやり取り**が前提です。資金のやり取りもスマートコントラクト（スマコン）で行われるので、リアル空間での信用情報などは不要です。**DAO内での活動や貢献のレトロアクティブを評価**して報酬が支払われます。

DAOは企業の上位互換？

こういったDAOの利点により、DAOは企業の上位互換とする見方もありますが、まだまだ検証が不十分です。DAOは雇用の流動性が高いので、DAOに所属し続けてもらうためには、**継続的なインセンティブとモチベーション**を提供する必要があります。それができずに崩壊するDAOは枚挙に暇（いとま）がなく、まだまだ発展途上といえます。企業とDAOの違いをまとめると、次表のようになります。

▶企業とDAOの主な特徴の違い

	従来型の組織（企業）	分散型自律組織（DAO）
形式	トップダウン型	ボトムアップ型
構造	中央集権型	自律分散型
透明性	IRなどを通して 限定的に追跡可能	資金の利用経路は すべて追跡可能
信頼の所在	経営者、従業員	プロトコル
認証方法	Permission型	Permissionless型
参入障壁	高い	低い
地理的な所属	特定の国に所属	グローバルに分散
雇用の流動性	低い （組織が腐敗しても変えられない）	高い （腐敗した部分は簡単に変えられる）

3 DAOの種類

DeFi（ディーファイ）系プロジェクトから生まれるプロトコルDAO

2021年後半には**DAOが新しい働き方**であるとして、Web3.0系プロジェクトがこぞってDAOを立ち上げました。DAOは立ち上げコストがそれほどかからないので、DAOの数は膨れ上がり、すでに全体を把握するのが困難なほどです。

DAOはさまざまな種類のものが登場しており、DAO化のレベルも多様です。BitcoinやEthereumに次いでDAOに近いものが、DeFi系プロジェクトから生まれる**「プロトコルDAO」**です。DeFi開発の初期段階では、意思決定の権限が開発チームに集中しているものの、ガバナンストークンを発行すると権限がコミュニティに段階的に引き継がれ、DAO化していきます。

たとえば、「DAI（ダイ）」を発行する**MakerDAO（メイカーダオ）**は、**「MKR（メイカー）」**というガバナンストークンを発行しており、プロトコルから得た収益の用途や開発方針などはコミュニティの投票によって決められています。MakerDAOは、毎月50百万ドル以上の収益をプロトコルから得ており、その収益がMakerDAOで働く人々やDAOに貢献する人々に対して支払われています。

▶プロトコル別の月間DeFi収益（2022年5月時点）

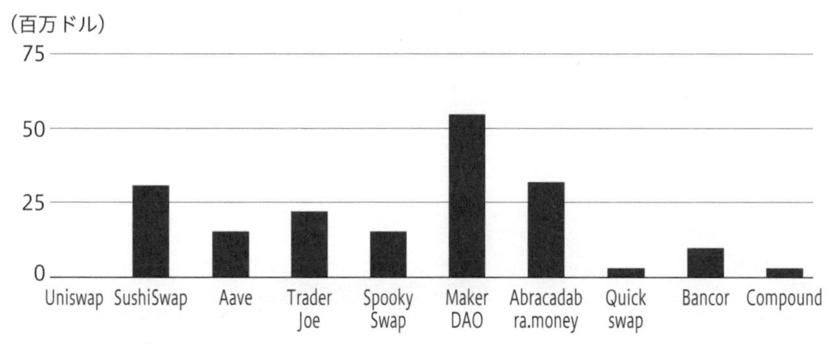

※30日間サンプル
出典：The Block「Annualized DeFi revenue by protocol (30-day sample)」をもとに作成

DeFi系プロジェクトの派生形のグランツ系DAO

DeFiの需要は顕在化しているので、この領域で実績を残したDeFi系プロジェクトは、多くの資金をDAO内に抱えることになります。そして、自らの発展に寄与するプロジェクトに対して、**「グラント（助成金）」**を拠出してDAOを形成する**「グ**

ランツ系**DAO**」もよく見られます。第５章で紹介したUniswap（P.119参照）は「Uniswapグランツプログラム」を提供しており、Uniswapの発展に寄与するプロジェクトに対して資金を提供しています。助成方法はさまざまで、資金投下に限らず、ハッカソンの開催、NFTの作成・販売に関する資金提供などがあります。

助成金の管理など、特定の目的で運用されるDAO配下の組織を「**サブDAO**」と呼びます。サブDAOでは、企業の部門や部署などと同様、達成目標が設定されており、その達成率に応じて報酬が変動する手法をとっていることが多いです。

投資系DAOやコレクターDAOなど

また、DAOメンバーから集めた資金を、ほかプロジェクトへの投資に回して配当を分配する「**投資系DAO**」、高価なNFTを共同で購入する「**コレクターDAO**」などがあります。特にコレクターDAOでは、**購入したNFTをDAOメンバーで分割所有する**という新しい所有体験が実現されています。

たとえば、複数人で資金を出し合い、一緒にNFTオークションに入札できる「**PartyBid**」では、478人が共同でCryptoPunksに入札し、1,218ETH（330万ドル）を集めて落札しました。PartyBidでは、誰でもパーティを組んでオークションに参加でき、落札したNFTは複数の参加者で分割された「分割所有証明書」としてNFT化され、所有できます。そのほか、DOGEコインの犬のミームNFTがPleasrDAOに５億円で落札されるなど、プロトコルDAOより分散の度合いは低いものの、**DAOがNFTを所有する**事例は増えています。

▶PleasrDAOのミームNFT（左）とNFTを複数人で購入するPartybid（右）

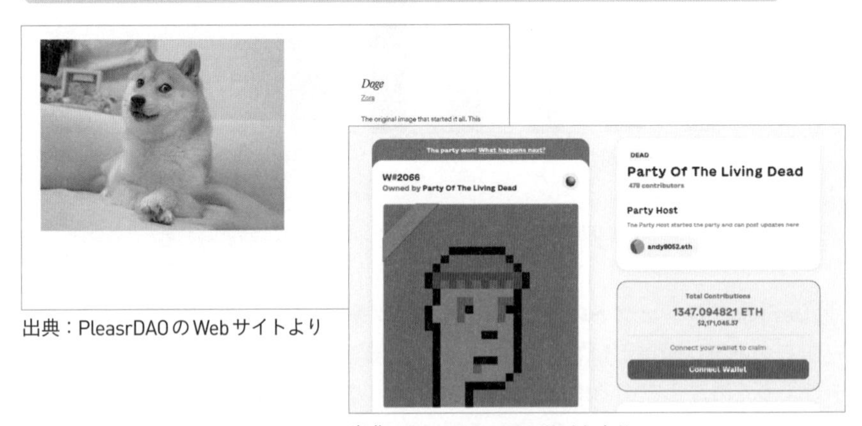

出典：PleasrDAOのWebサイトより

出典：PartyBidのWebサイトより

また、既存のサービスやメディアをDAO化しようとする「**サービス系DAO**」や「**メディアDAO**」などもあります。しかし、これは中央がプログラムではなく、人によって管理されているので、**厳密にはDAOではありません**。DAOとは名ばかりで、実態はただのオンラインサロンであることも多いのが現状です。

トークンを発行して調達した資金で、DAOが収益化するための仕組みをプログラム化できることが理想です。ただし、既存のサービスを介して収益化しようとすると、どうしてもWeb2.0のインフラに頼らざるを得ない部分があり、完全なDAO化が難しい側面があるのです。

▶DAOの主な種類（上からDAOに近い）

分類	目的・役割	例
プロトコルDAO	DeFi系プロジェクトを中心に形成されているDAO。初期段階では権限がプロトコル開発側に集中しているものの、段階的にコミュニティに引き継がれ、DAO化していく	MakerDAO Gitcoin
グランツ系DAO（サブDAO）	コミュニティが資金を預け、助成金の割り当てを投票で決定するDAO。一定の実績を残したプロジェクトの社会貢献的な側面がある	Uniswapグランツ Compoundグランツ
投資系DAO	共同出資をした資金から投資を行うWeb3.0系ベンチャーキャピタル。投資判断には高度なスキルが求められるので、代表者が意思決定を行う	The LAO
コレクターDAO	高価なNFTを共同で購入し、所有するDAO。1つのNFTを分割し、共同で所有するという新しい所有の形態を提案している	FlamingoDAO PleasrDAO
サービス系DAO	特定の目的を持ち、その達成を目指すDAO。社会課題の解決や特定サービスの発展を目指す組織で、トークンを発行したNPOのようなもの	YGG（ゲームギルド）
メディアDAO	情報発信の仕組みをDAO化したもの。情報提供者にトークンで報酬を支払うことで、良質な情報を集め、Web3.0市場の最新ニュースを集めている	BanklessDAO Forefront

4 DAOの働き方

DAOに参加して自分の価値を高める

DAOは、中央ではプログラムが自律分散的に機能しますが、周りには「働く人」

が必要とされます。DAO内で**働く人は重要なリソース**です。DAOでは、フルタイムで働くかパートとして働くかは、自分がどれだけ時間を費やしたいかによって自由に調整できます。働く時間は自由ですが、DAOから収益を得るためには、**ある程度のコミットメントと結果**が必要です。まずは自分の価値を証明しなければなりません。DAOの参加方法を見てみましょう。

一般的なDAOでは、**フォーラムやDiscord（ディスコード）（チャットアプリ）のコミュニティに入る**ことが入り口になります。コミュニティ内でガバナンスに提案したり、議論に意見したりしていると、コミュニティ内に顔見知りができます。さらに、DAOのコアプロジェクトを手伝ったり、自らのリソースやスキルを提供したりすることで、より深い仕事ができるようになります。匿名が前提のWeb3.0では、**レトロアクティブ（P.176参照）が評価の基本**です。まずはコミュニティに貢献することを考えましょう。コミュニティ内での評価が高まれば、より多くのチャンスが生まれます。最初は単発の懸賞金から始まり、次にアルバイト、そしてうまくいけばフルタイムでの仕事に就くことができるでしょう。Yearn.finance（ヤーンファイナンス）などは「誰に何をいくらで業務委託したか」まで詳細に財務諸表に記録されています。コミットメントが高ければ、いずれ**個々の名前が載る**ようになるかもしれません。そうなれば、多くの人がうらやむトークングラフ（P.178参照）となるでしょう。

働く人の役割の種類

次に、DAOで働く人の役割をいくつか紹介します。

- **エンジニア**

  DAO開発のリソースは十分ではありません。新しいスマコンの開発、バックエンド開発の支援、美しいUI/UXの構築、監査など、**コードを書ける人には常に高い需要**があります。技術者であればDAOはブルーオーシャンといえます。

- **コミュニティマネージャー**

  DAOにおける重要な役割の1つです。DAOは匿名のコミュニティのため、雰囲気が命です。「新しいメンバーを正しく導く」「質問に答える」「Discordを管理する」などを通して、**コミュニティの雰囲気をよくすること**が求められます。人は報酬がなくても、雰囲気のよいコミュニティに残るものです。

- **コンテンツクリエイター**

  DAOの多くは認知率が低く、プロジェクトを世界に売り出すためにライターやビデオクリエイターを必要としています。**コンテンツ制作には許可が必要**

とされないので、参入障壁は低く、簡単に始められます。コンテンツを制作し、公開し、共有すれば、コミュニティ内での重要度が高まっていきます。

- **デザイナー**

  エンジニアと同様、デザイナーも不足しています。新しいNFTを作成したり、フロントエンドをデザインしたりする仕事は重要です。

- **運営・ファシリテーター**

  DAO内では人が自由に発言するので、組織全体が**正しい方向に進み、必要な目標が達成されているかを確認**することが重要です。一般的なプロジェクト管理、複数の電子署名の署名者としての役割、貢献者を適切につないでネットワーク効果を最大化させる役割などがミッションです。

- **財務管理**

  DAOは**資金をうまく分配**する方法を見つける必要があります。財務の多様化により**予算の編成や財務報告書の作成**などがDAOに求められるスキルです。

- **サブDAOでの貢献**

  すべてのDAOは、**目標達成のために業務が細分化**されています。ほとんどのDAOには**助成金**があり、申請審査などで協力を求めています。目標達成に必要と思うことがあれば、DAOに提案を行うと、助成金を受けてサブDAOを任されるかもしれません。DAOの参加者は常に「提案者」「貢献者」であり、提案と貢献が必要とされているのです。

DAOに求められることは企業と同じ

DAOは分散型自律組織なので経営者は不要ですが、**プロジェクトを進めるリーダーシップ**は必要とされます。ただ、企業で活躍するビジネスパーソンであれば、DAOでも問題なく活躍できるでしょう。企業と同様、「自分ができること・やりたいこと」と「DAOがやるべきこと」が**重なったときに貢献度が最大化**します。

ここまでの流れで、DAOで働くことが「新しい働き方」のように感じられるかもしれませんが、現状はフリーランスが集まった状態と変わりません。また、企業には評価制度や社会保障制度などがありますが、DAOには雇用契約がなく、定常的な収益が約束されているわけでもありません。現在、DAOで利用できるツールの開発が本格化しており、さまざまなスタートアップがこの領域に参入しています。しかし、DAOで働くことが普及するには、まだまだ時間を要するでしょう。DAOは参加へのハードルが低く、働く時間を自分で決められるので、まずは副業感覚で体験するくらいの距離感がよいと思われます。

5 DAOと企業の相性

利益相反の関係にあるDAOと企業

「DAO」がバズワードになり、メタバースと同様、「これからはDAO！」などと言われ出すのは時間の問題です。しかし、**DAOと企業の相性は非常に悪い**です。

企業は自らの時価総額を上げ、**企業価値を高める**ことが至上命題ですが、DAOは完全に分散し、**Web3.0のインフラ**となることが至上命題です。したがって、企業は時間とともに資産を増大させ、大企業へと成長していきますが、DAOはトークンをコミュニティに分配していくので、いずれ運営組織はなくなり、**完全な分散状態**に達します。つまり、企業がトークンを発行してDAOを目指すとなると、自社保有資産であるトークンを売却し続けることになり、**時価総額が下がる**という自己矛盾に陥ってしまいます。そうなると、株主への責任を果たすことができなくなってしまうわけです。さらに、企業がトークンを発行してDAOを運営しようとすると、**日本の税制面で不利**（P.277参照）なため、Web3.0参入を目指すスタートアップは国外に脱出していきます。

▶DAOと企業は利益相反の関係にある

企業（株式会社）	DAO
株式の価値を高め、自らの時価総額を上げ、企業価値を高めることが至上命題	トークンをコミュニティに分配し、分散してインフラとなることが至上命題

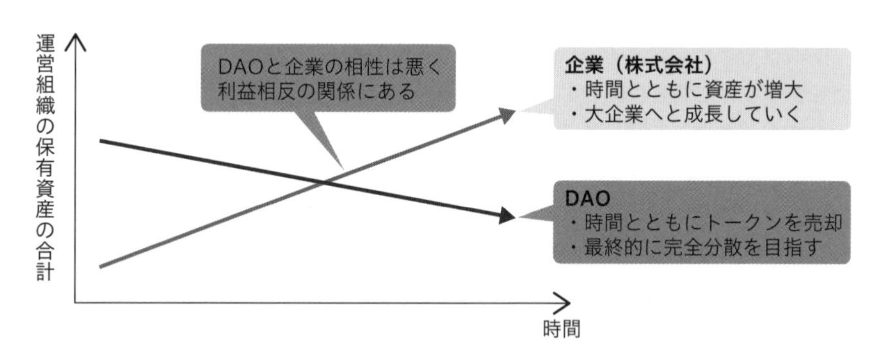

IPコンテンツのNFT化はDAOにつながる

NFT化の権利を、ライセンスビジネスの延長と捉えて販売する行為は、ただのコンテンツの切り売りです。短期的な利益獲得のために放出したNFTにより、コンテンツの時価総額が下がって自滅することになります。

従来と今後の、コンテンツ、ファン、運営の関係を示したものが次図です。

コンテンツがNFT化されることで右側の構造に変化し、**運営もコンテンツの時価総額を上げるための貢献者の一員**として機能するようになります。従来、コンテンツはその権利を持つ運営のものでしたが、NFT化により、**NFT所有者がコンテンツの株式を持つ状態**になり、運営のいないDAOに近づいていきます。

▶コンテンツ、ファン、運営の関係の変化

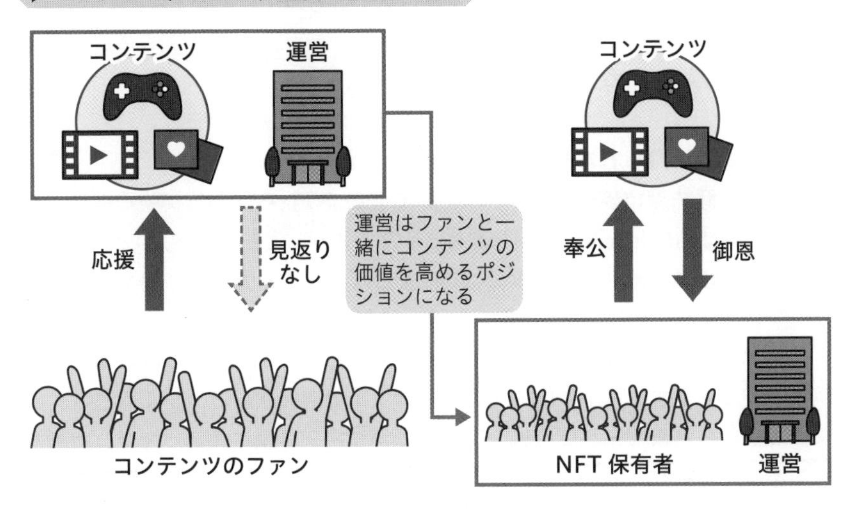

これまでのコンテンツとファンの関係は、コンテンツからファンに対して体験や物品などを提供し、消費してもらう「**コンテンツ消費**」の形態でした。「応援」はイベント参加やグッズ購入などの行為を指します。ファンは、運営が用意したコンテンツの楽しみ方のなかで、精いっぱい消費して楽しんできたのが従来です。

その後、起こり得る変化として、ファンから「コンテンツの価値を高めたいから〇〇イベントを行わせてほしい」などといった**運営への提案**があります。これは、株式をファンに配布したことで、**ファンが運営に参加するインセンティブ**が生まれたことによる変化です。

これは封建制度時代の幕府と御家人の「御恩」と「奉公」の関係に似ています。土地を御家人に与えることで幕府と御家人のインセンティブが一致したように、コンテンツをファンに与えることで運営とファンのインセンティブが一致し、**コンテンツの発展によって互いに利益を享受できる関係**となります。

運営が権利を手放すのは、コンテンツホルダーからすれば非常に怖い行為です。これまでの生活の糧がなくなる可能性を負ったうえで、NFT発行に踏み切ることはリスクです。しかし、コンテンツのNFT化により、ファンが運営に参加しやすくなり、ネットワーク効果を得られることはメリットです。そして、その活動は、ファンによる圧倒的な熱量により、自律分散的に発展していくことになります。

日本の構造的な課題もあり（P.274参照）、世界で通用するNFT活用事例が日本から登場するのは難しいでしょう。有名コンテンツを保有する大企業の多くは、NFT導入のために、海外での法人設立を検討しているのが現状です。

6 DAOの潜在的な課題

法的な保護が得られないDAO

DAOには、興味深い事例がたくさんありますが、これらはまだ実験段階にすぎません。DAOは組織化を強力に推し進める手法ですが、潜在的な課題も考えられ、**すべての組織に理想的なシステムではありません**。ここではDAOが持つ潜在的な課題について触れます。

まずDAOは、法的な契約をスマコンに置き換えることで、**運用上の付随業務を大幅に削減**できます。しかしDAOでは、スマコンで定義されたルール以外は、**法的な保護が得られません**。これは、DAOの管理が中央集権的であったり、定義が曖昧であったりする場合に問題になる可能性があります。ただし、一部のDAOでは、DAOの背後に運営法人を配置することもあります。また、米国ワイオミング州のDAO法案が州上院委員会で可決されるなど、DAOを法人として認める動きもあります。DAOの初期段階では中央集権的な活動を行い、時間の経過とともに分散していくDAOが徐々に増えてくるでしょう。

目指すゴールはDAOのみではない

DAOはWeb3.0の根幹をなす概念ですが、すべてのWeb3.0系プロジェクトがDAOを目指しているわけではありません。NFTマーケットプレイスのOpenSeaは株式市場への上場を目指していますし、暗号資産取引所のCoinbaseはすでに米国市場で上場しています。

「トークンを発行している」「分散を目指している」からといって、必ずしもDAOであるというわけではありません。DAOは、**各プロジェクトの運営者が目標を達成するための手段の1つ**ということです。トークン発行をしているかどうかと、分散を目指しているかどうかにより、4象限の図（次図）にして組織を分類するとわかりやすいでしょう。

DAOは、言葉の意味としては分散型自律組織を指しますが、完全に分散しているDAOはBitcoinのみであり、次点がEthereumであると筆者は考えています。世間で「〇〇DAO」と呼ばれるすべての組織は、中央集権的な「なんちゃってDAO」であり、プロジェクト運営者は**「理想」と「現実の期待値」のコントロールを適切に行う難しさ**を抱えています。

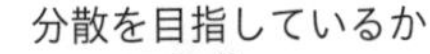
▶Andreessen Horowitzによる企業分類

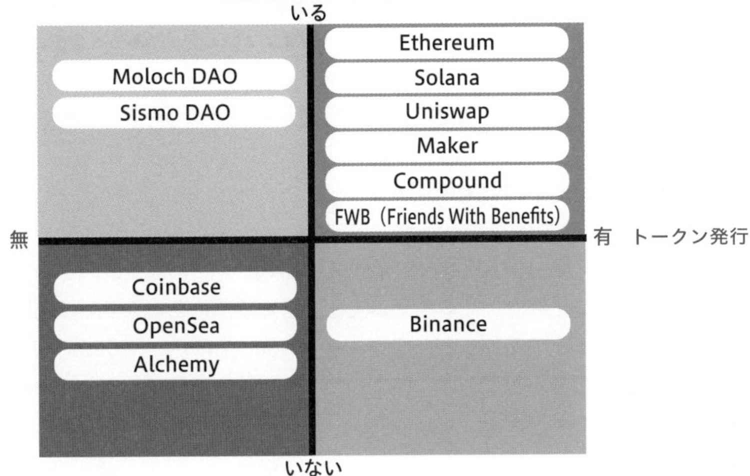

出典：Maggie Hsu氏「Go-to-Market in Web3: New Mindsets, Tactics, Metrics」のWebページを参考に作成

☑ まとめ

- □ DAO（Decentralized Autonomous Organization）とは分散型自律組織のこと
- □ 中央がプログラム、周りが働く人の組織がDAOであり、ソフトウェアを自然現象と同レベルにまで自律させたものと捉えるとわかりやすい
- □ DAOはロックイン度合いが低い、雇用流動性が高い、資金追跡が可能、グローバルが前提などの特徴があり、OSSプロジェクトと相性がよい
- □ DAOは企業の上位互換とする見方もあるが、検証がまだ不十分な概念
- □ DAOにはさまざまな種類や働き方があり、概念の検証が進んでいる

9-2 DAOとしての完成度が高いNounsDAO

ここではDAOの具体的な事例として「NounsDAO」について解説します。

前節ではDAOの概念や種類、働き方などについて解説しました。ここでは、実際に稼働しているNounsDAOの事例を見ながら、Web3.0系プロジェクトのあるべき姿について考察していきます。

1 NFTを中心としたNounsDAO

NFT発行とオークション開催が分散されたDAO

NounsDAOは、NFTを発行して資金を調達し、**あらゆる人たちがDAOに参加できる仕組みをつくろうとする**プロジェクトです。NounsDAOは「**Nouns**」というNFTを中心に形成されています。ここでは、NFTを指すときは「Nouns」、コミュニティやDAO全体を指すときは「NounsDAO」と表記します。

▶NounsDAOのトップページ

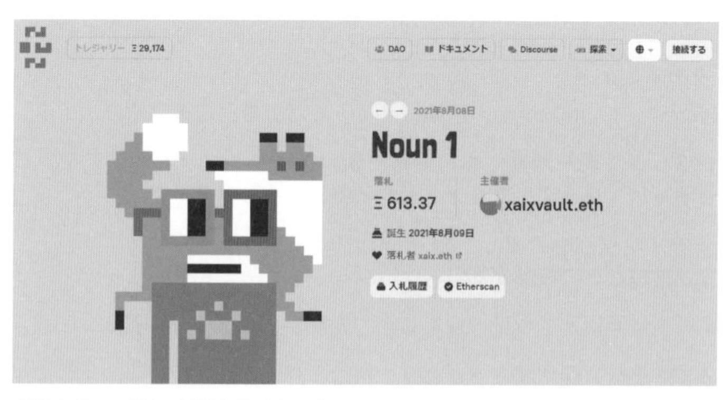

出典：NounsDAOのWebサイトより

Nounsは、ドット絵のイラストがプログラムによって自動生成されるジェネレーティブNFT（P.161参照）です。ドット絵はサイズの軽いSVG形式でできているので、全データがブロックチェーン上に記録される**フルオンチェーンNFT**（P.192参照）として発行されています。「ドット絵」というとCryptoPunks（クリプトパンクス）（P.155参照）を彷彿（ほうふつ）とさせますが、Nounsは眼鏡をかけているのが特徴です。

▶Nounsの例

出典：NounsDAOの「遊び場」のWebページより

Nounsは**毎日1体が自動生成**されます。生成されたNounsは**毎日オークションにかけられ**、平均70ETHほどで落札されます。このNouns生成とオークション開催の仕組みは、すべてスマコンに書き込まれ、自律分散的に機能します。

オークションの収益は運営者に中抜きされない

Nounsのオークションの収益は、NounsDAOのトレジャリー（共通の財布のようなもの）に100%送られる仕様になっており、**1円も中抜きされません**。ほかのNFTブランドでは、NFT販売の収益を自分たちのものにするのが一般的ですが、Nounsを販売して得た収益はすべてNounsDAOのコミュニティに委ねられます。

NFTには少なからず投機的な側面があり、**価格が上がりそうなNFTほど需要が高まります**。不思議なことですが、300万円のBTCより、600万円のBTCを人は欲しがるのです。この性質があるので、NFT販売を行う運営者は匿名であることを利用し、買いあおりや自己売買を行えば、NFTの価格を不当につり上げることができてしまいます。一方、NounsDAOでは、運営者が1円も中抜きできないので、価格つり上げのリスクを自律分散的な仕組みで回避しているのです。

報酬はNouns自体

Nounsの作成者は「**Nounders**（ナウンダーズ）」と呼ばれます。彼らへの報酬はNFTの売上ではなく**Nouns自体**であり、発行数が10刻みのナンバー（#10、#20、#30、……）が報酬として渡されます。その期間はプロジェクトの発足から5年だけです。

NoundersにはLoot（P.188参照）の開発者も含まれ、NFT界隈のアベンジャーズ的な存在です。そんな彼ら自身が、所有するNounsを売りに出すと、NounsDAOの不信につながり、コミュニティの価値が下がってしまいます。そのため、価値を下げないように、Nounsを売りに出すことを控えます。このように、NounsDAOはNFTを報酬にすることで、**NFTが本来持つリスクをNouns所有者と共有する**仕組みにしているのです。さらに、この仕組みが適用される期間は5年だけなので、その頃にはNoundersに代わる人材がDAO内で育っていることでしょう。

誰でもコミュニティに参加可能

またNounsDAOのコミュニティには、Nouns所有者でなくても、誰でも参加でき、公式サイトのフォーラムで企画の議論や発案ができます。発案が通れば、NounsDAOの資金をもとに、Nounsの発展に寄与するプロジェクトを立ち上げることができるので、NounsDAOへの発案が絶えることはありません。

Nounsは1日1体しか発行されないので、Nouns所有者は単純計算で年間最大365人になります。そして、**「1Nouns＝1票」としてNouns所有者が発案を承認するかどうかを決めます**。この仕組みはコミュニティへの参加者を増やすうえで非常に有効に機能します。Web3.0の思想を熟知した人たちによって悪質な発案は排除され、**良質な発案のみが通る**ことになるのです。

二次創作やコラボレーションも可能

NounsはCC0（P.193参照）を宣言しており、著作権などをすべて放棄しているので、**二次創作や商用利用を自由に行うことができます**。偽物が市場に流通する可能性がありますが、ブロックチェーンを確認すれば本物を確認できます。逆に、偽物が増えてもそれが広告となり、Nounsの認知度を高める結果になるのです。

また、NFTのコンポーザビリティ（P.78参照）を利用したコラボレーションや要素の掛け合わせは、**新しいコミュニティを開拓できる**ので、DAOも積極的に資金を提供しています。ユーザーにとっては、自分の作品をNounsに絡めたNFTにすることで、**資金調達や宣伝などがしやすく**なり、DAOにもユーザーにもメリットが大きくなるので、NounsDAOには多くの発案が寄せられます。

「Web3.0の重要なリソースはコミュニティ」と説明してきましたが、**コミュニティのリソースをシェアするサービスがNouns**と考えることができるのです。

これまで説明した内容をまとめると、NounsDAOの特徴は次のようになります。

- 見た目の異なるジェネレーティブNFTが24時間に1体、発行される
- 発行プロセスは無限に続く仕様で、発行数は決められていない
- フルオンチェーンNFTであり、イラストが差し替わるリスクがなく、アートとして永続性が高い
- オークションの収益はNounsDAOのコミュニティに100%還元される
- コミュニティは誰でも参加、議論、発案ができる
- 「1Nouns＝1票」により、Nouns所有者の投票で発案を承認する
- 二次創作が自由にでき、二次創作が増えるほどNounsの認知度が高まる

2 ネットワーク効果を最大化させる仕組み

ブロックチェーンは「**Composability（構成可能性）**」「**Trustless（信用不要）**」「**Permissionless（非許可型・自由参加型）**」「**トークン**」などの特性を持ちます。Composabilityは開発の難度を下げ、Trustlessはデジタルの世界の信用を担保し、Permissionlessはネットワーク参加へのハードルを大きく下げます。これらの特性にトークンが掛け合わさることで、**強力なネットワーク効果**が生まれるのです。

ブロックチェーンが存在する以前のサービスは、ネットワーク効果を高めるため、ユーザーを広告で集める必要がありましたが、**トークンが直接的な価値を配布する**ことで、初期ユーザーを集めることができます。

もちろん初期ユーザーを集めても、**そのあとにサービスとしての体験が紐づかなければ、持続可能性がありません**。これはdApps（ダップス）ゲームの事例（第8章参照）を見ても明らかです。Web3.0系プロジェクトが数年で世界規模の時価総額にまで成長する要因は、このネットワーク効果にあります。初期からネットワーク効果を生み出してくれるユーザーを確保できるので、Web3.0の発展は早いのです。

NounsDAOは、Ethereumブロックチェーンの特性を最大限に生かした仕組みになっており、FTを発行することなく、**NFTだけで実現している**点が非常に優れています。Web3.0系プロジェクトを検討するときのよいお手本になります。

▶ネットワーク効果の比較

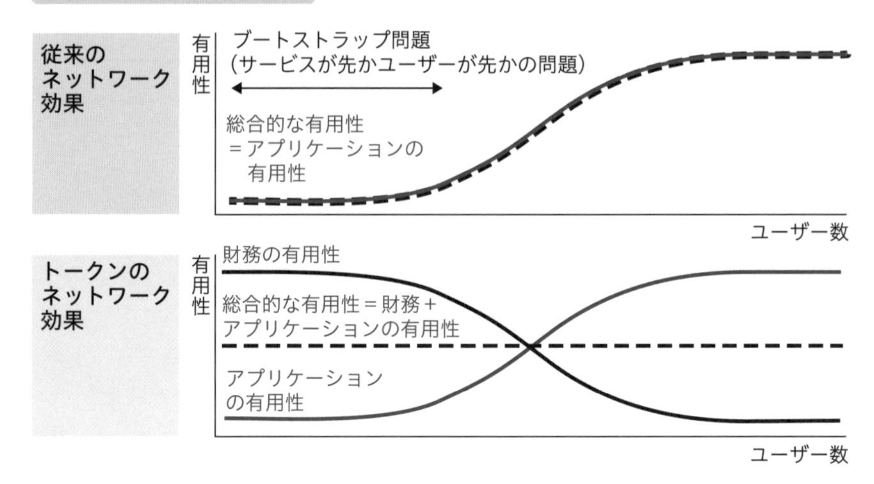

ブロックチェーンには前述のような特性がありますが、過去の事例や歴史を参考に**ネットワーク効果を最大化させる仕組み**を構築できれば、そのプロジェクトは成功したも同然です。逆に、ブロックチェーンの特性を損なっているようなプロジェクトは、長期的に見て必ず競合に負けます。ネットワーク効果の高さとは、ユーザーやアプリケーションの多さです。ブロックチェーンを採用しておきながら、その特性を生かせない設計では、戦う前から負けているのです。

まとめ

- □ DAOの具体例として、NounsDAOは学びが多いプロジェクトである
- □ NounsDAOはNFT販売の収益をDAOに100％委ね、Nouns所有者の投票によって意思決定される
- □ NFTはCC0であり、二次創作が活発になることで世間への露出が最大化
- □ ブロックチェーンの特性はネットワーク効果を最大化するためにある
- □ ネットワーク効果の高さはユーザーやアプリケーションの多さで決まり、特性を損なうプロジェクトは生き残ることができない

9-3
日本発のプロトコルである Astar Network

ここでは日本発のWeb3.0系プロジェクトであるAstar（アスター） Network（ネットワーク）を取り上げます。

第３章で「Blockchain Interoperability（ブロックチェーンの相互運用性）」について解説しましたが、このレイヤーのプロジェクトとしてDAO化を目指し、Web3.0の台風の目になろうとしている日本発のプロジェクトがあります。ここでは、当該プロジェクトである「Astar Network（以下Astar）」について解説していきます。

1 Polkadot上で輝く超新星Astar

ブロックチェーンとdApps（ダップス）をつなぐハブの役割

Astarは渡辺創太氏が創設した、Layer1（P.109参照）のブロックチェーンです。創設当初は、Polkadot（ポルカドット）（P.86参照）上のdAppsのハブになることを目指していましたが、Polkadotにとどまらないマルチチェーンへの対応を進めており、世界的に注目されています。

Polkadotは、ブロックチェーンの相互運用性の課題を解決するため、「**大きなメインチェーンに多機能なサブチェーンをつなぐ**」という戦略をとっています。しかしPolkadotは、ブロックチェーンを「つなぐ」ことにフォーカスしているため、その設計上、スマートコントラクト（スマコン）をサポートしておらず、Polkadot上に直接dAppsを構築できません。つまり、Polkadotがさまざまなブロックチェーンをつなげても、その上で動くアプリケーションがなければ誰も使えなくなってしまいます。そこで、アプリケーションを開発する機能を提供するのがAstarです。たとえるなら、Polkadotが地域ごとに分断された「インターネット同士」をつなぎ、Astarが「Webアプリを開発するツール」を提供するイメージです。

Astarは「Ethereum Virtual Machine（EVM）」と「WebAssembly（WASM）」に対応しており、EthereumやWebアプリの開発者がアプリケーションを開発しやすい環境が整えられています。たとえば、プログラミングの際、開発言語が異なると、

「開発前に学習が必要になって大変」であることは想像できるでしょう。開発環境が整えられていれば、学習の負荷がなく、すぐに開発に取り組むことができます。Astarには、このように開発しやすい環境が整備されていることで、開発者を集めやすいという特徴があります。

dApps構築で報酬が得られ、開発に専念しやすい

さらにAstarは、「**dApps Staking**（ステーキング）」という仕組みを実装しており、Astar上でdApps構築を行う開発者は、開発することで報酬を得られる「**Build to Earn**」の恩恵を受けられます。dApps Stakingとは、Bitcoinのマイニング報酬のように、**ブロック生成の報酬の一部が開発者に割り当てられる**仕組みのことです。これにより、開発者はプロダクトの完成前に報酬を得られます。通常であれば、完成したプロダクトを運用して収益を上げるまで報酬が得られませんが、先に報酬を得られることで開発者の生活が安定し、開発に専念できるようになるのです。

▶開発者はブロック生成の報酬の一部を受け取れる

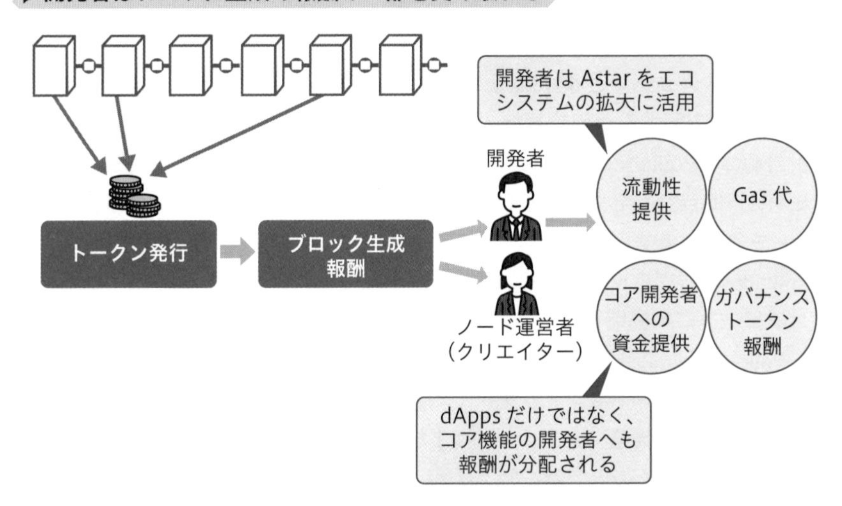

この仕組みは、開発者以外でも利用できます。Astar上でdApps Stakingを行っているページ一覧から「このプロジェクトはよさそう」と思えるものにStakingするのです。つまり、**応援Staking**ですね。StakingしたdAppsが貢献して得た、Astar独自のトークンである「$ASTR」をAPYとして受け取れるので、開発者以外にもメリットがあります。

2 Astarの特徴①：時価総額と調達実績の高さ

Astarは2022年1月に正式にローンチされたばかりですが、すでに時価総額は20億ドルを超えています。時価総額が10億ドルを超える非上場企業はユニコーン企業といわれますが、ユニコーン2社分の計算です。過去の資金調達実績も、Binance（バイナンス）、Coinbase、POLYCHAIN（ポリチェーン） CAPITAL（キャピタル）など、Web3.0の世界では知らない人がいないような大手ベンチャーキャピタルや、Web3.0の提唱者でありEthereumのCTOであったGavin（ギャビン） Wood（ウッド）氏からも出資を受けています。

▶ AstarのWebサイトに掲載されている出資者

BINANCE LABS
C VENTURES
POLYCHAIN CAPITAL
crypto.com CAPITAL
FENBUSHI CAPITAL
HYPERSPHERE
HASHKEY Capital
Huobi Ventures
ALAMEDA RESEARCH
alchemy Ventures
DFG
KR1
OKEx Blockdream Ventures
LONGHASH VENTURES
gumi Cryptos
SubO capital
DIGITAL STRATEGIES
ALTONOMY
AU21 CAPITAL
TRG CAPITAL
PAKA
SNZ
IOSG Ventures
GSR
ROK CAPITAL
SCYTALE VENTURES
VESSEL
WARBURGSERRES

出典：Astar NetworkのWebサイトより

この実績は、資金調達だけではなく、出資者と良好な関係を構築している点が素晴らしいといえます。Astarが「$ASTR」を発行した際、**複数の暗号資産取引所が同時に取り扱いを始める**など、プロジェクトを進めるうえでの根回しが可能な関係性は、今後のプロジェクト運営にプラスの影響をもたらすでしょう。

また、「Polkadotに接続」と簡単に言っていますが、これを行うには**Polkadotのコミュニティの投票で勝ち上がる**必要があり、人脈力や資金力だけで実現できるものではありません。Polkadotへの接続を希望するプロジェクトは無数に存在するので、「Polkadotへの接続を許可されている」という事実だけでも、グローバルレベルで抜きん出た、確かな実績の裏返しとなります。

3 Astarの特徴②：Web3.0そのものともいえる実績と信念

Astarの持つ思想は、Web3.0そのものといっても過言ではありません。**労力のかかることを地道に行ってきた実績と信念**が素晴らしいといえます。

Astarが開発を始めた2017～18年頃、Web3.0系のサービスを開発しようとするプロジェクトは、ICO（P.207参照）でトークンを販売して資金調達を行うことが当たり前でした。特に2020年頃は、Polkadot系の多くのプロジェクトがICOを行っており、Astarがその流れに追随してもおかしくありませんでした。

プロジェクトが発行するトークンの配分比率は、時代とともに移り変わりつつあります。2017年当初は**パブリックセール（誰でも購入できる方式での販売）が主流**で、コミュニティへの配分を増やし、開発チームや投資家などへの配分を減らす動きは最近になってからのことです。当時はEthereumですら、パブリックセールでほとんどのトークンを販売しています。

▶Astarのトークン配分比率

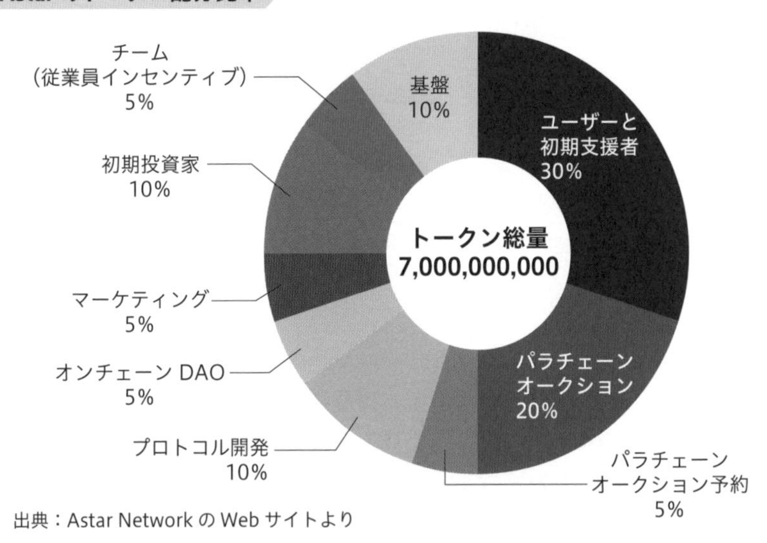

出典：Astar NetworkのWebサイトより

そんな状況下でも、Astarは安易な資金調達手段であるICOを行いませんでした。そこにはAstarの信念があります。「Astarは**コミュニティドリブンである**」「Astarは**将来的にDAO化を目指す**」という、初期からのコアチームの一貫した発言に、その信念が現れています。

Astarは、多くのプロジェクトがICOを行うなか、パブリック向けの販売は「Lockdrop（ロックドロップ）」のみに絞り、プロダクトは将来的にコミュニティのものになるので、**開発チームや投資家などの配分を極限まで減らしました**。Lockdropとは、資金をスマコンにロックさせることでトークンを平等に配分することが目的の手法です。結果として、Astarの開発チームのトークン配分比率はたった5％です。最終的にDAO化を目指しているので、自分たちの配分をできる限り低くし、ガバナンスへの影響力を小さくしている点が、**実績と信念の一致**が見られて評価できます。

その実績と信念があったからこそ、ローンチと同時に複数の暗号資産取引所に取り扱われるという地盤ができたのです。目線を少し横に移せば、後発のプロジェクトが何億という資金をICOで稼いでいるのが見えたはずですし、さらに"暗号資産の冬の時代"と呼ばれる2018～20年においてもこのスタンスをとり続けていたわけですから、想像を絶する忍耐力と信念です。

4 Astarが注目される3つのポイント

Astarの実績と信念について触れましたが、最近は名前のとおり、日本のWeb3.0業界の「星」になりつつあり、応援される環境が整ってきています。その背景として、次の3つのポイントがあります。

・パブリックブロックチェーン（P.284参照）で**実績を残していること**
・**日本発のプロジェクト**であること
・創設者の渡辺氏が**Z世代の若者**であること

・パブリックブロックチェーンで実績を残している

日本ではプライベートブロックチェーンを採用するプロジェクトが多いなか、パブリックブロックチェーン上で活躍するプロジェクトとして注目されています。

・日本発のプロジェクトである

日本は規制によりWeb3.0のプロダクトを開発しにくい環境にあるので、日本人の起業家は海外で起業することが多いです。そんな状況下で、**日本人がグローバルで戦えるプロトコルを開発**している事例はあまりありません。海外で実績を残し、日本にWeb3.0を逆輸入しようとしているのがAstarです。Astarの活躍を受け、国がWeb3.0を国家戦略にしようと動き出していることもあり、日本に大きな影響を与えています。

▶創設者の渡辺創太氏

・創設者がZ世代の若者である

頑張っている若者を応援するのは至って自然なことです。人種差別や格差社会、環境問題など、世界にはさまざまな課題があふれており、その**課題に対して企業が明確なメッセージを出すこと**をZ世代の若者は求めています。丸井グループはグローバルに活躍する渡辺氏をアンバサダーに据えることで、Z世代の若者を応援する意思を示しています。今後もこういった事例は増えていくでしょう。

高額な時価総額を誇るプロジェクトを20代の若者が実現できることからも、Web3.0にはまだまだチャンスがあるといえます。ただし、Astarは2017年から開発を開始し、たゆまぬ努力を続けてきたからこそ「今」があるわけです。したがって、今後のWeb3.0業界の動向をつぶさに把握し、将来を予測したうえで、数年後に確実に来るであろう領域にアンテナを張っていく必要があります。

まとめ

- □ AstarはPolkadot上のdAppsのハブになることを目指して開発されているLayer1のブロックチェーン
- □ Astarの時価総額は20億ドル、出資者はWeb3.0業界の巨人が多い
- □ Web3.0そのものともいえる信念を持ち、コミュニティの支持を得ている
- □ Web3.0業界の「星」として、日本にWeb3.0を逆輸入しようとしている
- □ 日本の大企業などとAstarとの提携や技術採用が進むと予想される

第10章

Web2.0 と Web3.0 のギャップ（課題や規制）

1 Web3.0 への移行を阻む課題 ―― 260
2 イノベーションを阻害する日本の課題 ―― 274
3 Web3.0 で生き抜くための考え方と持つべき精神性 ―― 290

10-1

Web3.0への移行を阻む課題

ここではWeb2.0からWeb3.0への移行を阻む課題にどんなものがあるかについて解説します。

いよいよ最終章です。ここまでの内容でWeb3.0の世界や思想について、大まかにでも理解できたのではないかと思います。ポジティブな面を多めに述べてきましたが、筆者自身がWeb3.0推進派ですので、ポジショントーク気味に解説している点はご了承ください。ただ、ネガティブな面も触れておかないと正確な判断ができませんので、ここではWeb3.0への移行が引き起こす問題やリスク、Web3.0へのよくある批判などについて書き加えておきます。Web3.0業界は生まれたばかりなので、課題がまだ山積みです。

・規制や法律の課題
・Web3.0プロトコルの複雑なUI/UXによる参入ハードルの高さ
・ユーザーの金融リテラシーの欠如、ハッキングや詐欺の多さ

主なものは上記です。1つずつ見ていきましょう。

1 規制や法律の課題

Web3.0に影響を与える国の規制

Web3.0は中央集権的な運営を解体しようとする、**ボトムアップから始まる分散型の革命**です。Web3.0の最大の脅威は、その普及を妨害する政府の力です。UI/UXやユーザーのリテラシーなどは時間が解決する問題ですが、規制や法律に関する問題は時間では解決できないものです。

たとえば、中国政府は2021年6月、中国全土にBitcoin禁止令を出しました。中国はそれまで世界一のBitcoinのマイニング大国でしたが、この規制により中国国内の事業者は全滅し、2021年中盤の弱気市場を引き起こしました。中国は「ブロックチェーンはよいが、暗号資産は禁止」というスタンスを貫いており、この規制でWeb3.0プロジェクトを中国国内で進めることが難しくなりました。規制は国ごとに多様なので、ここではWeb3.0への影響力が強い主な規制を紹介していきます。

暗号資産の送金に関する規制

暗号資産の送金に関する規制として、FATF（ファトフ）の「**トラベルルールによる出口戦略**」があります。FATFは、マネーロンダリングやテロ対策資金などのルールを策定する国際機関です。このFATFが公布しているガイドラインの1つが「トラベルルール」と呼ばれるもので、各国の遵守が求められています。

FATF

Financial Action Task Forceの略で、「金融活動作業部会」のこと。
1989年に設立された国際機関で、マネーロンダリングやテロ対策資金などの国際基準を策定し、その履行状況について多国間で相互審査を行う。G7を含む37か国・地域と2地域機関がFATFに加盟しており、FATF勧告は世界190以上の国・地域に適用され、影響力は絶大

トラベルルール

暗号資産などの取引の際、送金人と受取人の情報を収集・交換し、その情報の正確性の保証をサービスプロバイダーに求めるルールのこと。対象となる送金では国際的な本人確認（KYC）ルールが適用されることになる

暗号資産は「匿名」で送金できることが特徴ですが、現実世界で決済しようとすると、**どこかで法定通貨に換金**する必要が出てきます。FATFの出口戦略はこの換金の際、暗号資産取引所で個人情報をしっかりと取得し、**誰がいくら出金したかの「出口」を明らかにする**ことで大きな犯罪を防ごうという狙いです。

仮に、日本人が日本の取引所から海外の取引所に送金し、ドルに換金したとしましょう。この取引に問題があった場合、個人情報を取得していれば、取引所間で個人を特定できます。暗号資産取引所に厳しいKYCの仕組みがあるのはこのためであり、FATFが定期的にその国の実行力を評価するので、国全体で履行する必要があるものです。

また国からしても、匿名送金が行われると国民がお金をどの程度稼いでいるかを捕捉できないので、税金徴収の面でも個人情報を押さえたいという意図があります。そのため、**今後も規制は強まっていく**ことが予想されます。

2022年4月からは暗号資産取引所から外部への送金に対して、これまで必要がなかった**送金先情報の入力**が求められるようになりました。ルールが増えて設定

も面倒になる改悪に近いルール変更ですが、これにはよい面もあります。

具体的には2022年、FATFの出口戦略が功を奏し、4,200億円のハッキング事件を起こした犯人が捕まりました。この事件は、犯人がKYC済みの取引口座に送金して逮捕に至りましたが、FATFの出口戦略の効果が確実に出ているといえます。ほかにも、まだ未熟なDeFiやそのBridge（P.90参照）がよくハッキングの被害にあいますが、奪われた資金が大きすぎて法定通貨に換金する方法がなく、資金を奪った犯人も現実世界で使えずに、「結局どうする？」という状態になっています。換金できないまま資金が一部返還された事例もあります。

FATFのトラベルルール制定の初期からすると、暗号資産が匿名で取引できるとはいえ、マネーロンダリングと見られる**不正送金は確実に減少**しています。

▶暗号資産取引所に入るBTCの総量（月間割合）

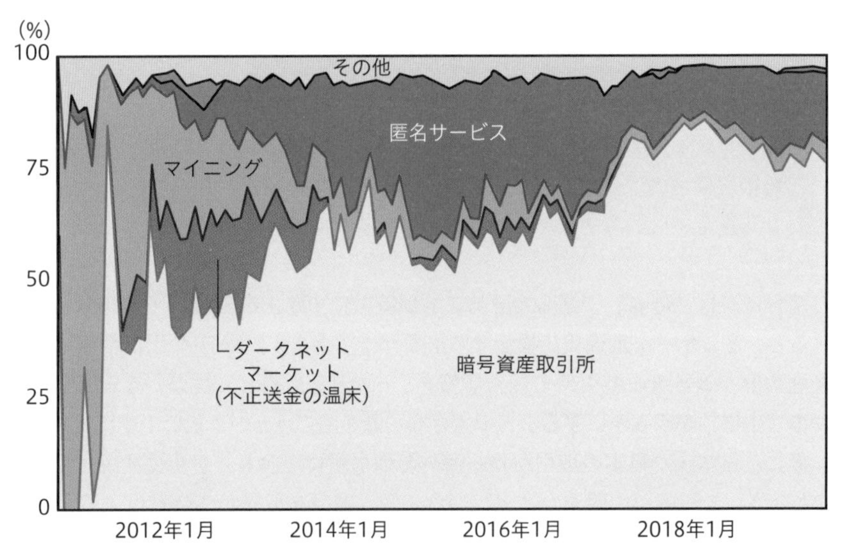

出典：金融庁「デジタル・分散型金融への対応のあり方等に関する研究会 - 補足：取引所に流入する資金はどこから来ているのか？」をもとに作成

Web3.0業界の人間からすると、規制が増えることは改悪かもしれませんが、暗号資産の普及に必要なこととも いえます。とはいえ、法定通貨への換金手段が暗号資産取引所しかなかった頃に比べ、最近では取引所を介さなくても暗号資産を入手できるようになりつつあります。ユーザーは便利なものに流れていきますが、そこにまた規制の手が伸びるというイタチごっこであることに変わりありません。

暗号資産のマネーロンダリングへの用途

「匿名送金＝マネーロンダリング」というイメージで、暗号資産に否定的な見解を示す人がいますが、**マネーロンダリングに最も使われている媒体は現金**です。金融庁のレポートによると、マネーロンダリングが行われた主な取引などの約5割が**国内外為替取引**であり、暗号資産は966件中5件（約0.5%）です。これは、「暗号資産＝マネーロンダリング」というイメージを覆す結果となっています。

▶マネーロンダリングに悪用された主な取引（2017〜2019年）

悪用された取引	件数
内国為替取引	446
外国為替など	33
現金取引	260
預金取引	106
法人格	36
クレジットカード	25
電子マネー	23
資金移動サービス	11
宝石・貴金属	7
郵便物受取サービス	5
暗号資産	5
法律・会計専門家	3
投資	2
貸金庫	1
手形・小切手	1
保険	1
金銭貸付	1
合計	966

約５割（内国為替取引・外国為替など）

■**犯罪収益移転危険度調査書**（2020 年 11 月 国家公安委員会公表）（抄）
- 検挙されたマネーロンダリング事犯と、疑わしい取引として届け出があった取引情報の分析の結果を踏まえると、日本ではマネーロンダリングなどの企画者が、迅速かつ確実な資金移動が可能な内国為替取引を通じて、架空・他人名義の口座に、その収益を振り込ませる事例が多い。最終的には、当該収益は ATM において現金で出金され、その後の資金追跡が非常に困難になることが多い。
- 日本では、内国為替取引、現金取引、預金取引が悪用されることが多い。
- 資金移動業における年間送金件数・取扱金額がともに増加していること、在留外国人の増加などによる利用拡大が予想されることなどを踏まえると、資金移動サービスがマネーロンダリングなどに悪用される危険度は、他業種と比べて相対的に高まっているといえる。

出典：犯罪収益移転危険度調査書（2020 年 11 月 国家公安委員会公表）をもとに作成

2 SECによる規制

暗号資産は証券といえるのか

SECとは、**米国証券取引委員会**のことです（P.96参照）。米国国内における公正な取引を保護するための機関ですが、米国という国の強大さから、SECの規制や発表などは業界全体に影響を与えます。

SECで話題になりやすい規制には、主に次のものがあります。

・暗号資産の証券該当性（証券として扱うべきかどうか）

・消費者保護の観点からの暗号資産のレンディング規制
・Stablecoin（ステーブルコイン）規制

「暗号資産の証券該当性」で最も有名な事例は**XRP（リップル）**です。XRPは米国のRipple（リップル）が発行する暗号資産であり、SECはRippleを**「XRP＝証券」として提訴**しています。SECはXRPだけではなく、市場に流通する暗号資産のほとんどが有価証券に該当するという見方をしています。証券該当性は、過去の事例をもとに定義された「**Howey（ハウィ） Test（テスト）**」に照らし合わせて判断されます。

Howey Test

1. 資金の投資であること
2. 共同事業であること
3. 収益が見込めること
4. 他者の努力によって収益が見込めること

ほとんどの事業が1. の資金調達を行っており、2. は暗号資産の保有者全員と利害が一致していて共同事業といえるので、多くの事業が該当します。重要なのは3. と4. の「**他者の努力によって収益が見込めるかどうか**」です。

この場合の他者とは、努力する団体や個人のことを指し、XRPの場合はRippleがその団体に該当するかどうかが争点になります。Rippleは個人投資家と直接的な取引はなく、十分に分散しており、「Rippleの努力によって収益が見込めるものではない」と反論していますが、これは提訴前から主張していたことなので、この反論はSECにとって織り込み済みと思われます。

SECは現時点において、「十分に分散しているのはBTCとETHのみ」としており、資金を渡してリターンを期待する時点で投資契約（＝有価証券）であり、レンディングも同等であるという厳しい態度をとっています。

もしXRPが証券と認められれば、暗号資産を発行し、十分に分散していないほとんどのプロジェクトは該当してしまうので、Web3.0の**「誰でもトークンを発行できる」という特性は失われ**、未来は閉ざされます。

SECのこの厳しい態度は、投資家保護の観点に起因します。ブロックチェーンを生み出したBitcoinは革新的な技術でしたが、2017年にICO詐欺などが頻発した結果、**市場全体が投機的な側面の強い劣化版カジノ**となってしまいました。その見方をすれば、劣化版カジノのチップがStablecoinであり、Stablecoinは証券法にも銀行法にも対応していない**有価証券 兼 預金商品**となります。

SECは、現在の「劣化版カジノ状態のWeb3.0業界に参入して詐欺にあう投資家を保護するために規制が必要」との見方を示しています。現在のSECは、マサチューセッツ工科大学（MIT）の教授を務めた経験のあるGary（ゲイリー）Gensler（ゲンスラー）氏が長官を務めています。そのため、Web3.0の技術的な側面も熟知しており、「複雑な仕組みでうまく隠しているがギャンブルではないか」「分散を言い訳に使っているだけではないか」といった本質が見抜かれたような発言を繰り返しています。

Web3.0イノベーションを保護するための猶予期間

厳しい姿勢を示すSECですが、米国はWeb3.0イノベーションを潰すような規制はしないと予想されます。SEC理事の「クリプトママ」こと、Hester（ヘスター）Peirce（パース）氏が提案する考え方に「**セーフハーバー**」というものがあります。

セーフハーバーとは、規制における特例のことで、**緩和された特定の基準を満たしていれば法令違反にならない**とされる範囲を意味します。セーフハーバーが存在することにより、黎明期産業のイノベーションを促進させることができると考えられています。

Peirce氏はセーフハーバーにおいて「プロジェクトがトークンを発行してから3年間は証券法の適用外として扱う」といった特例を提案し、SECの主張を緩和する方針を示しています。**分散までの猶予期間**を定めるセーフハーバーが適用されることで、SECとWeb3.0イノベーションの折り合いがつくことになるかもしれません。ただし、この特例は極めて曖昧であり、「どの暗号資産が証券に該当するのか」といった議論もたびたび巻き起こっています。

3 規制の妥当性

プロトコルへの規制は不可能

Ethereumの創設者であるVitalik（ヴィタリック）Buterin（ブテリン）氏は「一般的なテクノロジーは末端の労働者を自動化する傾向があるが、**ブロックチェーンは中央を自動化**する」と述べています。これはブロックチェーンの本質を表している言葉です。DeFi（ディーファイ）やDAO（ダオ）の中央は、スマートコントラクト（スマコン）によって自律分散的に機能しており、人が手を加えることは不可能です。なぜなら、これらの**スマコンには中央集権的に管理する運営者がいない**からです。

ボランティアによる非営利団体が標準規格を設定することはあっても、**スマコン自体はオープンソースで開発**されています。そして、Web3.0の多くはオープンなプロトコルで構成されており、それらのプロトコルはその開発をサポートする強固なコミュニティによって発展してきました。開発が「オープンで」「分散されていて」「透明性がある」ので、**恣意的な変更に強く、開発したアプリケーションが中立性を持つ**という利点があります。

政府や非営利団体は、標準化のための方針を提示することはできますが、プロトコルを直接規制することは不可能です。なぜなら、プロトコルはオープンソースのコードにすぎず、ソースコードはスマコンにより改ざんできない状態のまま、自律分散的に稼働し続けるためです。ここに人間の意思や国の規制が入り込む余地はありません。

プロトコルとアプリケーションの区別が必要

その一方で、これらのプロトコル上に構築されたアプリケーションは、企業によって管理されています。つまり、プロトコルへの規制は人の手の及ぶ領域ではないので、人の関与できる**アプリケーションとプロトコルを明確に区別**して考えるべきです。

▶プロトコルとアプリケーションの対比

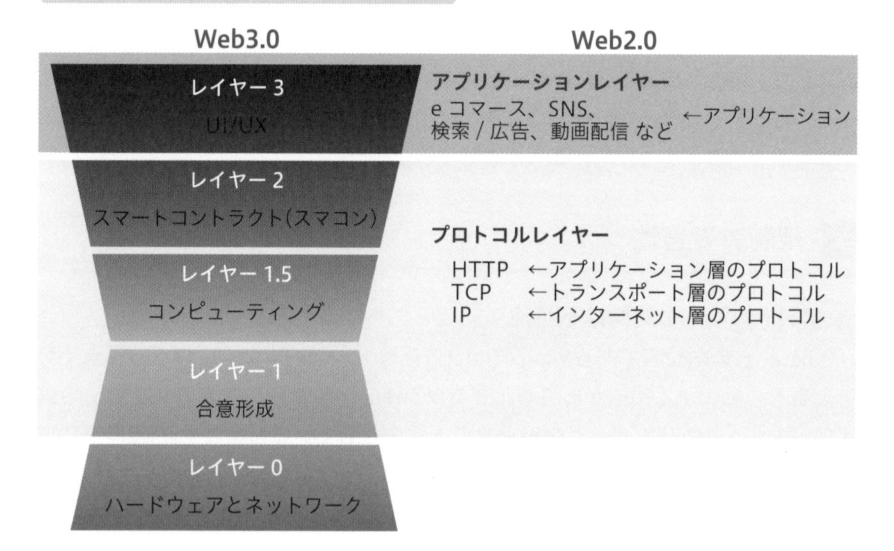

たとえば、包丁を使った殺人事件が起こったとき、「包丁」が悪いのではなく、「包丁を犯罪に使った人」が悪いことは明らかです。包丁の使用を規制しても、生活が不便になるだけです。

イノベーションの芽が規制によって摘まれることに抵抗があれば、新たな事例に対応するため、経済特区で新しい取り組みの実証実験を行ったり、セーフハーバーを構築したりして、規制を段階的に導入することなどを検討すべきでしょう。また、政府を根本から否定するのではなく、アプリケーションとプロトコルを区別することを政府に説明し、**規制に向かわせないように誘導**することも重要です。

4 米国と日本の規制の違い

米国と日本の規制は正反対

米国は**イノベーションに寛容**な国で、オープンで新しいものを受け入れる気質があります。その気質は規制にも現れており、米国の規制は基本的に「何か起こってから考える」といったスタンスをとります。

あえて白黒をつけずにグレーな領域を残すことで、起業家の参入を促し、突拍子もないアイデアや革新的な発明を生み出すのです。Web3.0の根底には脱中央集権の思想がありますが、現在の権力を脅かす存在であろうと、どこかで折り合いをつけてWeb3.0業界でも世界トップの座を目指すでしょう。

反対に、日本は**イノベーションに悲観的**な国です。日本の規制は「何か起こる前に防ぐ」といったスタンスをとります。ルールを先に決めるので、イノベーションが起こりにくい状況になります。白黒がはっきりして、やってはいけないラインが明確になるのはよいことですが、見通しがなくラインを引くと、「海外ではOKだが日本だけNG」といった状況が発生します。その状況がすでにWeb3.0業界では起こっており、業界参入を目指す多くの人材が海外に流出しています。

Web3.0の規制に求められること

「規制」と聞くとネガティブな印象がありますが、一概に悪いものというわけではありません。規制は消費者保護につながるなどのメリットもあり、**表裏一体の概念**です。ただし、グレーな領域が多いと、証券該当性のように、事業者がのちのち逮捕されるリスクも存在します。

規制も重要ですが、Web3.0は分散のトレンドであり、**自然と発展していくもの**です。このトレンドは、どこかの国の規制で止まるものではありません。したがってWeb3.0には、イノベーションの芽を摘まない「邪魔をしない規制」を考える必要があります。具体的には次の2点が重要といえます。

・世界標準といえる**ルールの構築**

・柔軟かつ即座に対応できる**体制の保持**

日本ではまず、海外でできることができなかったり、日本だけが損をしたりする状況を打開する必要があります。また、技術の進歩はとても速いので、それについていける柔軟な組織も必要です。日本はスタート地点のかなり後方から追いかけることになるので、一層の努力が求められます。

5 Web3.0プロトコルの複雑なUI/UXの課題

人間側のアップデートが必要

技術は進歩し続けても、それを使う**人間がアップデート**されていないと、UIやUXの課題が発生します。Web3.0がいくら発展しても、それを使う末端（最上段のレイヤー）にいるのはユーザー（人間）です。このレイヤーは多くのユーザーが触れることができ、実感で判断できるので、最も批判を受けやすいものです。

Web3.0に懐疑的な人の多くは、現時点での**UI/UXを批判**します。たとえば、インターネット業界の有識者として知られるひろゆき氏からもBitcoinの「送金時間の遅さ」が指摘されました。

この批判に一応反論しておくと、Web3.0界隈では「BTCが決済に使える」などと誰も考えていません。決済の用途にはライトニングネットワークを使った決済が実装され、すでに実績が出てきています。これはWeb3.0界隈では常識的な話です。「仮想通貨」という名称になったばかりに「決済」と紐づけられて批判されることが多いですが、第1章でも述べたように（P.48参照）、すでにその議論は終わっており、Bitcoinは新しい可能性を実証し続けています。

分散がもたらすよりよいWebの実現こそ重要

知識がアップデートされず、**現状を0か1かでしか判断できない人**はWeb3.0業界には向いていません。現在の事実ベースで思考する傾向の人は、イノベーションではなく、価値がある程度固まり、これから広く普及させていく際に真価を発揮するタイプと考えられます。確かに、Web3.0推進派の筆者ですら、UIやUXが悪くて使いにくいと毎日思っています。しかし、重要なことは「**分散によって生み出される特性でよりよいWebをつくろう**」というWeb3.0の思想です。

初期のインターネットもUI/UXは劣悪でしたが、UI/UXの課題は時間とともに解決されてきました。現在のdAppsもUI/UXは劣悪ですが、課題の見えているものは、すでに解決方法が示されているのです。見えている範囲だけで答えを求める人は、環境が整うまで待つほうがよいでしょう。ただし、UI/UXを提供するdAppsレイヤーが発展するのはインフラが整った最後なので、待っているだけでは受けられる恩恵が少なくなります。

6 ハッキングや詐欺が多いという課題

ハッキングや詐欺はDeFiや暗号資産取引所に多い

Web3.0が悪いわけではありませんが、この業界は本当に詐欺が多いです。初心者が何も知らずにWebサイトを回ると、**確実に資金を抜かれてしまいます。**暗号資産を「真」に保有できるようになったWeb3.0時代では、「自己責任」「**DYOR**」が前提です。

DYOR
Do Your Own Researchの略で、「自分で調べろ」という意味

ハッキングや詐欺が特に多い領域は、資金の集まりやすいDeFiや暗号資産取引所などです。日本にもハッキング事件があり、ニュースで見た人も多いでしょう。

▶主なハッキング事例

ハッキング対象	被害額	詳細
Axie Infinity	720億円	2022年、GameFi筆頭銘柄AxieのRonin Bridgeがハッキング被害にあう
Poly Network	670億円	2021年、Bridgeのハッキング事例。ハッカーとブロックチェーンを介して匿名で口論していたことが話題に
コインチェック	580億円	2016年、暗号資産取引所の国内ハッキング事例。これにより日本のCrypto Haven（P.274参照）は終わったといわれる
マウントゴックス	470億円	2014年、暗号資産取引所の国内ハッキング事例。暗号資産を失うことを「GOX（ゴックス）する」というようになるほど有名

初心者も自分自身で身を守ることが必要

ブロックチェーンに改ざん耐性があるとはいえ、すべての要素がオンチェーンでやり取りされるわけではありません。そのため、サービスが普及し、資金が集まるほどハッカーに狙われやすくなり、相対的にハッキングリスクが高まります。

ハッキング被害にあわないためには、誕生したばかりのDeFiや、見知らぬ事業者が運営するサービスの利用を控えたほうが無難です。利用するにしても、ある程度の「時の試練」を受け、**定着し始めたサービスを選ぶ**ことをお勧めします。

数百億円を超えるハッキング事件は世界的なニュースになるので、自分と関係のないことと思いがちですが、個人単位でのハッキングや詐欺も多発しています。これは筆者の肌感ですが、NFTクリエイターの新しい参入者が毎日どこかでこうした被害にあっており、自分で調べて対応できない人の参入はお勧めできる状況にありません。

たとえば、有名なDeFiであるUniswap（ユニスワップ）やCompound（コンパウンド）を利用しようとGoogle検索をすると、現在はかなり減少しましたが、一番上のGoogle広告（Ad）に詐欺サイトへの誘導リンクが表示されることがあります。これをクリックし、サイト遷移後にアクセスしてサービスを利用すると、Walletに入っている資金をまるごと奪われてしまうことがあるのです。こうした広告表示のリンクにアクセスしてはいけないことは、古参ユーザーには常識なのですが、初心者が判断するのは難しいでしょう。**こうした被害を減らすために規制が必要**なのです。

▶Google広告（Ad）には詐欺サイトへの誘導が多い

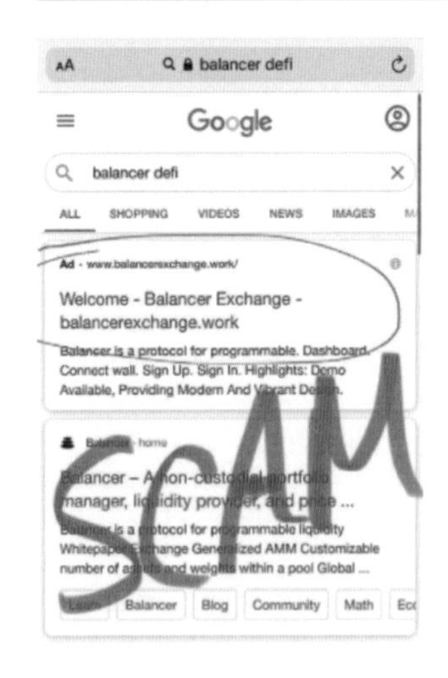

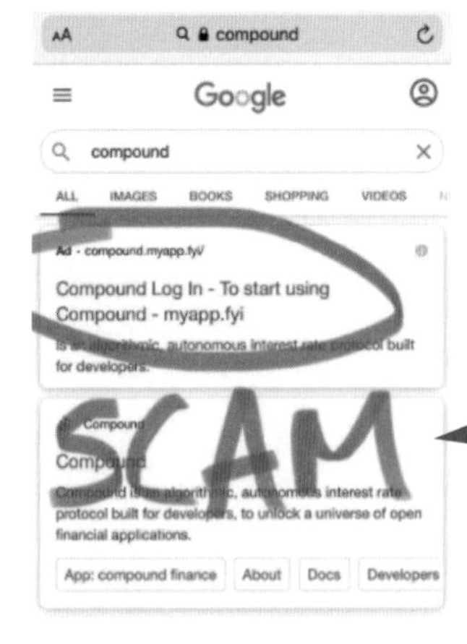

Scamは詐欺や悪徳商法など、人をだましてお金を奪おうとする行為

悪質な犯罪から身を守るために必要な防御力

Web3.0に参入するうえで**最も重要なスキルは防御力**です。「NFTを販売すれば稼げる！」と安易な気持ちで参入する前に、「どんなトラップがあり、何をしてはいけないのか」を学ぶことで防げる被害は多くあります。詐欺手法についてはここでは割愛しますが、知りたい人は筆者のメルマガを参照してください。

NFTクリエイターを狙うよくある詐欺手法
https://nobumei.substack.com/p/gox-nft
dAppsゲームを遊ぶユーザーを狙った詐欺手法
https://nobumei.substack.com/p/next-axie-

Web3.0は未来を拓く技術ですが、匿名性を利用した詐欺は常に我々を狙っています。「暗号資産を1箇所にまとめて投資しない」「知らないWebサイトにパスワードを入力しない」など、基本的な資産の管理方法を学ぶ必要があります。

規制が徐々に入り、アプリケーションも詐欺を仕掛けにくく進化しているので、ハッキングや詐欺などは減っていくものと思われます。ただ現段階においては、自分の身は自分で守る必要があり、**猜疑心（さいぎしん）と希望を併せ持ったバランスのよい視点を持つ**ことがWeb3.0で長く生き残るコツといえます。

7 自然環境に関する課題

Bitcoinの電力使用の状況

最後に環境問題に触れます。「Bitcoinはマイニングに電力を使用するので、Web3.0は環境に悪い」と声高に批判する人がいますが、この主張は全く論理的ではありません。その理由の1つとして、Bitcoinの電力事情を量的な面と質的な面から説明します。

次図は世界全体で使用されている**電力量の割合**です。そのうち、Bitcoinが使用する電力量は色つきで表されています。図を見れば明らかですが、Bitcoinの電力量は全体から見てほんのわずかです。

次に**産業別の電力量**を見てみましょう。当然ですが、既存産業のほうが電力を圧倒的に使用しています。そして、Bitcoinの電力量は**金（ゴールド）より少ない**ことが特徴的です。Bitcoinは機能面で金（ゴールド）の上位互換であり、かつ環境に優しいとなれば、Bitcoin HODL（長期保有）説が強化されることになります。

▶世界全体におけるBitcoinの電力量の割合（2021年10月）

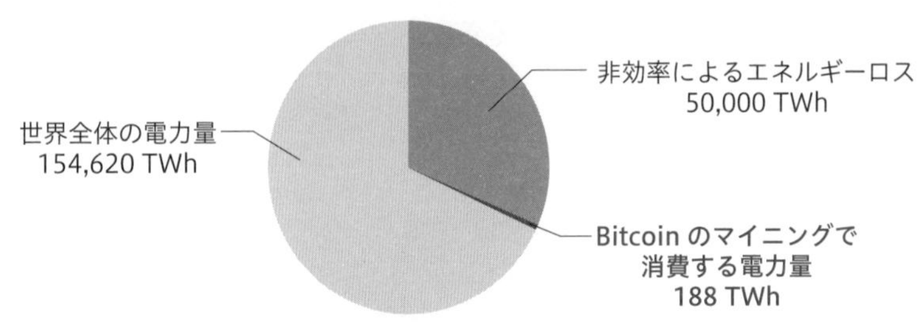

出典：Bitcoin Mining Council「GLOBAL BITCOIN MINING DATA REVIEW Q3 2021（OCTOBER 2021）」をもとに作成

▶産業別の電力量

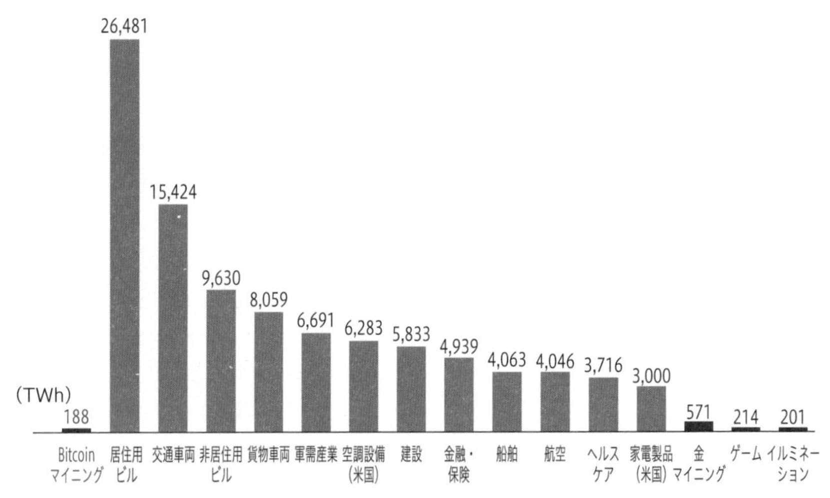

出典：Bitcoin Mining Council「GLOBAL BITCOIN MINING DATA REVIEW Q3 2021（OCTOBER 2021）」をもとに作成

量の次は質です。Bitcoinには何の電力が使われているのでしょうか。

マイニングを行っている事業者への聞き取り調査によると、65.9％が再生可能エネルギー（再エネ）を使っていると回答しています。回答したのはBitcoinネットワークのノードを運用するすべての事業者ではないので、そこから推測すると**57.7％が再エネを使っている**ことになります。この数字は他国の再エネ利用率より高く、**電力の生産方法を見てもエコである**といえます。

▶再生可能エネルギー利用率

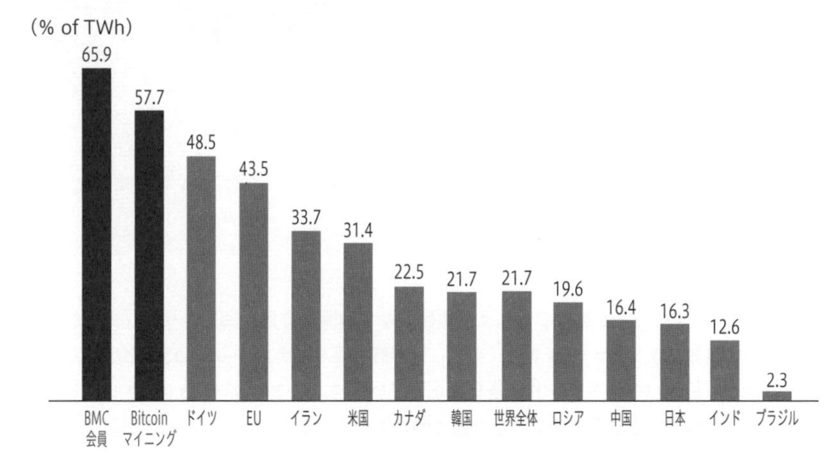

出典：Bitcoin Mining Council「GLOBAL BITCOIN MINING DATA REVIEW Q3 2021（OCTOBER 2021）」をもとに作成

また、中国は2021年６月まで、Bitcoinマイニングの世界シェア６割を占めていましたが、国からBitcoin禁止令が発令されたため、マイニング事業者が事業を国外に移転しています。その際、移転先候補地の代表者が集まったコンペが開催されたのですが、その際の資料には移転先への供給電力が再エネであるかどうかがはっきりと明記されていました。上図が2021年のデータであることを考えると、再エネ率はさらに高まっていると予想されます。

まとめ

- Web3.0の最大の脅威は、その普及を妨害する政府の力
- 規制にはFATFやSECなどが動いており、規制は厳しくなる見込み
- 規制が厳しくなっても、米国がイノベーションを潰すような規制を敷く可能性は低い
- プロトコルとアプリケーションを区別して規制を考えることが必要
- 詐欺やハッキングが多く、参入には防御力を高めることが必要
- Bitcoinのマイニングが環境に悪いと主張する根拠はない

10-2 イノベーションを阻害する日本の課題

ここでは日本でのイノベーションを阻害する構造的な課題について解説します。

前節では、Web3.0が普及するうえで課題となる規制や詐欺の問題、リテラシーなどについて解説しました。世界では、そうした課題を乗り越えながらWeb3.0化が進んでいますが、日本はそのトレンドに後れをとっています。ここではWeb3.0のトレンドに置いていかれている日本の構造的な課題について扱います。

1 Web3.0をリードする可能性があった日本市場

日本のCrypto Haven時代

ブロックチェーン業界がWeb3.0業界にリブランディングされる前、日本には「**Crypto Haven**」と呼ばれていた時代がありました。「Haven」とは「安息地」「避暑地」を意味する言葉です。Crypto Havenは「Bitcoinなどの暗号資産に厳しい規制を敷く海外からの避難場所として日本が最適」という意味が込められています。

2014年当時、日本を拠点とする暗号資産取引所であるマウントゴックスが、世界中のBTC取引の大部分を日本で成立させていました。その後、マウントゴックスがハッキング被害にあったことで（いわゆるGOX事件）、暗号資産を失うことを「GOXする」（P.44参照）と呼ぶようになります。その頃はFATFによる出口戦略も規制もないノーガード状態だったので、ユーザーが預けていた約115億円分ものBTCが被害にあいました。

被害規模からすると、日本政府がBTCやブロックチェーンに関するサービスを全面的に禁止する可能性もありました。なぜなら、**Bitcoinは政府システムと対立する技術**であり、潰すきっかけさえあれば付け入ることができたからです。しかし、裏でロビー活動を熱心に進めたビットコイナーたちのおかげで、政府が大きな規制をかけるには至らず、**改正資金決済法（いわゆる仮想通貨法）**が2016年に成立されるにとどまりました。事件当時、ブロックチェーン関連の起業家たちが世界中から日本に訪れ、海外の主要メディアが「**Japan is Crypto Haven**」と書き立てたといわれています。

「GOX事件の再発防止」を目的とした自主規制団体である一般社団法人**日本ブロックチェーン協会（JBA）**もこの頃に誕生します。これにより、企業単独の活動では効果が薄かったことが、自分たちでルールを定め、**JBAが業界を代表して政府と交渉**することで、ある程度の交渉力を持てるようになりました。

事件の頻発により取り締まりを強化

Crypto Haven時代には、暗号資産だけではなく、NFTも活況でした。2017年末頃、NFTを組み込んだdApps（ダップス）ゲームでは、日本のdouble jump.tokyoが世界トップクラスのゲームを生み出していました。そのまま行けば、日本がWeb3.0の最先端を走っていた可能性もあったのです。

しかし2018年、暗号資産バブルに終止符を打った**コインチェック580億円流出事件**や**Zaif（ザイフ）70億円流出事件**により、日本の未来は絶たれることになります。Zaifに至っては、度重なる取引システムの不具合があり、金融庁から3度にわたる業務改善命令を受け、さらに当時の代表が事業譲渡を行って高跳びするなど、多くの問題を引き起こしました。

自主規制団体があっても、こうした事件が頻発すると、ユーザーを保護するために金融庁が動かざるを得なくなります。結果、日本での暗号資産取引は厳しく制限されることになりました。

2 機会損失を生んでいる日本市場の構造

トップ30銘柄の3分の2以上は日本から投資できない

次表は暗号資産の時価総額ランキングです。このなかで、日本の取引所経由で購入できる暗号資産はBTC、ETH、ADA、XRPの4種類のみ、トップ30銘柄で見ても**取引可能なものは3分の1未満**です。たとえば、日本と米国の両方で取引所を運営しているCoinbaseは、米国では150銘柄を取り扱っていますが、日本ではたった5銘柄にとどまります。これでは、日本の個人投資家がこれから伸びるWeb3.0業界にトークンを投資しようとしても、**有望銘柄に投資できない現状**があります。

仮に日本で取り扱っていない銘柄を購入したい場合、海外の取引所に暗号資産を送金し、そちらから購入するという手間が必要になり、**投資家自身が高いリテ**

ラシーと信用リスクを負うことになります。世界的に話題な銘柄のほとんどが「海外で購入できて日本で購入できない」という現状は**明らかに機会損失**といえます。投資選択は、規制や取引所によって制限されるものではなく、投資家に選択可能な状態にしておくべきでしょう。

▶暗号資産の時価総額ランキング（2022年6月）

	暗号資産	価格	時価総額
1	Bitcoin（BTC）	$30,334.58	$577,993,333,963
2	Ethereum（ETH）	$1,824.10	$220,910,764,481
3	Tether（USDT）	$1.00	$72,767,441,499
4	USD Coin（USDC）	$1.00	$54,230,928,537
5	BNB（BNB）	$304.78	$49,765,431,586
6	Cardano（ADA）	$0.593126	$20,036,604,555
7	XRP（XRP）	$0.401154	$19,408,112,656
8	Binance USD（BUSD）	$1.00	$18,124,896,471
9	Solana（SOL）	$41.02	$13,935,368,938
10	Dogecoin（DOGE）	$0.082350	$10,923,615,068

出典：CoinGecko「仮想通貨価格 - 時価総額順」をもとに作成

審査を通過したもののみ取引できるホワイトリスト制

日本の取引銘柄の少なさは、審査を通過したものしか取引できないようにする**ホワイトリスト制**を導入していることに起因します。このホワイトリスト制の導入は、コインチェックやZaifの流出事件による影響です。現在は、取引所が集まってできた業界団体である一般社団法人**日本暗号資産取引業協会（JVCEA）**が審査を行い、その審査を通った銘柄だけが取引できるルールになっています。しかし、JVCEAの審査が遅々として進んでいません。2021年11月時点では、80件以上が審査待ちの状態にあることが明らかになっています。

また、一度審査に通ったからといって、投資価値が下がった銘柄をいつまでも取引可能な状態にしておくことも無責任に感じます。業界団体が日本で取引できる銘柄を管理するのであれば、ユーザー保護の観点から見ても、価値に応じて銘柄を選別すべきです。

審査のボトルネックから機会損失が発生

Web3.0はトレンドの移り変わりが早い業界です。新しく現れる銘柄やトレンドに対して、監督官庁は知見がないので、業界団体を通して民間事業者にリサーチを委託します。事業者にはブロックチェーンに関する専門知識を持つ人材がいるので、最新のトレンドをつかみ、新しい銘柄を日本で取引できるよう、リサーチに精を出します。しかし、**業界団体がボトルネックとなり、努力が報われない構造**になっているので、専門人材は組織から離れ、組織は専門性を失っていくことになります。こうして日本市場では、事業者が成長する機会が阻まれ、個人投資家に損失を与える結果となっているのです。日本のCrypto Havenが続いたかもしれない過去を考えると、今のこの状況が一層苦々しく感じられます。

3 日本の税制度の課題

日本の暗号資産市場には厳しい規制がありますが、それ以上にWeb3.0の普及を妨げているのは**日本の税制度**です。主に次の２点がよく議論されます。

・法人含み益への課税
・暗号資産取引は雑所得であるため、最大55%が税金として徴収される

法人含み益への課税

現在の日本の税制度では、**法人が保有する暗号資産の含み益**に課税されます。個人であれば、保有する暗号資産を売却したときに利益が出ると、その利益に所得税がかかるのですが、**法人は暗号資産を売却しなくても課税**されてしまいます。たとえば、法人が暗号資産を発行し、そのうちの30%分を投資家に販売して30億円を調達したとすると、法人は残り70%分の70億円相当の暗号資産が手元に残ることになります。つまり、この**70億円は含み益**となるわけです。しかし、日本では「合計100億円の利益」と考えるため、仮に法人税が30%とすると、税金が30億円となり、せっかく調達した資金がすべて税金に回ってしまうことになります。これでは暗号資産で資金調達を行う意味がありません。

また、日本では自らが発行した暗号資産を**個人投資家に無許可で販売することが禁止**されています。暗号資産の販売は取引所を介して行う必要がありますが、前述のように審査が遅々として進まないので、これも難しいのです。

これが日本で暗号資産の発行が難しい主な理由です。含み益への課税の問題により、Web3.0起業家の多くが海外に流出しており、Astar Networkもその一例です。

さらに日本では、**日本円（JPY）でしか納税を受け付けていません**。しかし、暗号資産で資金調達を行った法人はJPYを持っているわけではないので、事業目的で調達した資金を、納税のために切り崩す必要があるのです。そして、暗号資

▶含み益への課税による問題

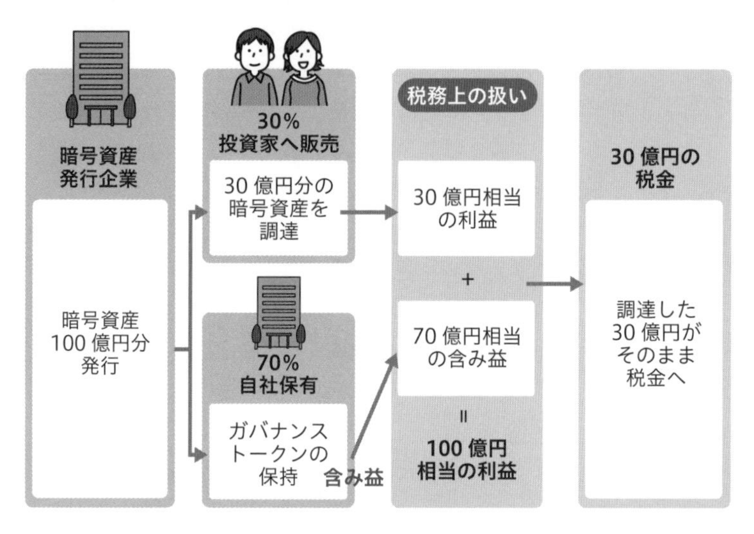

※税務上の扱いは取引形態によって異なる可能性があり、税金の割合は30%とした場合の試算

産の価格が上がり続ける限り、毎年これが発生します。そのため、日本で起業すると、納税だけで破産してしまうのです。

この含み益の暗号資産は、株式会社の株式と同じで、サービスを成長させるために戦略的に使うものであり、**簡単に売却できない資産**です。これを強制的に売

▶税金を支払うために自社株の売却が必要な状態

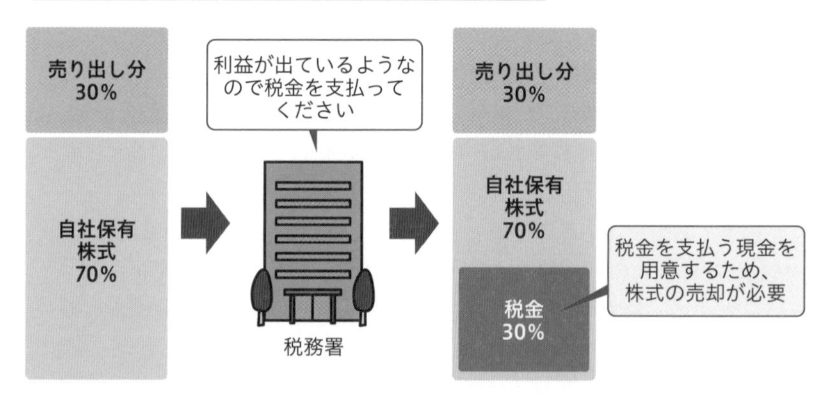

却させる税制度は悪法といわざるを得ません。日本で起業するだけで不利になるので、イノベーターや起業家が海外へ流出するのは必然です。この問題を改善するために、2023年には廃止される方向で検討が進んでいるようです。

暗号資産取引の最大55%が税金として徴収される

日本では**暗号資産取引の利益は雑所得**に分類され、給与と暗号資産取引などの利益の合計が所得となり、この所得によって税率が変わります。よくある誤解で「暗号資産の利益は税率が55%」といわれますが、これは**すべての人に適用されるわけではありません。**税率が55%となるのは、所得が4,000万円を超える人の税率45%に、住民税10%が加えられた場合のことです。たとえば、年間所得600万円の人が、暗号資産取引で300万円以上の利益を得た場合、合計で900万円以上の所得となるので、税率は33%となります。これを誤解して「暗号資産は税金が高い」と言う人がいますが、これは暗号資産取引に限った話ではありません。

▶累進課税の速算表

課税される所得の金額	税率
195万円以下	5%
195万円を超え、330万円以下	10%
330万円を超え、695万円以下	20%
695万円を超え、900万円以下	23%
900万円を超え、1,800万円以下	33%
1,800万円を超え、4,000万円以下	40%
4,000万円超	45%

※控除額などもかかわるが、ここでは簡略化している

一般社団法人**日本暗号資産ビジネス協会（JCBA）**が提出した2022年度税制改正要望書の情報より、個人に対する税率を国別に比較すると、日本45%、米国20%、イギリス20%、フランス30%と**日本が圧倒的に高い**現状があります。

また日本では、暗号資産同士の交換も「利益の確定」とみなされるので、税金の計算が複雑になります。たとえば、1BTC＝300万円のときに1BTCを購入し、その後、値上がりして1BTC＝330万円になったとき、その1BTCを1ETH＝30万円のETHと交換して11ETHを入手したとします。このとき、BTCをETHに交換した時点で利益が確定したとみなされるので、**差額の30万円に対して税金がかかります。**しかし、今は11ETHしか保有していないので、**税金をどう支払うかという問題**が

発生します。つまり、税金はかかるものの、日本円で資産を保有していないという状況です。保有するETHを日本円に換金するにも、追加で税金が発生する可能性があり、計算が非常に面倒です。

ここで、支払うべき税金がある状況で暗号資産の価格が下がると、税金で破産する人が出てしまいます。たとえば、2022年12月に数億円の利益が出ている状態で、2023年1～2月で価格が暴落すると、保有する暗号資産をすべて売っても2022年に確定した税金が支払えません。このような破産は毎年1～2月に1件、大きいものが見せしめとして摘発されます。税金の複雑な計算システムや、暗号資産という新しい資産の形態に対応できていない組織の尻拭いを、末端の個人投資家がさせられているようにも感じられます。

暗号資産を購入するのであれば、確定申告を確実に行わなければなりませんが、計算が複雑であり、所得によって最大55%の税率がかかるので、モチベーションが上がりません。さらに、損失を次年度に繰り越して損益通算を行うこともできないので、**投資リスクが高い**にもかかわらず、**所得が高いと、高い税金がのしかかる**という状況になっています。たとえば、2021年に暗号資産投資に失敗して5,000万円の損失を被ったのち、2022年に1億円の利益が出たとしましょう。損失を繰り越せれば所得5,000万円となりますが、それができないので所得1億円に対して税率55%がかかり、約5,500万円の金額が税金に回ります。

求められる税制改正

こうした状況は、**取引の流動性を妨げる**ことにつながっています。税率をこれだけ高くしたら、普通の感覚では「海外に脱出するか」「利益を確定しないか」の２択になるでしょう。取引回数を控えれば、暗号資産取引所の取引量が減り、事業者の利益も個人投資家の利益も上がらず、税収も上がらなくなります。さらに、取引できる銘柄が少なく、取引量を増やせば税金が課せられてしまうので、日本の暗号資産市場が盛り上がるわけがありません。

株式やその配当、FXの利益は**申告分離課税**が採用されており、**給与などの所得と分離して税額を計算**し、**税率も一律20%**となっています。当然、暗号資産取引の利益も雑所得から申告分離課税へと変更すべく、各業界団体が精力的に活動を続けています。この問題を取り上げる国会議員も増えてきましたが、いまだに改正には至っておらず、改善にはまだまだ長い時間がかかると予想されます。税制改正が行われるのであれば、８月末までに担当省庁に意識させる必要があります。

▶税制改正のスケジュール

期日	予定
8月末日まで	各省庁から財務省または総務省に税制改正の要望提出
9月～11月	財務省および総務省で取りまとめ、税制調査会で税制改正大綱を作成
12月	税制改正大綱の閣議決定・発表
翌1月～3月	財務省が法案を作成し、国会へ提出、国会で承認
翌4月	施行

4 そのほかの注意すべき法的課題

日本での暗号資産（FT）販売の困難さ

日本でトークンを扱ったビジネスを行ううえで、注意すべき法律について触れておきます。

暗号資産（FT）を販売して資金を調達することを**ICO**（P.207参照）といいます。誰でも簡単に販売できることから、2017年に全盛期を迎えましたが、当時のプロジェクトの99%が詐欺であったといわれています。そのため現在、FTの販売は、暗号資産取引所が審査してから販売する**IEO**という形態がとられています。

ICO
Initial Coin Offeringの略。新しい暗号資産を販売して資金調達をすること

IEO
Initial Exchange Offeringの略。暗号資産取引所が新しい暗号資産を審査して販売すること

日本でFTを販売するためには、「**暗号資産交換業**」の登録が必要になります。しかし、その登録ができるのは、相当な取り扱い実績と業務管理体制を持った企業のみであり、**スタートアップ企業などはなかなか審査が通らない**のが実情です。審査が通らないと、IEOによる資金調達ができません。

強力な財務基盤などがあれば、暗号資産交換業の資格を得ればよいのですが、その登録申請と管理体制の確立には多大なコストがかかります。そのため、日本でFTを販売するには、**すでに暗号資産交換業の資格を有している企業を買収**するか、**ほかの暗号資産取引所と協業**してIEOを行うという方法もあります。ただし、

資格を得てもJVCEAの審査待ちの行列に並ぶ必要があるので、FT販売は数年先になるでしょう。

また、ユーザーの暗号資産を預かる業務は「**カストディ**」と呼ばれます。ただ、万が一、預かった資金を流出させると補填する方法がないので、カストディにも規制があります。このように、日本でFTの販売や預かりを行うには高いハードルがあるので、日本でのFTの取り扱いを諦めて**海外へ脱出するか**、**NFT1本で世界と戦うか**を選ぶことになります。

NFTに関わる法律

日本でNFTを扱う際、法的に留意すべき点についても触れておきましょう。

・NFTで売買される権利

NFTはよく「デジタルデータの所有権を売買している」と説明されますが、これは法的に正確な表現ではありません。民法上、所有権の客体となる「物」(民法206条)とは、日本では「有体物」とされており(民法85条)、平成27年8月5日の東京地裁の判決によると、「**BTCは有体性を欠くため所有権の客体とはならない**」と判断されています。同様に、デジタルデータであるNFTも、所有権が法的に定義されていません。

また、著作権についても、NFT化されたゲームアイテムなどを購入することで「どのような権利を法的に取得するのか」は民法や著作権法などに定義されていません。ブロックチェーンゲームの利用規約など、**当事者間の個別契約によってのみ定められます。**

そのため、FTやNFTは、保有できる資産として認められていないので、**盗まれても「窃盗」などの犯罪に該当しません。**Web3.0業界はハッキングや詐欺が多いと説明しましたが(P.269参照)、自分の資産を盗まれても犯人を捕まえられず、せいぜい不正アクセス禁止法違反になるだけで、捕まえても資産を取り返せない可能性があります。暗号資産の不正が多いのであれば、それを抑止できるだけの刑罰が必要になるので、**組織犯罪処罰法**の法改正なども進んでいます。

・dApps開発において留意すべき法律

FTは暗号資産、NFTはデジタル上のモノを表現しており、FTは**資金決済法**の管理下に置かれて**仮想通貨法**が適用されるので、発行や販売には強力な規制がかかります。反対に、NFTはモノとして定義されているので、特段の規制などはかかり

▶法律における主な留意事項

法律など	留意事項
売買される権利	NFT売買は何の権利を売買するものか、またそれは規約などで合意されているか
刑法（賭博罪）	ガチャ形式でのNFT販売が刑法（賭博罪）に該当しないか 例：ソーシャルゲームのガチャは2次流通しないので損得は発生しないが、NFTは損得が発生する可能性がある※1
景品表示法	無料イベントやキャンペーン特典としてNFTを配布する場合、景品の規制に抵触しないか※2
暗号資産該当性	NFTがFTに近い性質を持っていないか 全く同じNFTを1,000億枚発行したら、それはFTといえるか

※1 近年、実務家の間で過去の法的整理（法解釈）が見直され、「賭博罪の適用は限定的にすべき」という話も出てきており、実際にNFTガチャを販売する例もある
※2 景品の提供方法によって限度額が設定されているので、法律条文を要参照

ません。ただし、NFTには**二次流通する可能性**があるので、配布や販売の方法によっては賭博罪や景品表示法が適用される可能性があり、その都度確認が必要です。

5 権利を守るためのプライベートブロックチェーン

運営者が管理するブロックチェーン

Web3.0がバズワード化したことにより、日本企業でもトークンを扱うビジネスを検討する機会が増えてきていますが、その大部分は「**プライベートブロックチェーン**」を採用するものです。

Bitcoin やEthereumなどはネットワークに参加する際、運営側の許可が必要ないので、基本的にはPermissionless型（P.104参照）です。反対に、ネットワーク参加に運営側の許可が必要なブロックチェーンはPermission型です。Permissionless型をパブリックブロックチェーン、Permission型をプライベートブロックチェーンと呼びます。プライベートブロックチェーンは何らかの運営者が管理しており、日本ではLINEや楽天などの企業が展開するNFTサービスなどが該当します。パートナー企業などと複数社で管理するプライベートブロックチェーンは「**コンソーシアムブロックチェーン**」とも呼ばれます。

企業が管理するプライベートブロックチェーンは、中央集権的な運営を解体しようとするWeb3.0の思想に反するものであり、従来のデータベースによるデータ

管理と変わらないので、わざわざ**ブロックチェーンを利用する必然性がなく、本質的に無意味**です。たとえば、国内某社のNFTの規約には、サービス退会時に所有しているNFTが失われることが明記されており一般的な意味でのNFTではなく、某社経済圏内でのみ有効なクーポン券と変わりません。

▶ 3種類のブロックチェーン

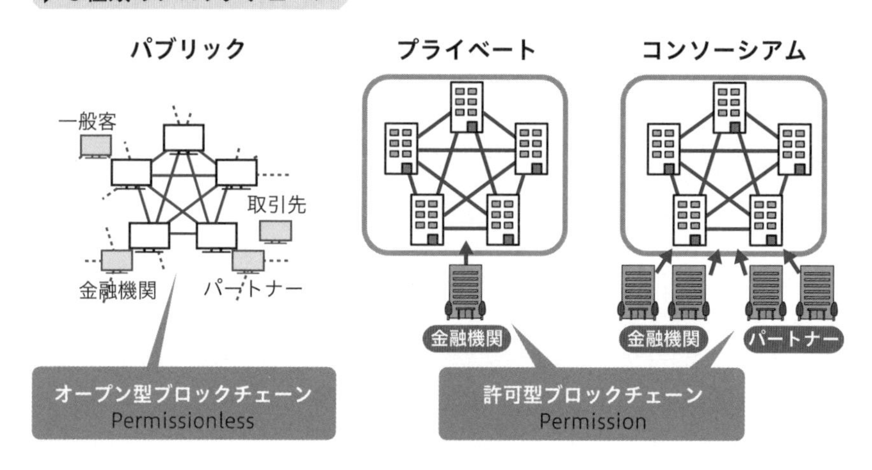

パブリックブロックチェーン採用の課題

本質的に意味がないのに「なぜプライベートブロックチェーンが存在するのか」というと、企業がパブリックブロックチェーンを採用する際に**超えなければならないさまざまな課題**があるためです。

- 透明性により、企業の財務情報が誰でも閲覧できる状態になる
- コンテンツが意図しない用途で利用されても、改ざん不可で取り締まれない
- Ethereum上での取引にはGasがかかるので、手数料が高くなる
- IPコンテンツに付随する多くのファンはETHを扱うリテラシーがない
- IPコンテンツホルダーの理解がパブリックブロックチェーンの思想を理解するところまで到達していない

トップダウンとボトムアップのいずれの場合にも、**上記のようなリスクに対応**していく必要があり、これはとても労力のかかる行為です。どれだけ熱量のある企業でも、現場でのすり合わせに疲弊して諦めてしまうことが多いでしょう。

Web3.0への参入が既存事業の収益源に悪影響を及ぼすリスクがある場合、その

担当や上層部から自己防衛がはたらくのも当然です。Web3.0への理解、圧倒的な熱量、調整力、社内信用力のすべてをぶつけた結果、**折衷案としてプライベートブロックチェーンを採用**するというのは、本当によくある話です。また、前例があると話が進みやすいことも相まって、日本ではNBA Top Shot（P.158参照）に類似したプロジェクトをプライベートブロックチェーンで構築することが多いです。そこに既存ファンを移行させれば、売上をおおよそ推測できるので、決裁が下りやすいということもあります。

プライベートとパブリックとの違い

プライベートブロックチェーンとパブリックブロックチェーンの違いは多々ありますが、最も異なるのは**ネットワーク効果の有無**です。

プライベートブロックチェーンは、その企業とコンソーシアムなどのネットワークしか活用できません。一方、パブリックブロックチェーンは、**世界中のネット**

▶プライベートとパブリックの比較

	Permission	セキュリティ	スケーラビリティ	分散性	ネットワーク効果
プライベート	Permission型	低い	高い	低い	ない
パブリック	Permissionless型	高い	低い	高い	ある

ワークを活用できます。そこに投資される資金と人材のリソースを鑑みれば、将来どちらが生き残るかは自明でしょう。Web3.0推進派から見れば、プライベートブロックチェーンは前図のように捉えられます。

プライベートブロックチェーンはWeb3.0の思想に反していますが、絶対的に悪いというものではありません。いずれの場合も**人気コンテンツをいかに開発・誘致できるか**が勝負です。分散性があることは重要ですが、**ユーザーが集まるようになって初めて分散性の重要度が増します**。パブリックブロックチェーンでも、人気コンテンツが登場して急にスケーラビリティが耐えられなくなるものもあります。どちらのブロックチェーンが正しいかではなく、パブリックのどこを生かし、どこをプライベートにするかの取捨選択に最適な意思決定が求められます。最終的に技術力と分散性のあるチェーンに集約されていき、加えてユーザーを惹きつけるコンテンツや戦略があることが明暗を分けるでしょう。

6 Web3.0が普及しない日本の社会的背景

日本では構築できない「X to Earn」

日本では2022年5月現在、STEPN（ステップン）の「**Move to Earn**」が流行していますが、日本企業がこのようなサービスを構築することは困難です。

その理由として、まず**暗号資産（FT）を販売できません**。FTを販売するためにはJVCEAの審査を待つ必要があり、その間にアイデアは陳腐化してしまいます。仮にFTを販売できたとしても、**法人含み益への課税**により、事業継続は困難を極め、多大なリスクと高い税率を事業者に負わせることになってしまいます。

NFTについては、日本にはNFTだけを対象とした規制はないので、自由に扱うことができます。反面、海外では**FTとNFTの両方を組み込んだトークン経済圏**が実装されており、強力なネットワーク効果を生み出して成長してきています。日本ではこれが実現しにくく、NFTのみで世界と戦うしかない状態です。これではグローバルスタンダードなプロダクトの開発に限界があるので、日本の事業者は**海外法人を設立**するのが当たり前になっています。

このように、規制と税制の課題がWeb3.0への日本企業の進出を阻んでおり、日本の国内法は国際競争力を完全に失わせている状態にあります。

平均所得が下がり続ける日本の現状

そもそもWeb3.0以前の問題として、日本自体が絶望的な状態に陥っています。日本市場の縮小、円安、給与水準の停滞、税金は上がる一方にあり、組織の上層部には人があふれている状態です。まだ知識もスキルも十分に備わっていない若い世代にとって、明るい未来を描くことがなかなかできません。

日本では給与が上がらず、税金が上がり続けています。特に**社会保障費の負担が著しく伸びている**ことがわかります。この社会保険料は、給与から差し引かれることが多く、ビジネスパーソンには意識しにくいものです。政府は税収が不足したとき、目に見えてわかる消費税などの税金を上げると反発が大きいので、気づかれにくい社会保障負担を上げ、歳入を確保する傾向があります。

給与が上がらず、税金や社会保障費が上がっているので、**所得は減少**していきます。2000年を基準とした平均所得の推移では、マイナス成長をしているのは日本だけであり、他国は軒並みプラス成長をしています。他国はプラス成長をしているので、日本は相対的に沈んでいくことになります。その証左として2022年現在、**急激な円安**が進行しています。日本経済が弱くなると円が安くなり、ドルが高くなるのです。そして、日本人の資産の**6割は銀行預金**、その預金の7割は60歳以上の高齢層に偏っています。つまり、日本の資産の大部分を高齢者が保有していることになりますが、円安が数パーセント進むだけで資産が毀損されていくので、日本全体が下降していくことになります。その影響を全世代が受け、貧困になってしまうというのは納得しがたいところです。

▶日本の税金や社会保障負担の増加

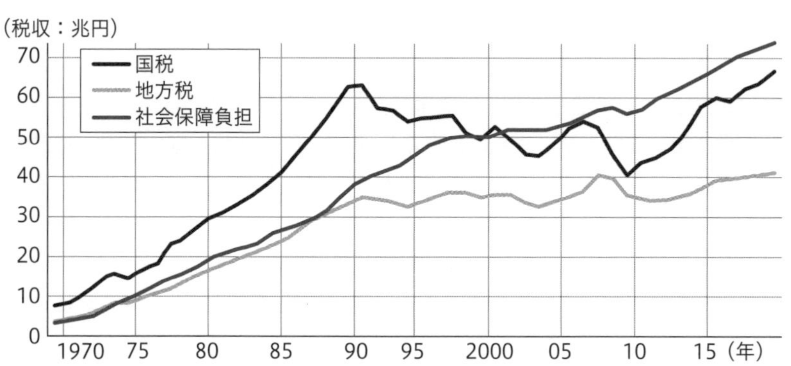

出典：財務省「国民負担率の推移」をもとに作成

超少子高齢社会が日本に与える影響

また、日本は**超少子高齢社会**に突入しています。そして現在、これに歯止めがかかる見込みはありません。年金制度においては**高齢者1人を現役世代約2人**で支える必要があるのです。

日本では、多数決で議員を選出する選挙制度をとっていますが、これはすでに機能していないといえます。なぜなら、高齢層が多くて若年層が少ないので、多数決では高齢層が望む政策が採用される確率が高まるからです。これは、若年層の投票率が100%になっても、**自分たちの意見を国政に反映させることは難しいほどの差**です。

Web3.0もまだ少数派です。以前には前述のような悪法の改正を行うべく、精力的に動いた議員もいましたが、そういった議員は票が取れず、選挙で落選してしまうのを見てきました。最近では国会議員の主導で「**Web3.0を国家戦略に**」といった流れが生まれてきていますが、この流れがイノベーションを阻害する悪法を排除する継続的な動きになっていくことを期待しています。

日本の雇用の問題

米国に比べ、日本の**雇用の流動性は低い**です。簡単に人材を解雇できず、年功序列で役職が上がっていきます。それにより、現場で優秀だったプレイヤーが管理職となり、それまでに培ってきた現場で生きるスキルが発揮できなくなる場合があります。

また、日本型組織は「誰がやっても同じ成果を出す」ことに特化しています。昨今のDX化により仕事の効率は上がっているものの、規制により雇用を減らすことができず、**人材の無駄が発生**します。そして、日本型組織は転職のハードルが高くて労働者に有利なため、**労働者に甘えを許す構造**になっています。つまり、「学ぶことを忘れ、謙虚さを失い、既得権益を守るために思考の柔軟性を失う」労働者を生んでしまいます。さらに、日本型組織は仲間外れを嫌います。特定の誰かを不幸にすることを嫌い、みんなで少しずつ負担することで、**結果的にみんなで沈んでいる**ことに気づいていません。

日本が低迷する原因の一端は、自分たちが無意識に従っている社会のルールや、日本でしか通用しない商習慣にあります。若い世代は、自分たちの力ではどうすることもできないルールや商習慣に絶望しているのです。

日本に蔓延する絶望感

今の日本には、**絶望と不安が蔓延**しています。バブルがはじけて以来、不景気が長く続き、失われた20年は30年となり、現在も復調の兆しは見えていません。

この状況は変わらないのか。**おそらく変わらないであろう**ことが何となく見通せるがゆえに若い世代は絶望しているのです。Web3.0はこの絶望の輪廻から、**日本人を救い出す蜘蛛（くも）の糸**になり得る技術です。インプットに対するパフォーマンスが圧倒的によい領域であるといえます。Web3.0を理解している人材はまだまだ希少であり、多くの人はその可能性に気づいていないためにチャンスがあります。

Web3.0に熱狂している年代は20〜30代がメインであり、この世代が変革を牽引しています。Web3.0のプロトコルに触れることで、自分たちでルールをつくれるという感覚を取り戻すことができれば、日本経済に縛られた人生からの自立を目指すきっかけとなるでしょう。

先の見通せない経済や組織から解放され、日本に住みながら外貨としての暗号資産を稼いで生活する人が、本書を通じて増えていくことを期待しています。

まとめ

- □ 日本にはCrypto Havenとして業界の最先端を走っていた時代がある
- □ 日本の法制度は白黒がはっきりしているが、日本でできないことも多い
- □ 特に税制の課題は深刻で、Web3.0人材が国外に流出している状況
- □ Web3.0事業は日本で展開が難しく、海外より圧倒的に後れをとっている
- □ 日本自体が絶望的な状態に陥っているが、Web3.0が日本のどん詰まり感から我々を救い出す蜘蛛の糸になるかもしれない

10-3
Web3.0で生き抜くための考え方と持つべき精神性

ここではWeb3.0に参入して生き抜くための考え方について解説します。

いよいよ最終節となりました。今、本書を読まれている方が、これから進むべきキャリアについて考えているのであれば、Web3.0を体験してみることをお勧めします。Web3.0は一過性のトレンドではなく、不可逆かつ大変革の潮流となっていきます。Web3.0は新しい領域であり、既存の企業や教育機関などでは学ぶことができないので、この領域で得た知識やスキルは希少性の高いものになります。ここでは、Web3.0へ参入する方法と、Web3.0で持つべき精神性について解説していきます。

1 Web3.0での体験は投資行為

まずはトークンを購入してWeb3.0を体験

Web3.0にかかわらず、未習熟の知識を効果的に獲得するためには、**自ら体験してみること**が大切です。本書ではWeb3.0の基本を広く体系的にまとめていますが、自らの資金を投入して得られる体験に勝るものはありません。

Web3.0を体験するとき、FTかNFTかにかかわらず、まずはトークンを購入することになります。お勧めはすべての基本となるBitcoinに触れること。ただ、**トークンの購入は投資**であり、価格は常に変動します。投資に慣れていない人は、トークンのボラティリティ（価格の変動性）に驚き、自分の資産が減ることに耐えられなくなります。しかし、Web3.0の本質を理解する前に退場してしまうのはもったいないです。Web3.0を体験しながらでよいので、**投資に関するリスク**を正しく理解すべきです。それがWeb3.0で生き抜くことにつながります。

Web3.0を体験するまでの流れ

次図は、投資の初心者が初めてBTCを購入してHODL（ホドル）する（価格が上がるまで持つ）までの流れをフローチャートにしたものです。知人の「暗号資産って買うべき？」という質問に答えていると、「買う理由」を聞いてくる人と「買い方」を聞いてくる人が多かったので、2パターンに分けています。また、株式や投資信託、純金投資などの既存金融を行っているかどうかによって投資リテラシーが分かれるので、分岐を入れています。

個人的には座学より実践のほうが楽しいので、「行動派」がお勧めです。筆者は「行動派」で「投資経験なし」から参入しました。NFT購入が目的なら「ETH」もありますが、まずは第1章の基本を押さえて**HODL力を高める**と、不確実な未来で生き残る確率が高まります。

▶Web3.0参入のフローチャート

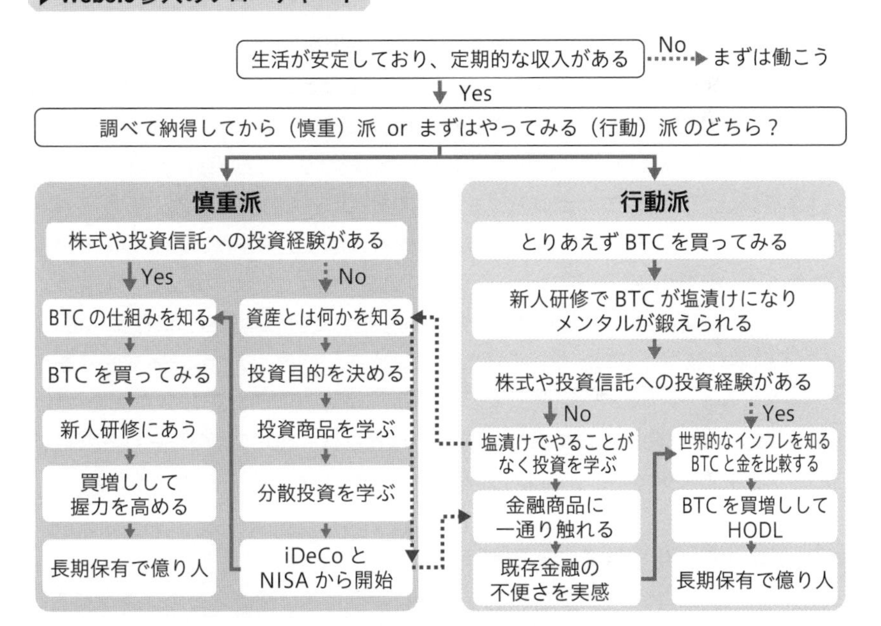

まず投資を行う前に、**「生活が安定しており、定期的な収入がある」**ことが大前提です。ない場合は、企業かDAO（ダオ）に所属し、定期的な収入が得られるようになってから投資を検討しましょう。投資はギャンブルではないので、短期間で2～3倍にすることはできません。また、筆者は**「投資はメンタルが最重要」**と考えています。メンタルが安定していないと、短期的な利益を求め、高いAPY（収益率）のギャンブル的なDeFi（ディーファイ）にApein（エイプイン）（調べずに購入）して、失敗する可能性が高まります。安定したメンタルこそが投資の成功を呼び込むのです。

新人研修はインプットのチャンス

BTCを購入して少し経つと、必ず訪れるのが「**新人研修**」です。「初めて購入した暗号資産が爆下がりする」ことを界隈では新人研修と呼びます。SNSなどでは「新人たちは今回の新人研修で握り続けられるかな？」などと投資慣れした古参たちが盛り上がります。暗号資産が下落すると、古参たちは**BTCを買増し**できるのでウキウキですが、新人にとっては自分の資産が日に日に目減りしていくので、不安でたまらなくなるのは当然です。

新人研修があると、下落した瞬間は茫然自失となります。ただ、そうした下落は頻繁に起こることなので、損失が出ている状態にも次第に慣れていきます。損失が出ている状態で利益を確定することは非常に億劫なので、塩漬け（そのまま長期保有）の状態に移行していきます。そして、塩漬けしたままでは悔しいので、**「下落したBTCを保有している自分」を正当化するため、行動派も勉強する**ようになります（色破線の矢印はその流れを表しています）。下落して含み損を抱えたときこそ、「資産設計」や「投資目的」について考えたり、分散投資やポートフォリオ（資産構成）の考え方、買い方（ドルコスト平均法で積立て）などを学ぶべきです。インフルエンサーや投資のプロを名乗る人は多いですが、誰かのアドバイスではなく、自分の選択を信じられるだけの知識を蓄えていくのがよいでしょう。

また、投資経験がなく、暗号資産から投資を始めた初心者なら、既存金融のUI/UXの不便さに気づくでしょう。手数料すらいくらかわかりづらく、運営会社を信用できなくなるのも時間の問題です。この**新人研修の期間に正しい知識を得て**、暗号資産以外の資産についても知識を深められれば、HODLし続けられるだけの目的とメンタルを保てるようになり、Web3.0で生き抜く基礎を構築できます。

まずは４年、生き残ることを考える

Web3.0には４年に１度、**Bitcoinの半減期に伴う大きな波**が来ます。波が来ると「価格が上がる」「人が増える」「相場が落ち着く」「人が消える」というループを繰り返し、BTCの価格が少しずつ上昇するのが大きなトレンドです。

新人研修を何とか乗り越え、投資を順調に継続できれば、**４年後には今よりリッチになっている**可能性が高いでしょう。そうなれば、企業に労働力を搾取されることなく、自分の幸福を追求するための資金源を確保できます。

そのほかにも気をつけるべきことは多々ありますが、それだけでもう１冊、本が書けるほどなので、投資に関しては筆者のメルマガを参照してください。

Web3.0では金銭的にリッチになるが心がプアになる

Web3.0の魅力に取りつかれてのめり込むほど、金銭的にリッチになりますが、世間一般との乖離が大きくなり、心がプアになります。すべての資産をBTCへ投資した人を「BTCマキシマリスト」といいますが、初心者がそこに至るまでの段階を以下に記載しました。自分が今どの段階にいるのかも含めて確認してみましょう。

1. 投資のためにBitcoinに関する情報を調べ始める
2. 情報収集用にTwitterアカウントを開設する
3. 最初はTwitterで「BTC買いました！」などとつぶやく
4. 購入したBTC価格が気になる。スマホ片手に常に価格をチェック
5. 少し利益が出たので知名度の低いコインに浮気してしまう
6. 新人研修が訪れ、初の暴落に茫然自失。損切りできずに塩漬けに
7. 塩漬けによりグラフを見なくなり、自分を正当化するための情報を集め出す。この頃から少しずつ休日の感覚がなくなってくる
8. 突然、知識の点と点がつながる瞬間が訪れる（Web3.0への目覚め）
9. この頃から周りへ布教を試みるが全く理解されずに孤立。唯一反応があるTwitterにさらにのめり込む
10. Bitcoinの思想にのめり込み、信用や価値について考え始め、Web3.0以外の領域にも同じ考えを当てはめようとする
11. メディアのニュースやインフルエンサーの戯言を信用しなくなる
12. BTC価格が回復し、資産をBTCへつぎ込んで真のビットコイナーへ
13. BTCの高騰により経済的に豊かになり、働く意味を考え始める
14. Web3.0業界に転職したくなり、仕事を辞める
15. Web2.0から距離をとり、仙人かニートに近い存在に

2 Web3.0で持つべき精神性

Web3.0が満たす5つの欲求

Web3.0を目指す人が持つべき精神性を、**「マズローの欲求5段階説」**という心理学の理論に照らし合わせながら考察してみましょう。

今後、インフレによる法定通貨建て資産の価値低下や、Bitcoinの半減期などで、暗号資産の価値は向上していくことが見込まれます。Web3.0に参入すれば、少なからず金銭面では、その恩恵にあずかることになるでしょう。

▶マズローの欲求５段階説

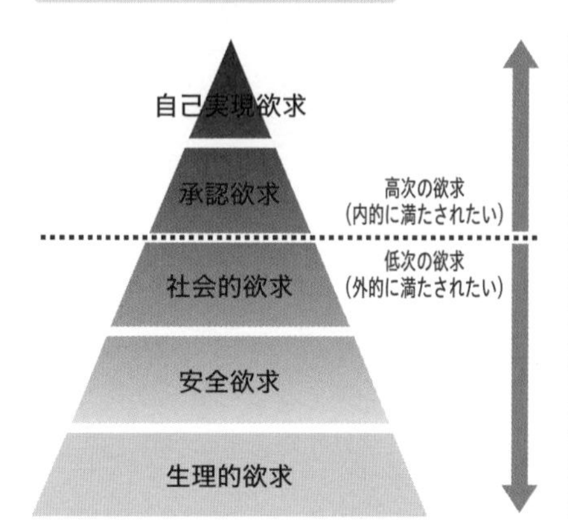

欲求の種類	内容
自己実現欲求	自分の能力を引き出し、創造的活動をしたい
承認欲求	他人から認められ、価値ある存在として尊敬されたい
社会的欲求	社会の一員として家族や友人、組織などに所属したい
安全欲求	安全・安心な暮らしがしたい、最低限の暮らしを確保したい
生理的欲求	生命を維持するために食事や睡眠などをとりたい

金銭面の不安から解放されることで、まず「**生理的欲求**」と「**安全欲求**」が満たされます。これは極論ですが、現在保有するBTCを毎年数百万円ずつ切り崩して生活しても、BTC価格が上昇するので資産が減らない状況もあり得ます。

また第７章では、「NFTはマッチングアプリ」と説明しました。NFTは趣味嗜好や考え方、おもしろいと思うものが近しい人を集める踏み絵として機能します。NFTを介してコミュニティに所属する体験は「**社会的欲求**」を、コミュニティ内での活動は「**承認欲求**」を満たしてくれるものです。

▶マズローの欲求５段階説とWeb3.0が満たす欲求

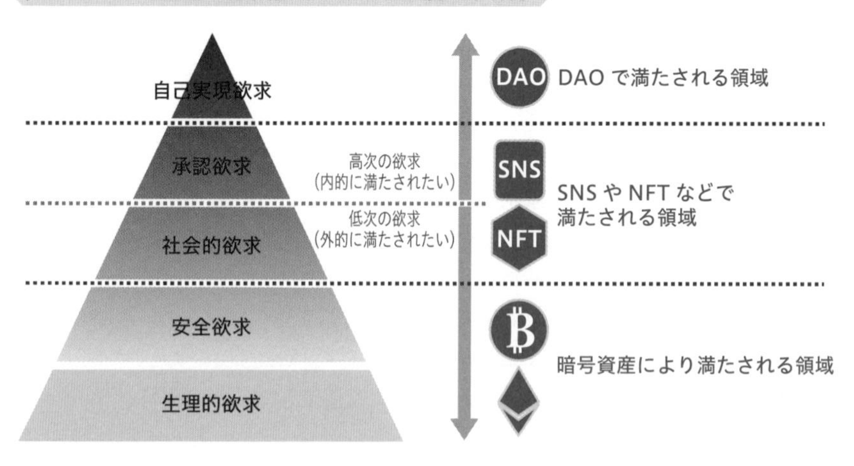

自己実現欲求を満たしてWeb3.0へ還元

Web3.0に参入し、数年生き抜くことができれば、比較的短時間でこれらの欲求を満たすことができます。最後の自己実現欲求は、自分の能力を生かし、**自分にしかできない仕事を成したとき**に満たされる欲求です。昨今の情勢として、「DAOを立ち上げること」や「DAOで働くこと」が活発化しているのは、この段階に達している人が一定数いることが影響していると推測されます。

自分の好きなことのために、自分のスキルを生かし、自分にしかできない仕事を成すというのは、**モチベーションが無限に湧き続ける**幸せな状況です。DAOやWeb3.0への貢献活動を通して、自己実現欲求も満たされることでしょう。

また、Web3.0の根底には**OSSの思想**があるので、自分が満たされたら還元しようとする**「give」の精神性**も備えています。たとえば、NounsDAO（P.248参照）などは、成功したNFTプロジェクトの資産を、関連プロジェクトやインフラ事業などに投資する動きが出てきています。こうした動きが出てくるのは、Web3.0で精神的に満たされている人が多いことと、法定通貨の富裕層が幅を利かせる資本主義から解放され、**「競争」ではなく「競創」が重視される**ことが背景にあります。

Web3.0の初心者であれば、最初は資産がなく、それを増やすことばかりに意識が向いて、儲かりそうなDeFiに飛びついてしまうのは自然なことです。しかし、そうして４年も経つと、立ち止まって考える余裕ができ、**思想が入り込む**ようになります。Web3.0である程度の時間を生き抜くと、「Web3.0に貢献しよう」「DAOを立ち上げよう」と奔走する人のメンタリティが理解できるようになり、さらにはそのメンタリティに近づくようになるでしょう。Web3.0のインフラを構築しようとDAOに貢献する人のモチベーションは、これに近いものがあります。

3 Web3.0は生き方

Web3.0で生き抜くための軸を持つこと

Web3.0は単なるトレンドではなく、**生き方そのもの**です。Web3.0のムーブメントに参加することで、自分自身にとっての大切なものを再発見できるでしょう。そして、そこで得た経験や思想は、その人の人格をつくります。

たとえば、Web3.0で情報収集を始めると、「〇〇万円の爆益！」といったSNS投稿に遭遇することがあります。これらを目にすると、何も失っていないのに損をした気分になるかもしれません。その要因は、自分の幸せを**他人との比較で推し量っている**からです。「隣の芝生は青い」といわれますが、SNSにより隣の芝生がさらによく見えるようになり、幸せを感じにくくなりました。このような環境で自分の幸せを追求するためには、自分の内面にある目標や欲求、価値観などに目を向け、他人との比較をやめる必要があるのです。

Web3.0は**個人主義の究極型**です。分散型社会は、運営者が中央集権的に支配していた法定通貨経済圏からの経済的かつ精神的な自立を促します。すべての取引がP2Pで行われ、運営者に介入されたり推奨されたりすることなく、すべて自分で判断しなければなりません。それにより、「自分が何に価値を感じるか」を考える機会が多くなり、自分のなかに**明確な価値基準を持つ**ことが求められます。

Web3.0は熱狂的なムーブメントですが、身の回りの家族や自分自身の幸せが最も重要であることを忘れてはいけません。比較の呪縛から解き放たれるためには、**幸せの軸を自分のなかに持たなければならない**のです。

また、Web3.0は**未来の生き方**を教えてくれます。テクノロジーの進歩は目覚ましく、どんな知識やスキルであろうと、10年ほど経つと全く使いものにならなくなります。そのため、特定の知識やスキルを学ぶのではなく、その学習の方法、情報収集の方法、アップデートの方法などを学ぶことで、**変化に柔軟に対応できる能力**を身につけることが大切です。変化が激しいWeb3.0の世界で情報収集をしていれば、自ずと変化への対応力が身についていくことでしょう。未来は不確実ですが、生き残る確率はより一層高まります。

Web3.0には必ずお金の話がつきまといますが、Web3.0で得た資産を、自分が価値を感じるものに再投資できれば、生き方が変わってくるはずです。

Web3.0は若い世代が有利

Web3.0は未来の可能性を秘めた世界です。その世界では、**参入が早い人や若い人ほど有利**になります。一般的に、年を重ねるごとに結婚や出産など既存経済との接地点や守るものが増え、フットワークが重くなります。若い世代は資産が少ない分、フットワークが軽く、**参入リスク**も低い状態です。加えて、比較的多**くの時間と健康的な身体**も有しています。それらをリソースとしてWeb3.0に投入すれば、圧倒的な差が現れ、他の追随を許さない状況が生まれます。そして、Web3.0で得られた経験は希少なキャリアとして有利にはたらくでしょう。

注意すべきこととしては、Web3.0に参入する自分を**「イケてる」と勘違い**しないことです。日本の現状に鬱屈していたとしても、既存経済を批判するような態度をとれば、反発を受けるのは必至です。分散を迫る先鋭的な思想は、**新たな分断の火種**を生みます。若い頃はそれでよくても、自分が金銭的にも精神的にもリッチになったとき、**分断を超えつつ相互に尊重できる文化**をつくる側に回ることになります。それが先にWeb3.0に参入した者の役割です。

Web3.0を普及する側に回ったとき、その対象の多くは、自分より年上の人たちでしょう。そして、その人たちにはたいていWeb3.0への理解がありません。かえって分断が深まることもあるかもしれませんが、自分の持つ**思想と熱意がWeb3.0を広めるきっかけになる**ことを信じて、諦めずに行動を起こすことが重要です。おごらずに、フラットで柔軟な思考を持ちましょう。

Web3.0はいつも下（ボトム）からやってくる

Web3.0は**ボトムアップにより広がる革命**です。本書を読んでいるあなたがWeb3.0に触れるとき、その話を上司ではなく部下からされることが多いでしょう。そして、その部下はあなたに対して、並々ならぬ熱量で話してきたはずです。

大切なことは**その声を無視しない**ことです。無視すれば部下は孤独になり、会社を辞めてしまうかもしれません。Web3.0に精通した若い世代であるほど、資産の多くは暗号資産になっており、既存経済への癒着が強い組織で働くことを望んでいません。絶望的な日本の状況において、Web3.0を最後のチャンスと捉え、失われた30年を取り戻そうと息巻いている世代に対して、中央集権的な組織の内部で役割を果たそうとしている世代の間には、大きな分断があります。

現業との分野の違いや権利関係の難しさなど、断る理由はたくさんあります。しかし、現業から一歩離れ、「**実現したらどちらが楽しいか**」「**どうすれば既存のルールで実現可能か**」などを考えてみることです。その一歩が、現場の部下だけではなく、**自分の子ども世代をもつくることにつながる**かもしれません。

まとめ

- □ 体験に勝る学びはないが、それが投資行為であることは理解すべき
- □ Web3.0に参入して知見を獲得し、希少性を高めることがキャリアの鉄則
- □ Web3.0は金銭的にリッチになるが心がプアになりやすく、再投資が重要
- □ Web3.0が基本欲求を満たし、社会貢献に奔走するメンタリティを生む
- □ Web3.0は生き方そのもの。生きるうえでの価値基準を持つことが重要

おわりに

筆者がブロックチェーン技術に触れたのは2017年、会社の新人研修で購入したBTCでした。それまで投資経験がなかった筆者は、自分の資産が上がったり下がったりする様子を見て、一喜一憂していました。今思うとかわいいものです。それから2018年の暗号資産バブル崩壊での爆損、CryptoKittiesが見せてくれたNFTの衝撃など、自らの資産と時間を投下して徐々にWeb3.0の思想に染まり、このトレンドが不可避なものであることを理解しました。今後も中央集権的な権威への対抗策として、分散を求めるWeb3.0のトレンドは強くなっていくでしょう。

Web3.0を学ぼうとすると、最初はどうしても局所的かつ表層的になりがちです。「NFT」をWebで検索すると、「NFTの売り方」「〇〇億で落札！」といった表層的な記事が検索上位に並び、その内容はアフィリエイトリンクが仕込まれたコピペ記事であふれ返っており、Web2.0が導入した広告モデルの弊害が発生していると感じます。また、NFTだけでも情報は膨大で、毎日新しいトレンドが発生し、全体像を把握することはなかなか困難です。DeFiやStablecoin、NFTの根本にあるサイファーパンクの思想に至るまでに高いハードルがあります。

常々、業界を俯瞰する体系的にまとまった教科書的な書籍がないものかと思っていました。まさか、その書籍を自分で書くことになるとは露ほども思っていなかったのですが、会社員時代、上司に説明を小一時間したあと、「これお勧めの本ないの？」と聞かれることが多くあり、「それでは自分で書きます！」と、メルマガとしてアウトプットし始めたのが本書のきっかけとなりました。トレンドが爆速で過ぎていくこの業界の情報を、書籍から得ようとする姿勢には片腹痛い部分もありますが、書き進めるうちに心が洗われ、自分に多くのものを与えてくれたWeb3.0に貢献しようと考えるようになりました。

散文的に書いたメルマガを、書籍として体系的にまとめる作業は苦行に近いものがありました。勤めていた会社も退職し、当初の動機を失ってしまったのですが、業界へ貢献すべく、本業の傍ら、毎日数時間ずつ執筆作業を進め、本書の出版に至りました。

本書は、Web3.0の思想を理解してもらうことを念頭に置いており、Web3.0にこれから参入しようとする方々の助けとなることを目標にしています。そのために、正しく、フラットな情報を収録することを心がけました。なるべく最新事例を入れて執筆したつもりですが、Web3.0の情報は膨大で、1人でまとめきることは不可能です。執筆自体は2021年6月に終了しておりましたが、編集や校正を行っている間にもTerraショックやFTX事件が発生し、出版までに内容は常に変化しています。

本書に収録されている内容はすでに陳腐化している可能性がある点はご理解いただきつつ、本書で学んだWeb3.0の思想とdAppsやDeFiなどの各レイヤーを記した業界地図を頭の中に入れておいてください。日夜新しい情報がメディアから報じられますが、思想と地図を持っていれば、その情報がどの程度重要で、どのレイヤーの話であるかを分類できます。大変僭越ではありますが、本書がWeb3.0業界を生き抜くための羅針盤になることができれば筆者冥利に尽きる限りです。

本書の執筆にあたり、界隈の有識者の方々にレビューをいただきました。いつも教えてもらう立場の筆者が出版するのはおそれ多いのですが、信玄さん、たつぞうさん、horyさん、岡部典孝さん、でりおてんちょーさん、miinさん、kozoさん、consomeさん、TAAKEさん、渡辺創太さん、松本祐輝さん、皆様ありがとうございました。また、執筆のお話をいただき、懇切丁寧にサポートしていただいた畑中二四さま、秋山 智さま、筆者のトゲトゲした表現を出版可能なレベルに落とし込んでいただき、深く感謝申し上げます。

本書の内容はこれで最後となりますが、毎年内容が新しくなった「Web3.0の教科書」がDAO的に編纂され、出版され続ける未来が訪れるとおもしろいなぁと思っております。興味がある方は下記のQRからWebページを参照していただけますと幸いです。

2022年12月 のぶめい

右記の二次元バーコードをスマートフォンなどで読み込むと、インプレスのWebサイトが表示されます。そのWebサイト内の【特典を利用する】から進み、インプレスブックスに会員登録をすると、本書の最新情報（内容更新の閲覧など）にアクセスできます。

INDEX

英数字

51%攻撃 ……… 88,99,185
ApeCoin ……… 188
APR ……… 117
APY ……… 117
Art Blocks ……… 164
Astar Network ……… 253
Axie Infinity ……… 164,202,210,269
AXS ……… 203,215
BaaS ……… 98
BAYC ……… 180,181
Bitcoin ……… 28,29
Bridge ……… 90
BTC ……… 20,24,29
Build to Earn ……… 254
CBDC ……… 143
CC0 ……… 193
CeFi ……… 114,126
CEX ……… 119
CloneX ……… 156,180
COSMOS ……… 86
Crypto Haven ……… 274
CryptoKitties ……… 204,216
CryptoPunks ……… 155,159,165,184
DAI ……… 138
DAO ……… 67,234,295
Dapper Labs ……… 205,217
dApps ……… 98,200
dApps Staking ……… 254
dAppsゲーム ……… 200
Decentraland ……… 206,223,229
DeFi ……… 100,114,135
DeFiサマー ……… 117
DEX ……… 118,119
DEXアグリゲーター ……… 125
Diem ……… 59,134,144
DOGEコイン ……… 185
double jump.tokyo ……… 207,217,275
DYOR ……… 269
Ethereum ……… 70,98,163
Ethermon ……… 205
EtherRock ……… 172
FATF ……… 261
Fat Protocol ……… 75
Flex ……… 171
Flow ……… 217
FT ……… 62,214,281
GAFA ……… 13,59,144
GameFi ……… 164,200,210
Gas ……… 107
Gitcoin ……… 236
GOX ……… 44,269,274
GST ……… 219
GTC ……… 236
HODL ……… 290
Howey Test ……… 264
ICO ……… 67,207,281
IEO ……… 281
JPYC ……… 137,148
JVCEA ……… 276
Layer1 ……… 109,110
Layer2 ……… 109,110
Libra ……… 59,134,144
Lockdrop ……… 257
Loot ……… 188,194
LUNA ……… 139
MakerDAO ……… 138,239
MAYC ……… 183
MKR ……… 239
Move to Earn ……… 58,219,286
My Crypto Heroes ……… 207
NBA Top Shot ……… 158,159,179
NFT ……… 62,154,167,174,282
NounsDAO ……… 248,295
P2P通信 ……… 30,31
PartyBid ……… 240
Permissionless ……… 104,124,238

PFP 174,183
Play to Earn 58,164,202,210
PleasrDAO 240
Polkadot 86,253
Poly Network 94
PoS 33
PoW 33
Rabbithole 176
READY PLAYER ONE 208,224
Ripple 264
Ronin 216
RTFKT 156
RugPull 207
S2Fモデル 36
Scam 207,270
SEC 96,263
Sky Mavis 203,210
SLP 211,214
Stablecoin 134,264
STEPN 219,286
TerraUSD 139
The Sandbox 223,229
TPS 101
TradeFi 114
TVL 99,115
UI/UX 268
Uniswap 119,120,136,240
USDC 135,137
USDT 135,137
VR系メタバース 226,229
WAGMIGOTCHI 177
Wallet 78,126
WBTC 91
Web1.0 11
Web2.0 12,52,193
Web2.0系メタバース 230
Web3.0 10,13,50,290
Web3.0系メタバース 227,228
Wormhole 95
XRP 264
Yearn.finance 242
Yuga Labs 182,187
Zaif 275

あ行

アービトラージ 139
アイデンティティ 174
アバター 173
アプリケーション 76,80,111,266
暗号化技術 30
暗号資産 23,143
暗号資産交換業 281
暗号資産担保型 138
板取引 35
インターネット 11,26,51
インデックスデータ 167
インフラ 111
オープンソース 79,265
おにぎりまん 166
オフチェーンデータ 86,168
オラクル問題 86,91,123
オンチェーンデータ 86,168

か行

カウンターパーティリスク 198
カストディ 282
ガバナンストークン 215
基軸通貨 149
希少性 19,175
帰属意識 174,228
キャズム 45
金（ゴールド） 25
グランツ系DAO 239,241
クリエイター経済圏 195,198
クリエイティブ・コモンズ 193
クロスチェーン 95
ゲーム内通貨 215
コインチェック 269,275
広告モデル 52
コミュニティ 101,182,194,228

コレクターDAO ……… 240,241
コレクティブ要素 ……… 178
コレクティブルNFT ……… 165,179
コンセンサス・アルゴリズム ……… 30,32
コンソーシアムブロックチェーン ……… 283
コンテンツデータ ……… 167
コンポーザビリティ ……… 78,194,250

さ行

サービス系DAO ……… 241
サイドチェーン ……… 109
サイファーパンク ……… 56
雑所得 ……… 279
サブDAO ……… 240,243
ジェネレーティブアート ……… 161,164
自家型前払式決済手段 ……… 148
時価総額 ……… 23,276
資産 ……… 20
社会正義 ……… 56
社会的ステータス ……… 175
所有 ……… 19,54,169
申告分離課税 ……… 280
新人研修 ……… 292
信用コスト ……… 70,198
スイッチングコスト ……… 125,126
スーパーパワー ……… 180
スカラーシップ ……… 202,213
スケーラビリティ ……… 100,110,129
スマートコントラクト ……… 68,70
スマコン・プラットフォーム ……… 100
成長サイクル ……… 37
セーフハーバー ……… 265
相互運用性 ……… 84,89
ソーシャルグラフ ……… 178

た行

台帳 ……… 32
ダウンサイジングイノベーション ……… 62
デジタル円 ……… 146
デジタルゴールド ……… 20,45
デジタル人民元 ……… 144
電力量 ……… 271
投資系DAO ……… 240,241
トークン ……… 61,62,79,290
トークンエコノミー ……… 66
トークングラフ ……… 178,228,242
トークン経済圏 ……… 210,220,286
ところてんコントラクト ……… 94
トップダウン型 ……… 187,189
トラストレス ……… 73,105,232
トラベルルール ……… 261
トリレンマの課題 ……… 104

な行

二次流通手数料 ……… 168,214
日本暗号資産取引業協会 ……… 276
ネットワーク効果 ……… 52,63,251
ノード ……… 32

は行

ハッキング ……… 269
パブリックセール ……… 256
パブリックブロックチェーン ……… 257,284
バランスシート ……… 39
半減期 ……… 33,292
プライベートブロックチェーン ……… 283,285
フルオンチェーン ……… 192
フルオンチェーンNFT ……… 192,249
プレセール詐欺 ……… 207
プログラマブルマネー ……… 68
プロジェクトトークン ……… 215
ブロックチェーン ……… 10,18,23,28,30
プロトコル ……… 29,75,80,266
プロトコルDAO ……… 239,241
分散 ……… 32,59,150
分散型台帳技術 ……… 30,31
米国証券取引委員会 ……… 96
法人含み益 ……… 277
法定通貨 ……… 39,43
法定通貨担保型 ……… 137

ボトムアップ型 188,189
ボラティリティ 135,144
ホワイトリスト制 276
ポンジスキーム 217

ま行

マイニング 32,33,271
マウントゴックス 269,274
マズローの欲求5段階説 294
マネーフラワー 147
マネーレゴ 78,115,120,125
マネーロンダリング 263
マルチチェーン 89,95,109
ミーム 184,223
無担保型 139
メタデータ 167
メタバース 222
メディアDAO 241
メトカーフの法則 103

や行

ユーティリティ 180

ら行

流動性 65,119,237,288
流動性プール 121,122,136
累進課税 279
レトロアクティブ 176,207,232,242
レンディング 122
ロックイン 225,237

■著者

のぶめい nobumei

SUSHI TOP MARKETING株式会社 COO、情報経営イノベーション専門職大学 客員教授。2014年に東京理科大学を卒業。卒業後、個人でEC運営やWeb開発を経験。2016年、博報堂DYメディアパートナーズ入社、メディアプランナーとしてプランニング業務に従事。2017年、CryptoKittiesに衝撃を受け、dAppsゲームの開発を会社に起案、採択される。2019年、新規事業開発局に異動となり、ブロックチェーン／NFT関連の事業開発に従事。2022年、「PLAY THE PLAY for J.LEAGUE」を開発、ローンチ後、独立。好きな食べ物はカニ。

■STAFF

編集　秋山 智（株式会社エディポック）
　　　畑中 二四
校正協力　株式会社トップスタジオ
執筆協力　信玄 (@shingen_crypto)
　　　hory(@taisuke_hory)
　　　でりおてんちょー(@yutakandori)
　　　kozo(@kozo_tx)
　　　TAAKE（@taka4198aq）
　　　松本 祐輝
　　　たつぞう (@tatsuzou12)
　　　岡部 典孝 (@noritaka_okabe)
　　　miin(@NftPinuts)
　　　consome(@ZkEther)
　　　渡辺 創太 (@Sota_Web3)
　　　徳永 大輔
カバー・本文デザイン　鈴木 章（skam）
本文DTP　株式会社エディポック
本文イラスト　さややん。

編集長　玉巻 秀雄

■商品に関する問い合わせ先

このたびは弊社商品をご購入いただきありがとうございます。本書の内容などに関するお問い合わせは、下記のURLまたは二次元バーコードにある問い合わせフォームからお送りください。

https://book.impress.co.jp/info/

上記フォームがご利用いただけない場合のメールでの問い合わせ先
info@impress.co.jp

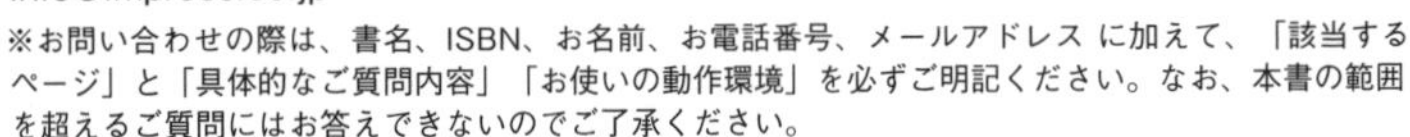

※お問い合わせの際は、書名、ISBN、お名前、お電話番号、メールアドレス に加えて、「該当するページ」と「具体的なご質問内容」「お使いの動作環境」を必ずご明記ください。なお、本書の範囲を超えるご質問にはお答えできないのでご了承ください。

- 電話やFAX でのご質問には対応しておりません。また、封書でのお問い合わせは回答までに日数をいただく場合があります。あらかじめご了承ください。
- インプレスブックスの本書情報ページ https://book.impress.co.jp/books/1121101127 では、本書のサポート情報や正誤表・訂正情報などを提供しています。あわせてご確認ください。
- 本書の奥付に記載されている初版発行日から3 年が経過した場合、もしくは本書で紹介している製品やサービスについて提供会社によるサポートが終了した場合はご質問にお答えできない場合があります。

■落丁・乱丁本などの問い合わせ先

FAX 03-6837-5023
電子メール service@impress.co.jp
※古書店で購入された商品はお取り替えできません

Web3.0(ウェブ)の教科書(きょうかしょ)

2023 年 1 月 11 日 初版発行

著 者 のぶめい

発行人 小川 亨

編集人 高橋 隆志

発行所 株式会社インプレス
〒 101-0051 東京都千代田区神田神保町一丁目 105 番地
ホームページ https://book.impress.co.jp/

印刷所 日経印刷株式会社

ISBN978-4-295-01429-4 C3055

Printed in Japan